Verpackung feuchtigkeitsempfindlicher Güter

Von

Dr.-Ing. habil. Rudolf Heiss

Direktor des Instituts für Lebensmitteltechnologie und Verpackung, München

Unter Mitarbeit von Dr.-Ing. W. Schrüfer, München

Mit 62 Abbildungen

Springer-Verlag

Berlin/Göttingen/Heidelberg

1956

ISBN-13:978-3-540-02050-9   e-ISBN-13:978-3-642-92674-7
DOI: 10.1007/978-3-642-92674-7

Berichtigung

S. 15, 7. Zeile v. oben: **statt** einem erhöhtem **lies** einem erhöhten

S. 32, 5. Zeile v. unten: **statt** 10^{-8} **lies** 10^{+8}

4. Zeile v. unten: **statt** 10^{-5} **lies** 10^{+5}

statt γ_D **lies** v_D

statt $1{,}245 \cdot 10^{-3} \left[\dfrac{\mathrm{g}}{\mathrm{Ncm^3}}\right]$ **lies** $1{,}245 \cdot 10^{+3} \left[\dfrac{\mathrm{Ncm^3}}{\mathrm{g}}\right]$

S. 33, Gl. (5) 1,14 fällt weg; **statt** p_D **lies** Δp_D

S. 41, 13. Zeile v. oben: **statt** $p_{m\,1,2}$ und des gesamten

lies $p_{m\,1,2}$ des gesamten

S. 42, Überschrift der letzten Spalte: **statt** $\eta\,9\%$ **lies** $\eta_{90/0}$

S. 134, 17. Zeile v. oben: **statt** $\mathfrak{x}_1$ **lies** $\mathfrak{x}_1{}'$

19. Zeile v. oben: **statt** $\mathfrak{x}_1{}'$ **lies** $\mathfrak{x}_1{}''$

S. 141, Kolumnentitel: **statt** bei wenig zeitabhängigen

lies bei zeitabhängigen

S. 149, 1. Zeile v. oben: **statt** Volumeneinheit (v)

lies Volumeneinheit (ν)

Heiss, Verpackung

Vorwort

Während die packstofferzeugende Industrie schon seit Generationen Forschung betreibt, arbeitet die packstoffverarbeitende Industrie mit wenig Ausnahmen heute noch weitgehend auf einer empirischen Basis. Dies spiegelt sich in der häufig geäußerten Meinung wider, daß Verpackung nichts mit Wissenschaft zu tun habe, sondern allenfalls mit Entwicklung. Das Ziel aber müßte sein, daß sich eine Verpackung nach einem gründlichen Studium der wirksamen Beanspruchungen genauso berechnen läßt wie ein Kran oder ein Wärmeaustauscher.

Die vorliegende Schrift hat sich die Berechnung von Verpackungen, die feuchtigkeitsempfindliche Güter gegen Feuchtigkeitsaustausch schützen sollen, zum Ziel gesetzt. Da Blech und Glas nur an den Verschlußstellen dünne Diffusionsspalten aufweisen, ist von diesen Werkstoffen nur relativ selten die Rede, um so mehr aber von Papier, Kunststoffen und Aluminiumfolie und deren Kombinationen. Die Schwierigkeit in der Behandlung dieses Gegenstandes lag einmal darin begründet, daß die Problemstellung doppelgesichtig ist: die Aufgabe der Verpackung ist ja eine dienende und in diesem Falle besteht ihr spezieller „Frischhaltezweck" darin, die Einflüsse der Außenatmosphäre — soweit schädlich — von dem verpackten Gut abzuwenden. Dies bedeutet, daß die einschlägigen Gutseigenschaften und die Auswirkung der in Betracht kommenden Außenbedingungen hierauf bekannt sein müßten. Da dies nur in geringem Ausmaße der Fall war, mußten sich die Versuchsarbeiten auch auf dieses Gebiet erstrecken.

Die zweite Schwierigkeit bestand darin, daß im Gegensatz zur Wasserdampfdiffusion durch Packstoffe diejenige durch Packstücke forschungsmäßig bisher kaum behandelt worden ist. Es ist aber auch in der Wissenschaft nur unter ganz besonders günstigen Nebenbedingungen möglich, ein Problem dieser Kategorie von Anfang an auf einmal zu lösen. Die Begrenzung liegt dabei, daß von einem gewissen Stadium ab, Seitenprobleme an Bedeutung gewinnen und für eine rationelle Weiterführung der Hauptarbeit erst die Fortschritte auf diesen Nachbargebieten abgewartet werden müssen: Was in diesem Zusammenhang darunter zu verstehen ist, geht aus der Schlußbetrachtung hervor.

Der Beginn dieser Arbeit geht auf das Jahr 1948 zurück. In der Zwischenzeit wurde ohne Unterbrechung an dem einen oder anderen der in über dreißig Kapiteln behandelten Teilprobleme geforscht. Insbesondere im letzten Jahr hat mich darin Herr Dr.-Ing. W. Schrüfer besonders unterstützt, und zwar stammt der Abschnitt 5 des Unterkapitels IV von ihm; die Teile 2 und 3 des Unterkapitels VI und das Unterkapitel X wurden von ihm in wesentlichen Teilen mitbearbeitet. Bei einer Reihe weiterer Unterabschnitte, vor allem bei IV_4, VI_1, VIII_1 und XI_2 sowie bei der Gliederung hat er mitgewirkt. Auch Herr Dr.-Ing. P. Görling und Herr Dr. rer. nat. G. Schricker haben mich verschiedentlich freundlicherweise unterstützt. Die Durchführung der außerordentlich umfangreichen Meßreihen lag in den Händen meiner technischen Assistentin, Fräulein Juliane Pöllner; ihr sei an dieser Stelle besonders herzlich gedankt.

Besonderer Dank gebührt auch dem Verlag dafür, daß er die Veröffentlichung einer auf einem Neuland verfahrenstechnischer Forschung liegenden Schrift übernommen und in vorbildlicher Weise durchgeführt hat.

Die Durchführung der Arbeit wurde durch Zuschüsse des Bundesministeriums für Ernährung, Landwirtschaft und Forsten und des Bundeswirtschaftsministeriums ermöglicht, weshalb sie diesen beiden Ministerien *in Dankbarkeit zugeeignet* wird.

München, im Februar 1956

R. Heiss

Inhaltsverzeichnis

Zusammenstellung der Bezeichnungen und Abkürzungen VII

Einführung 1

A. Das Gut 2

   I. Sorptionsisotherme 2

   II. Veränderungen des Gutes und seiner Eigenschaften durch Feuchtigkeitsaustausch 4

      1. Veränderung des Gutes durch Feuchtigkeitsaustausch im stationären Feuchtigkeits- und Temperaturfeld, wenn es unverpackt ist 4

      2. Veränderungen des Gutes durch Feuchtigkeitsaustausch im nicht stationären Feuchtigkeits- und Temperaturfeld, wenn es verpackt ist 7

      a) Einfluß von Temperatur- und Feuchtigkeitsschwankungen bei bevorzugter Empfindlichkeit des Gutes gegen Feuchtigkeitsaufnahme S. 7 — b) Temperatur- und Feuchtigkeitsschwankungen bei besonderer Empfindlichkeit des Gutes bei Feuchtigkeitszu- und -abnahme S. 13

   III. Praktische Versuche über die Feuchtigkeitsempfindlichkeit von Lebens- und Genußmitteln 16

B. Die Verpackung 29

   IV. Über den Wasserdampftransport durch Packstoffe 29

      1. Definition des Diffusionskoeffizienten 29

      2. Definition des Permeationskoeffizienten 29

      3. Definition der Wasserdampfdurchgangszahl 31

      4. Praktische Bestimmung des Wasserdampfdurchganges durch Packstoffe 33

      5. Zusammenhang zwischen Diffusions- und Permeationskoeffizienten 37

      6. Einfluß der relativen Feuchtigkeit auf die Wasserdampfdurchlässigkeit verschiedener Packstoffe 38

      7. Einfluß der Temperatur auf die Wasserdampfdurchlässigkeit 44

      8. Beeinflussung der Wasserdampfdurchlässigkeit von beschichteten Papieren und von Kunststoff-Folien durch Knicken . . . 46

   V. Orientierende Versuche an Packungen 49

      1. Flachbeutel 49

      2. Bodenbeutel 52

      3. Beutelverschlüsse 56

      4. Ergänzende praktische Versuche zur Beurteilung der Form- und Nahteinflüsse 59

      a) Vergleich verschiedener Packstoffe bei Formung mit Harmonikaverschluß S. 59 — b) Wachspapiere, Wachskaschierungen teilweise mit Aluminiumfolie (Harmonikaverschluß S. 62)

VI. Studium von Einzeleinflüssen bei Aluminiumfolie   64
  1. Bestimmung des Wasserdampfdurchganges durch verklebte parallele Überlappungen   64
  2. Bestimmung des Formeinflusses bei nicht parallelen Überlappungen   75
  3. Berechnung der Wasserdampfdiffusion durch enge Poren, mit kleiner Porenhöhe relativ zum Porendurchmesser   78
  4. Beeinflussung des Wasserdampfdurchganges durch Knickung .   86

VII. Studium der Einzeleinflüsse bei wetterfestem Zellglas   92
  1. Einfluß der Heißsiegelung auf die Wasserdampfdurchlässigkeit   93
  2. Einfluß des Weichmachergehaltes   98
  3. Einfluß von Gefriertemperaturen   98
  4. Einfluß des Sterilisierens   99
  5. Einfluß der Alterung bei verschiedenen Weichmacherzusätzen   99
  6. Einfluß der Knickung 100
  7. Betrachtung der Ergebnisse 101

VIII. Analyse des Wasserdampfdurchgangs durch fertige Beutel 104
  1. Aus Aluminiumfolie 104
    a) Abschätzung der Porenverteilung und Berechnung des Planwertes bei mit Papier- und mit Polyäthylen kaschierten unverarbeiteten Aluminiumfolien S. 104 — b) Abschätzung des Einflusses der Poren bei maschinell hergestellten Bodenbeuteln S. 105 — c) Berechnung des Wasserdampfdurchganges durch die Überlappungen bei Klotzbodenbeuteln S. 107 — d) Berechnung der Verschlußdichte eines unverklebten Harmonika- oder Rollverschlusses S. 109
  2. Aus beschichteten Packstoffen 111
    a) Kartonpackung mit Innenbeutel S. 111 — b) Nachrechnung von Zellglasbeuteln S. 112

IX. Einfluß der Größe und Form der Packung auf die Wasserdampfdurchlässigkeit 116

C. Das verpackte Gut 121

X. Bestimmung des nichtstationären Feuchtigkeitsfeldes in Gut . . . 121
    a) Ableitung der dem Vorgang der Feuchtigkeitswanderung beherrschenden Gleichung für den Fall der eindimensionalen Diffusion in einer Ebene S. 121 — b) Auswertung der Differentialgleichung S. 122 — c) Dreidimensionale Feuchtigkeitswanderung S. 125 — d) Feuchtigkeitswanderung bei veränderlichem μ_F S. 126

XI. Bestimmung der Haltbarkeit verpackter Trockengüter bei überall gleicher Feuchtigkeit im Gut 130
  1. Wenig zeitabhängige Vorgänge 130
  2. Stark zeitabhängige Vorgänge 139

Schlußwort 143

Schrifttum 149

Zusammenstellung der Bezeichnungen und Abkürzungen

P = Druck bzw. Partialdruck [kg/m²]

P_S = Sattdampfdruck [kg/m²]

P_D = Partialdruck des Wasserdampfes [kg/m²]

P_{DS} = Sattdampfdruck des Wasserdampfes [kg/m²]

p_D = Partialdruck des Wasserdampfes [kg/cm²]

p_{D_S} = Sattdampfdruck des Wasserdampfes [kg/cm²]

φ = relative Feuchtigkeit bei Wasserdampf (%)

c = Konzentration

$\mathfrak{x}$ = Wassergehalt d. Gutes bezogen auf Trockensubstanz (x = bezogen auf Gesamtgewicht)

x, y, z = Ortskoordinaten; x bedeutet anderseits bei feuchter Luft: die auf 1 kg Trockenluft entfallende Wassermenge in kg

ΔG_Z = Zulässige Gewichtsänderung d. Gutes

Tr = Trockensubstanzgewicht

D = Diffusionskoeffizient $\left[\dfrac{\mathrm{m^2}}{\mathrm{h}}\right]$

P = Permeationskoeffizient:
$$\frac{\text{Gasmengeneinheit} \cdot \text{Längeneinheit}}{\text{Zeiteinheit} \cdot \text{Flächeneinheit} \cdot \text{Druckeinheit}}$$

P_v = Permeationskoeffizient, wenn die Gasmenge in Volumeneinheiten angegeben ist

P_g = Permeationskoeffizient, wenn die Gasmenge in Gewichtseinheiten angegeben ist

Q = die pro Zeiteinheit diffundierende Gasmenge

q = die pro Zeit- und Flächeneinheit diffundierende Gasmenge:
$$\frac{\text{Gasmengeneinheit}}{\text{Flächeneinheit} \cdot \text{Zeiteinheit}}$$

Q_{korr} = korrigierter Durchgang

Q_{gem} = gemessener Durchgang

V = Gasvolumen unter Normalbedingungen = Gasmenge in Volumeneinheiten

V' = gemessenes Gasvolumen beim Druck p und der Temperatur T

V_m = Gasvolumen, das einer monemolekularen Schicht entspricht

$\mathfrak{R}$ = allgem. Gaskonstante $\left(\dfrac{\mathrm{cal}}{\mathrm{Mol\,^\circ K}}\right)$

R_D = Gaskonstante d. Wasserdampfes (mkg/kg °K)

β = Stoffübergangszahl:
$$\frac{\text{Gasmengeneinheit}}{\text{Flächeneinheit} \cdot \text{Zeiteinheit}}$$
= auch Funktionszeichen

ϱ = Dichte

γ = spezifisches Gewicht

ε = Porosität $\left(\varepsilon = \dfrac{1}{\mu_F}\right)$

μ_F = Diffusionswiderstandszahl des Füllgutes bei gegebenem Wassergehalt (im Vergleich zum Diffusionswiderstand in ruhender Luft)

K = Verderbniswert

n = Zahl zwischen 0 und K

α = Wärmeübergangszahl $\dfrac{\mathrm{kcal}}{\mathrm{m^2\,^\circ C\,h}}$ auch Winkel und Funktionszeichen

c_p = spezifische Wärme bei konstantem Druck

c_v = spezifische Wärme bei konstantem Volumen

η = $P_m / \Delta x$ = mittl. Permeationskoeffizient geteilt durch die Schichtdicke

E = Aktivierungsenergie

E_1 = Adsorptionswärme der ersten Schicht

E_W = Verdampfungswärme des Wassers

Ω = Konstante in der Gleichung von B.E.T.

π	=	Osmotischer Druck
T	=	Temperatur in °K
ϑ	=	Temperatur in °C
F_e	=	Fehler (%)
w	=	Windgeschwindigkeit
h	=	Höhe bzw. Spaltweite
F	=	Querschnittsfläche, auch Funktionszeichen
l	=	Länge einer Naht
d	=	Porenhöhe bzw. Dicke des Packstoffes
r	=	Radius der Pore
t	=	Zeit
Z	=	Haltbarkeitszeit des Gutes in dünner Schicht $= f(\mathfrak{r})$

t_L	=	Zeit nach welcher das Gut in einer Packung die Grenze der Verkäuflichkeit erreicht
Index L	=	Luft bzw. Luftschicht
„ r	=	ruhend
„ b	=	bewegt
„ F	=	Folie, Packstoff
„ m	=	im Mittel
„ P	=	Papier
„ K	=	Kleber
„ $P + K$	=	Kleberdurchtränktes Papier
„ Kpf	=	Klebstoffpfropfen

Einführung

Verschiedenheiten zwischen Angebot und Nachfrage bringen es mit sich, daß Verbrauchsgüter vielfach beträchtliche Zeit benötigen, bis sie vom Erzeuger zum Verbraucher gelangen. Dabei muß die selbstverständliche Forderung gestellt werden, daß die Qualität des Gutes während dieser Zeit, der sogenannten Umschlagszeit, sich nicht verändert.

Es ist nun bekannt, daß alle Stoffe, wenn sie in eine feuchte Atmosphäre gebracht werden, Wasser aufnehmen. Eine Reihe von Stoffen nimmt nur sehr wenig, fast unmeßbare Mengen Wasser auf, während bei einer Reihe anderer Stoffe die Wasseraufnahme beträchtlich ist. Es ist nicht immer so, daß Stoffe, die viel Wasser aufnehmen, auch stark verändert werden und deshalb an Qualität einbüßen und Stoffe, die wenig Wasser aufnehmen, wenig verändert werden. Z. B. nehmen Eisenspäne relativ wenig Wasser auf. Das Wasser wirkt hier katalytisch und führt zur bekannten Rostbildung. Andererseits nimmt Aktivkohle beträchtliche Mengen Wasser auf, wird aber durch die Aufnahme des Wassers subjektiv nicht verändert.

Aus diesem Grunde erscheint es nicht zweckmäßig, zwischen Stoffen zu unterscheiden, die wenig bzw. viel Wasser aufnehmen, sondern es kommt primär darauf an, die Einteilung in Stoffe vorzunehmen, die bei Veränderung ihrer Wassergehalte praktisch nicht und solche, die so sehr verändert werden, daß sich eine Qualitätsminderung einstellt. Diese letzteren Stoffe bezeichnet man als feuchtigkeitsempfindliche Güter.

Die Aufgabe der Verpackung eines feuchtigkeitsempfindlichen Gutes besteht darin, dessen Feuchtigkeitsverlust bzw. Feuchtigkeitsaufnahme bei den zu erwartenden Außenbedingungen in der für das Gut notwendigen Umschlagszeit so gering zu halten, daß keine Qualitätsminderungen eintreten.

Die Haltbarkeit eines verpackten, feuchtigkeitsempfindlichen Gutes wird hauptsächlich bestimmt von dem Verhältnis Volumen zu Oberfläche des Gutes, von dem Verlauf der Sorptionsisotherme, dem Anfangswassergehalt und dem zulässigen Endwassergehalt und schließlich von der Wasserdampfdurchlässigkeit der Gesamtverpackung.

Abgesehen von der Wahl der Verpackung hat man gewisse Freiheiten in der Wahl des Ausgangswassergehaltes, in der Wahl der spezifischen Oberfläche, in der Auswahl des Packstoffes. Es gelingt auch manchmal, den Verlauf der Sorptionsisotherme selbst und die Empfindlichkeit des Gutes gegen Feuchtigkeitsaufnahme bzw. -abgabe durch bestimmte Zusätze oder durch Erzeugung besonders reiner Produkte, durch Granulieren u. dgl. günstig zu beeinflussen.

Vorgegeben und nicht frei wählbar ist im allgemeinen der zulässige Grenzzustand und das Außenklima. Das Klima ist zumindest nicht während des gesamten Verlaufs des Umschlages frei wählbar, wenn sich auch durch Beheizung bzw. geeignete Klimatisierung von Lagerrräumen zeitweise der Feuchtigkeitsaustausch vermindern läßt. Alle diese Möglichkeiten, die Haltbarkeitszeit zu beeinflussen, sind zu erwägen, *bevor* man die Anforderungen an den Packstoff übersteigert.

Die Berechnung der Haltbarkeitszeit verpackter Trockengüter bzw. bei vorgegebener Umschlagszeit die Berechnung der geeigneten Verpakkung setzt voraus, daß erstens das Gut, seine Sorptionsisotherme, die Arten seiner Veränderungen, sein zulässiger Grenzwassergehalt, zweitens die Außenbedingungen, d. h. die relative Feuchtigkeit, die Temperatur und deren Schwankungen und drittens die Verpackung, ihre Packstoff- und Verschlußdichtigkeit für die verschiedenen Packstoff- und Verschlußarten bekannt sind.

A. Das Gut

I. Sorptionsisotherme

Bei einem Gut, das in freier Atmosphäre gelagert ist, muß unterschieden werden zwischen der Konzentration des gasförmigen Wasserdampfes in der Atmosphäre und der Konzentration des zum Teil adsorbierten und zum Teil noch gasförmigen Wassers im Gut, der sogenannten Gutsfeuchtigkeit.

Die Konzentration c des Wasserdampfes in der Atmosphäre wird häufig durch den entsprechenden Partialdruck P_D angegeben; denn es gilt für ein hinreichend ideales Gas:

$$c = \frac{P_D}{\Re\, T}.$$

Dabei ist $\Re$ die allgemeine Gaskonstante und T die absolute Temperatur Statt des Partialdruckes gibt man für eine bestimmte Temperatur bei Wasserdampf auch oft die relative Feuchtigkeit φ an. Sie ist das Verhältnis vom gegebenen Wasserdampfpartialdruck P_D zu dem seiner Temperatur entsprechenden Sattdampfdruck P_{DS}, der bei gegebener Temperatur nicht überschritten werden kann.

$$\varphi = \frac{P_D}{P_{DS}} \cdot 100\ (\%) = \frac{p_D}{p_{DS}} \cdot 100\ (\%)$$

$$P_D \text{ in kg/m}^2, \quad p_D \text{ in kg/cm}^2$$

Die Konzentration des Wassers im Gut wird in verschiedener Weise durch den Wassergehalt im Gut angegeben. Meist gibt man das Wassergewicht pro Gewichtseinheit der Trockensubstanz an. Seltener findet man den Wassergehalt im Gut angegeben durch das Volumen, welches das in der Volumeneinheit des Gutes befindliche Wasser im gasförmigen Zustand bei 20° C und $p = 1$ atm einnehmen würde.

Der Wassergehalt im Gut $\mathfrak{x}$ ist während der Umschlagszeit im allgemeinen Funktion der Zeit und des Ortes $\mathfrak{x}\ (t;\ x)$.

Ist der Wassergehalt im Gut überall der gleiche und ändert er sich nicht mehr mit der Zeit, so ist Gleichgewicht zwischen der Feuchtigkeit der Atmosphäre und dem Wassergehalt des Gutes erreicht.

Im folgenden sollen Güter, die bereits bei kleinen und mittleren relativen Feuchtigkeiten einen beträchtlichen Gleichgewichtswassergehalt haben — wie Holz, Wäsche, getrocknete Lebensmittel — kurz hygroskopische Güter genannt werden, zum Unterschied von Gütern mit geringem Sorptionsvermögen, wie Sand, Ziegelsteine usw.

Der Zusammenhang zwischen dem Gleichgewichtswassergehalt $\mathfrak{x}$ des Gutes und dem Wasserdampfteildruck bzw. der relativen Feuchtigkeit der Umgebung bei einer vorgegebenen konstanten Temperatur wird durch die *Sorptionsisotherme* wiedergegeben.

Im ersten Ast der Sorptionsisotherme (konvex nach oben) bildet sich nur eine Schicht adsorbierter Moleküle entlang der inneren Oberfläche des Gutes aus. Die Wassermoleküle sind in diesem Teil der Sorptionsisotherme durch Oberflächenkräfte nach Art der VAN DER WAALschen Kräfte bzw. durch Valenzen hydrophiler Gruppen gebunden. Dies ergibt sich nach der Theorie der Mehrschichtenadsorption von BRUNNAUER, EMMETT und TELLER [1][1]. Wenn die gesamte innere Oberfläche des Gutes gerade mit einer monemolekularen Schicht bedeckt ist (Ende des nach oben konvexen Teiles der Sorptionsisotherme), liegt bei einer Reihe untersuchter Güter die diesen Gleichgewichtswassergehalt entsprechende relative Feuchtigkeit der Umgebung im Intervall $\varphi = 20$ bis 25%. Bei hohen relativen Feuchtigkeiten ist der Verlauf der Sorptionsisotherme bei vielen Gütern (konkav nach oben) durch Kapillarkondensation bestimmt (Charakteristik der THOMSONschen Gleichung [2].

Im Geltungsbereich der BET-Gleichung, auf den es in diesem Zusammenhang besonders ankommt, hängt die Anfangssteigung der Sorptionsisotherme bei gegebener Temperatur in erster Linie von der inneren Oberfläche bzw. von der Zahl aktiver Zentren pro Einheit innerer Oberfläche und von der Sorptionswärme ab.

$$\left(\frac{\mathrm{d}V}{\mathrm{d}p_D}\right)_{p_D=0} = \frac{V_m \cdot \Omega}{p_{DS}}$$

Dabei bedeuten:

p_{DS} den Sättigungsdruck,

V_m das Gasvolumen einer monemolekularen Schicht unter Normalbedingungen, das direkt proportional sowohl der Größe der inneren

---

[1] Die in eckigen Klammern kursiv gesetzten Ziffern verweisen auf das Schrifttum S. 149.

Oberfläche wie auch der Zahl der Adsorptionsplätze pro Einheit innerer Oberfläche ist.

$$\Omega = e^{(E_1 - E_W)/R \cdot T}$$

($E_1 = $ Adsorptionswärme der ersten Schicht,

$E_W = $ Verdampfungswärme des Wassers.)

$\mathrm{d}V = $ Gasvolumen, das bei der Druckänderung $\mathrm{d}p_D$ den Phasenzustand ändert.

Wie im einzelnen die Sorptionswärme mit dem chemischen Aufbau bzw. mit der „Rezeptur" zusammenhängt, scheint noch nicht untersucht worden zu sein. Aus aufgenommenen Kurven läßt sich schließen, daß der Stärkegehalt und die Behandlung der Stärke von besonderem Einfluß sind; steigender Fettgehalt hat erwartungsgemäß Verringerung der Sorptionswärme und damit eine Abflachung der Sorptionsisotherme zur Folge. Offensichtlich wird die Wasserbindung entscheidend von der Hydratbildung von Salzen und Zuckern und von deren Löslichkeit bestimmt. Wenn Stärke verzuckert wird, steigt die Hygroskopizität der Erzeugnisse stark an.

II. Veränderungen des Gutes und seiner Eigenschaften durch Feuchtigkeitsaustausch

1. Veränderungen des Gutes durch Feuchtigkeitsaustausch im stationären Feuchtigkeits- und Temperaturfeld, wenn es unverpackt ist

Die Feuchtigkeitsaufnahme des Gutes bzw. die Feuchtigkeitsabgabe vom Gut beeinflußt das Gut bzw. seine Eigenschaften. Eine Reihe von Trockengütern, darunter insbesondere Lebensmittel, verändern sich oder ihre Eigenschaften aber erst dann entscheidend, wenn ein gewisser Wassergehalt überschritten wird (kritischer Wassergehalt und kritische Gleichgewichtsfeuchtigkeit). Kurz vorher herrscht der zulässige Endwassergehalt oder *Grenzwassergehalt*, den das Gut während der Umschlagzeit nicht überschreiten darf und der deshalb von besonderer Bedeutung ist. Ist das Gut unverpackt, so bedeutet dies, daß die umgebende Atmosphäre, die diesen Grenzwassergehalt entsprechende relative Feuchtigkeit nicht überschreiten darf. Da in der Praxis nur interessiert, welcher Feuchtigkeit ein Gut ausgesetzt werden darf, gibt man statt des Grenzwassergehaltes des Gutes die entsprechende *Gleichgewichtsfeuchtigkeit* der Atmosphäre (Grenzfeuchtigkeit) an.

Die Veränderungen können verschiedener Natur sein und sowohl durch Feuchtigkeitsentzug als auch durch Feuchtigkeitsaufnahme verursacht werden.

a) Durch *Abgabe* von Feuchtigkeit verändert sich das Gut, indem es austrocknet, was seinerseits z. B. ein Hartwerden des Gutes zur

Folge haben kann. Beispiele: Brot, Fondants, Lebkuchen, Marzipan, Tabak. Bei Gefriererzeugnissen wird durch Sublimation von Eis aus der Oberflächenschicht der sogenannte „Freezer burn" hervorgerufen.

b) Durch *Aufnahme* von Feuchtigkeit: α) Physikalische Vorgänge verändern das Gut, z. B. kann es seine „Knackigkeit" verlieren (Kekse, Knäckebrot); pulverförmige Lebensmittel können „klumpen" (von der Kornverteilung und vom gegenseitigen Verlauf der Adsorptions- bzw. Desorptionsisotherme abhängig). Die Struktur des Mahlgutes bei Bohnenkaffee ändert sich infolge Aufnahme von Wasser, wodurch die Ausbeute beim Filtrieren zu gering wird (Filterwiderstand zu gering).

β) Physikalisch chemische Vorgänge führen zu Veränderungen, wie Auskristallisieren aus übersättigten Schmelzen, Bildung von Hydraten. Beispiele: „Absterben" von Hartkaramellen, Auskristallisieren von Zucker aus Trockenpflaumen, aus „Russisch Brot" (Abhängigkeit von der Kornverteilung und damit von der Lösungsgeschwindigkeit) u. dgl., Bildung von Lactosehydrat bei Wassergehalten, bei welchen sich Anhydrid in Hydrat umwandeln kann, Altbackenwerden von Brot (Retogradation der Stärke). Bei Kristallisationsvorgängen sinkt der Gleichgewichtswassergehalt, d. h. daß mit zunehmendem kristallisiertem Anteil die Sorptionsisotherme flacher verläuft. Zur Auslösung der Kristallisation aus der Schmelze ist eine gewisse Übersättigung, welche der „kritischen Keimgröße" entspricht, Voraussetzung; ist sie zu groß, dann ist die statistische Wahrscheinlichkeit infolge der geringen Selbstdiffusion gering, daß die Moleküle in das ihnen energetisch und räumlich gegebene Raumgitter einspringen; ist sie beim Kristallisieren aus Lösungen zu klein, sind Impfkristalle für die Auslösung Voraussetzung. Daraus erklärt sich die zunächst überraschende Tatsache, daß in solchen Fällen bei mittleren relativen Feuchtigkeiten die Kristallisationsneigung am stärksten sein kann. Im Zusammenhang mit der Löslichkeit können Kristallisationsvorgänge stark temperaturabhängig sein, und zwar werden sie im allgemeinen durch tiefe Temperaturen begünstigt, sofern nicht der gegenläufige Einfluß der Viskositätssteigerung mit sinkender Temperatur überwiegt.

Bei der Hydratbildung wird der Lösung Wasser entzogen.

γ) Durch Aufnahme von Wasser können mikrobiologische Veränderungen ausgelöst werden. Hierdurch sind alle hygroskopischen Güter gefährdet, bei denen man ohne Gefahr einer Qualitätsminderung einen hohen Wassergehalt zulassen kann, wie Mehl, Stärke, Trockenfrüchte, Brot. Für die Art des Befalls ist insbesondere der pH-Wert des Substrats entscheidend. Mehl und Brot werden vorwiegend durch Schimmelpilze gefährdet, die sich bei Gleichgewichtsfeuchtigkeiten $\varphi < 73$ bis 75% nicht vermehren können. Osmophile Hefen die sich noch bei relativen Feuchtigkeiten $\varphi > 60\%$ vermehren können [3] gefährden Trockenobst und stark zuckerhaltige Konzentrate wie Malzextrakt. Die jeweilige *Grenzfeuchtigkeit* entspricht einem höheren Wassergehalt bei Glukose, Fruktose und Invertzucker als bei Saccharose; Saccharoselösungen müssen demnach stärker eingedickt werden, um die gleiche Haltbarkeit zu erhalten [4].

δ) Chemische Veränderungen, insbesondere Bräunungsreaktionen zwischen Carbonylgruppen (von reduzierenden Zuckern bzw. Zuckerbruchstücken) und Aminogruppen (aus Aminosäuren oder Lipoiden). Beispiele: Milchpulver, Eipulver, Trockenkartoffeln, Trockengemüse, Trockenobst, Fruchtsirupe. Diese Bräunungsreaktionen zeichnen sich durch einen hohen Temperaturkoeffizienten aus. Die Abhängigkeit vom Wassergehalt zeigt ev. ein Maximum, das etwa im Intervall 5 bis 10% WG. zu suchen ist. Unter 3% W.G. kommen sie zum Stillstand [5]. Andererseits kann bei zu niedrigen Wassergehalten die Oxydationsbereitschaft zunehmen; entsprechende Feststellungen liegen bei Milchpulver, Eipulver, Tomatenpulver und Kartoffelpulver vor.

ε) Veränderungen durch die Wirkung arteigener Enzyme sind außer bei Frischobst, Kartoffeln u. dgl., z. B. bei Trockengemüse, Getreideerzeugnissen, insbesondere Malz bekannt. Auch ihr Ablauf hängt eng mit dem Wassergehalt zusammen. Wo sie gefährlich werden könnten, werden sie beim Verarbeitungsprozeß inaktiviert (Trockengemüse), so daß ihr Auftreten meist mit Fabrikationsfehlern zusammenhängt.

Alle angegebenen Veränderungen sind mehr oder minder Zeitreaktionen und überdies temperaturabhängig. Üblicherweise werden die unter α) mit γ) angeführten Veränderungen die Lagerfähigkeit begrenzen. Meist werden Austrocknungs- bzw. Quellungserscheinungen als Folge von Abgabe und Aufnahme von Feuchtigkeit am schnellsten eintreten, während Kristallisationserscheinungen eine gewisse Übersättigung und eine davon abhängige Kristallisationszeit voraussetzen. Die Dauer der latenten Wachstumsphase von Mikroorganismen ist stark temperaturabhängig. Die Bräunungsreaktionen treten erst bei sehr langen Lagerzeiten auf, es sei denn, daß die Lagertemperatur merklich über 20°C liegt.

Bei gleichzeitigem Ablauf verschiedenartiger Veränderungen ist im allgemeinen diejenige ausschlaggebend, welche am schnellsten zu einer merklichen Qualitätsabwertung führt. Ist ein Gut vorwiegend für Mikroorganismen anfällig, so ist die Qualitätsabwertung eindeutig gegeben, da das Mikroorganismenwachstum ein unmittelbares Kennzeichen für den eingetretenen Verderb ist; in anderen Fällen ist die Definition der „Grenze" schwieriger: bei Pulvern ist die relativ rasch eintretende Beeinflussung der Schüttfähigkeit im allgemeinen für eine Qualitätsabwertung ausreichend, während z. B. eine Verringerung des Vitamin-C-Gehaltes viel weniger wiegt als eine Geschmacksabwertung, die häufig schon beim Beginn von Bräunungsreaktionen in Erscheinung tritt. Dabei ist zu berücksichtigen, daß Geschwindigkeitskoeffizient und optimaler Wassergehalt für die Farb- und die Geschmacksverschiebung unterschiedlich sein können. Gelegentlich sind Kompromisse notwendig, z.B. bei manchen Trockenobstsorten, die ihren höchsten Geschmackswert bei Gleichgewichtsfeuchtigkeiten aufweisen, bei welchen bereits Zucker auskristallisiert.

Diese Beispiele belegen, daß die Wahl des zulässigen Grenzwertes der Verkäuflichkeit nicht selten eine Ermessensfrage ist, die von Gut zu Gut entschieden werden muß. Dazu kommt noch, daß der höchstzulässige Feuchtigkeitsgehalt insbesondere bei zeitabhängigen Veränderungen oft entscheidend von der Umschlagszeit (bei kurzer Umschlagszeit bilden höhere Feuchtigkeiten nur ein geringes Risiko) und von der Rezeptur bzw. von Spuren von Verunreinigungen abhängt.

Beispiele hierfür sind Backpulver, wo bei der Lagerung Reaktionsprodukte andere hygroskopische Eigenschaften und freies Reaktionswasser auftreten können und Hartkaramellen, wo schon eine relativ dünne Adsorptionsschicht Klebrigwerden hervorruft.

Dieses letzte Beispiel deutet an, daß es hierbei primär auf die Bildung einer Absorptionsschicht ankommt, welche ihrerseits vom Wasserdampfpartialdruck abhängt, während z. B. für das Wachstum von Mikroorganismen — allgemein für Quellungsvorgänge — der osmotische Druck π, der mit der relativen Feuchtigkeit durch die Beziehung zusammenhängt:

$$\pi = \frac{\Re\, T\, \varrho_F}{M} \cdot \ln \frac{1}{\varphi} = \frac{\varrho_F}{\varrho_D} \cdot p_D \cdot \left(\frac{1}{\varphi} - 1\right)$$

M = Molgewicht des Lösungsmittels

ϱ_F = Dichte des Lösungsmittels in flüssigem Zustand,

ϱ_D = Dichte des Lösungsmittels in dampfförmigem Zustand

maßgebend ist. Da der Partialdruck mit steigender Temperatur bei gleicher relativer Feuchtigkeit wächst, ist eine merkliche Temperaturabhängigkeit der Grenzflächenvorgänge zu erwarten, besonders dann, wenn Löslichkeits- bzw. Kristallisationsvorgänge hineinspielen.

2. Veränderungen des Gutes durch Feuchtigkeitsaustausch im nicht stationären Feuchtigkeits- und Temperaturfeld, wenn es verpackt ist

a) Einfluß von Temperatur- und Feuchtigkeitsschwankungen bei bevorzugter Empfindlichkeit des Gutes gegen Feuchtigkeitsaufnahme

Das Gut trifft auf seinem Wege vom Erzeuger zum Verbraucher verschiedene Außenbedingungen an.

Im Falle einer Lagerung in klimatisierten Räumen kann die Feuchtigkeit und die Temperatur seiner Umgebung geeignet eingestellt werden, weswegen hierbei keine wasserdampfdichte Verpackung notwendig

ist. Die Schwankungen der relativen Feuchtigkeit und der Temperatur
können außerdem sehr klein gehalten werden, so daß diese keinen Einfluß auf die Haltbarkeit haben (A II 1).

Lagert das Gut in nicht klimatisierten Räumen, so ist die relative
Feuchtigkeit und die Temperatur durch deren „Binnenklima" vorgegeben. Die Schwankungen sind in diesem Falle nicht unerheblich. Auf dem
Transport sind entsprechende Verhältnisse gegeben, wobei die Schwankungen beträchtlich größer sein können, wenn das Gut über weite Strek-
ken durch klimatisch verschiedene Gebiete transportiert wird.

Sind die regionalen klimatischen Verhältnisse so ungünstig, daß die
Feuchtigkeit der Luft über der dem Grenzwassergehalt des Gutes entsprechenden Grenzfeuchtigkeit der Atmosphäre liegt, so muß das Gut
wasserdampfdicht verpackt werden. Bei entsprechend dampfdichter
Verpackung ist es möglich, das Gut in diesem Falle während der gesamten Umschlagszeit vor Feuchtigkeit zu schützen.

Die Anwendung einer wasserdampfdichten Verpackung kann sich
aber auch ungünstig auswirken, wenn die Feuchtigkeit und Temperatur
der umgebenden Atmosphäre schwankt, was praktisch immer zutrifft.
Der Einfluß von Feuchtigkeits- und Temperaturschwankungen auf den
Wassergehalt des verpackten Gutes ist nämlich sehr verwickelt:

Die Eigenschaften des *Gutes*, die bei Temperatur- und Feuchtigkeitsschwankungen der Atmosphäre von Einfluß sind, sind das Sorptionsvermögen und die Wärmekapazität des Gutes. Das Sorptionsvermögen
des Gutes wird durch die jeweilige Neigung der Sorptionsisotherme angegeben. Während die Wärmekapazität nahezu unabhängig von der
Temperatur ist, ist das Sorptionsvermögen im allgemeinen sehr feuchtig-
keitsabhängig. Die Eigenschaften der *Verpackung*, welche den Feuchtigkeitsgehalt des Gutes beeinflussen, sind die Wasserdampfdichtigkeit und
das Wärmeisolationsvermögen. Es ist nicht möglich und es wäre für die
Praxis auch zu kompliziert, den zeitlichen Verlauf der Feuchtigkeit des
Gutes bei Temperatur- und Feuchtigkeitsschwankungen der Atmosphäre
für alle möglichen Verpackungs- und Gutseigenschaften anzugeben.
Qualitativ kann aber das Verhalten des Gutes für die Grenzfälle sehr
kleiner und sehr großer Werte dieser Eigenschaften angegeben werden.

α) Sind die angegebenen Werte der Eigenschaften des Gutes sehr
klein — kleines Sorptionsvermögen, kleine Wärmekapazität, kleine
Wasserdampfdichtigkeit und kleiner Wärmeleitwiderstand des Packstoffes — so werden die Schwankungen der Temperatur und der Feuchtigkeit der Atmosphäre dem Gut unmittelbar mitgeteilt werden.

An Hand des i/x-Diagramms für feuchte Luft ist es für diesen Fall
besonders einfach, sich einen Überblick darüber zu verschaffen, welche

Temperatur- bzw. Feuchtigkeitsschwankungen in der ein Gut umgebenden Atmosphäre erlaubt sind, wenn der zulässige Wassergehalt und die Sorptionsisotherme des Gutes bekannt sind. Dabei kennzeichnet die Tatsache, daß bei der Berührung von warmer Luft mit kaltem Gut der Taupunkt der Luft erreicht wird (Schnittpunkt der Vertikalen $x = $ konst durch den Zustandspunkt der Luft, mit $\varphi = 100\%$) nur einen Grenzfall, der im allgemeinen für hygroskopisches Gut gar nicht mehr zulässig ist. Entspricht der zulässige Wassergehalt bei einer gegebenen Temperatur des Gutes einer Gleichgewichtsfeuchtigkeit φ_0, so sind unabhängig von der Temperatur der Außenatmosphäre alle Luftzustände φ unzulässig, bei welchen $\varphi > \varphi_0$ ist, bei denen also vom Gut Feuchtigkeit aufgenommen wird. Da die Sorptionsisotherme und damit φ_0 temperaturabhängig sind, ist je nach der Außentemperatur, welche auf das Gut einwirkt, noch eine geringfügige Korrektur erforderlich.

β) Wird durch Schwankungen der relativen Feuchtigkeit φ der Atmosphäre der zulässige Gleichgewichtswassergehalt des Gutes „$\mathfrak{x}_0$" überschritten, so hängt es von dem Sorptionsvermögen des Gutes ab, wie die Eigenschaften der Packung sein müssen, um das Gut zu schützen. Bei nicht zu lang andauernden Schwankungsperioden wird es genügen, wenn ein Gut mit starkem Adsorptionsvermögen in eine wasserdampf-schützende Verpackung gegeben wird. Die Wärmekapazität und das Wärmeisolationsvermögen haben auf den zeitlichen Verlauf des Feuchtigkeitsgehaltes im Gut nur einen geringen Einfluß. Hingegen benötigt man bei länger andauernden Schwankungsperioden mit $\varphi > \varphi_0$ insbesondere bei feuchtigkeitsempfindlichen Gütern geringen Sorptionsvermögens eine sehr wasserdampfdichte Verpackung.

Bei Gut mit geringem Adsorptionsvermögen und einer großen Wärmekapazität, wie bei Eisenteilen, besteht auch eine Gefährdung bei hermetischer Verpackung und kurzen Schwankungsperioden, wenn die wärmere Packung *kälterer Außenluft* ausgesetzt wird, wobei die Temperatur der Außenluft unter den Taupunkt der Innenluft fällt, und zwar erfolgt dann das Beschlagen auf der Innenseite der Packung. Diese Wasserdampfkondensation kann wesentlich verringert werden, wenn man das Luftvolumen innerhalb der Packung möglichst klein wählt, durch geeigneten Wärmeschutz die Temperaturschwankungen in der Packung verringert und innerhalb der Packung zu dem Gut geringen Adsorptionsvermögens zusätzlich Güter, insbesondere Packstoffe großen Adsorptionsvermögens, beigibt, die selbst kaum durch Feuchtigkeit gefährdet sind. Die Anwendung ausgesprochener Trockenmittel — großes Sorptionsvermögen bei niedrigen relativen Feuchtigkeiten — ist nur dann zweckmäßig, wenn die Grenzfeuchtigkeit sehr niedrig liegt, da andernfalls das Gut vor dem Verpacken unerwünscht weit herabgetrocknet werden muß. Wird es nämlich vorher nicht herabgetrocknet, so trocknet das Gut in der Packung nach, indem es seine Feuchtigkeit an das Trockenmittel abgibt und letzteres dabei vorzeitig erschöpft.

In diesem Zusammenhang werden Trockenmittel manchmal mit Absicht eingesetzt, um durch Nachtrocknung des Gutes in der Packung den „Trockenschwanz" im Trockner einzusparen. Ein viel wichtigerer Anwendungsbereich dieses Verfahrens dürfte aber dann vorliegen, wenn die Trocknung zur Vermeidung von Gutsschädigungen schonend erfolgen muß und es bei den hierbei zulässigen Temperaturen nicht möglich ist, die Gleichgewichtsfeuchtigkeit zu erreichen, die für eine ausreichende Haltbarkeitsdauer Voraussetzung ist (z. B. Eipulver im Sprühtrockner).

Die Beigabe von Packstoffen relativ großen Adsorptionsvermögens, wie z. B. Wellpappeeinlagen in Metallbehältern zwischen Metallbehältern und Gut, kann bei *rascher Erwärmung* der Packung von außen in folgender Weise das Gut gefährden: Die Temperatur des Packstoffes steigt notwendigerweise schneller an, als die des Gutes. Dementsprechend entsteht ein von außen nach innen abnehmendes Dampfdruckfeld; die an den Behälter anliegende Packstoffseite hat den höchsten, die am Gut anliegende Seite den niedrigsten Dampfdruck. Zunächst erfolgt in den inneren Packstoffschichten Kondensation. Dadurch steigt der Dampfdruck über den der Luftgrenzschicht am Gut an. Dann erfolgt Verdunstung an allen Stellen des Packstoffes und Kondensation am Gut. Der Vorgang: Verdunstung → Diffusion → Kondensation findet so lange statt, bis sich innerhalb des Behälters Dampfdruckgleichgewicht einstellt. Die Gefahr der Kondensation auf dem Gut wird um so größer, je höher die Gleichgewichtsfeuchtigkeit des Packstoffes liegt, d. h. einer umso feuchteren Atmosphäre er vor dem Verpackungsvorgang ausgesetzt war, je niedriger die Gutstemperatur und je größer die Übertemperatur des Packstoffes über der des Gutes liegt. Die Beigabe von Packstoffen großen Adsorptionsvermögens ist daher nicht in jedem Falle eine Lösung, die das Gut vor der Auswirkung von Temperaturschwankungen schützt[1]. Die Beigabe von Trockenmitteln im Zusammenhang mit weitgehend dampfdichten Umpackungen und mit trocken gelagerten Innenpackstoffen bietet aber einen weitgehenden Schutz.

Man erkennt aus diesen beiden Beispielen, daß zwei Hauptarten von Gefährdungen vorliegen: Kondensation von Feuchtigkeit an der Innenwand der Packung bei Abkühlung und Kondensation von Feuchtigkeit am Gut selbst bei Anwärmung von außen.

Abgesehen von den in Abschnitt A II 1 besprochenen Faktoren hängt damit ganz allgemein die Gefährdung eines Gutes durch Feuchtigkeitsaufnahme (bzw. -abgabe) im besonderen von folgenden Gegebenheiten ab:

---

[1] Vgl. hierzu P. GÖRLING: Korrosionsverhütung bei verpackten Metallgegenständen. Vortrag anläßlich des Fortbildungskurses „Verpackungstechnik" des Instituts für Lebensmitteltechnologie und Verpackung, Oktober 1955.

a) Von der Größe der Wassergehaltsschwankung. Diese ist, wie nochmals zusammenfassend dargelegt werden soll, abhängig:

α) von der Größe der Temperaturschwankung,

β) vom Verlauf der Sorptionsisotherme, und zwar ist das Gut bei einer mit einer Temperatursenkung gekoppelten Feuchtigkeitssteigerung gefährdeter, wenn die Sorptionsisotherme flach verläuft — kleines Sorptionsvermögen —, also eine geringe Gewichtszunahme einer starken Erhöhung der Gleichgewichtsfeuchtigkeit entspricht. (Ungünstig z. B. bei Salzkristallen.)

γ) Von der Geschwindigkeit der Temperaturschwankung des Gutes im Vergleich zum Diffusionswiderstand des verpackten Gutes, wobei die Temperaturänderung an der Gutsoberfläche durch wärmeisolierende Luftzwischenräume merklich beeinflußt werden kann.

b) Von der Spanne zwischen der tatsächlichen Gleichgewichtsfeuchtigkeit des verpackten Gutes bzw. von der zulässigen Gleichgewichtsfeuchtigkeit des Gutes einerseits und der relativen Feuchtigkeit der Außenatmosphäre.

c) Von der Natur der zu erwartenden Qualitätsveränderung, ob ein Feuchtigkeitsanstieg bereits kurzfristig zu Veränderungen führt oder ob hierzu eine „Anlaufperiode" erforderlich ist.

Eine besondere Betrachtung verdienen solche hygroskopische Güter, welche nach allgemeiner Auffassung „atmen" müssen. Die Notwendigkeit einer Durchlässigkeit für Stoffwechselprodukte der Atmung kann beim Verpacken lebender Organismen vorliegen, z. B. bei Obst, Gemüse sowie bei Käsearten, deren Reifungsvorgang durch Schimmelpilze gesteuert wird, u. dgl. Hierbei wird im Verlauf der aeroben Atmung Sauerstoff verbraucht und neben Kohlendioxyd auch Wasserdampf abgegeben. Es ist selbstverständlich, daß hierbei die Verwendung einer völlig wasserdampfdichten Verpackung zur Kondensatbildung führt, von Fehlreifungen durch anaerobe Atmung bei Obst bzw. durch Wachstumshemmung bei Schimmelpilzkäsen ganz abgesehen. Der allgemeinen Ansicht nach muß aber auch eine Verpackung für Mehl und Stärke „atmen" können. Dieser irrigen Ausdrucksweise liegt der Sachverhalt zugrunde, daß der Wassergehalt dieser Güter üblicherweise so hoch liegt, daß die dazugehörige Gleichgewichtsfeuchtigkeit der unteren Wachstumsgrenze für Schimmelpilze (etwa $\varphi = 75\%$) nahekommt. Da Lagerung und Transport nicht bei konstanter Temperatur erfolgen, ist es bei raschen Temperaturschwankungen sehr leicht möglich, daß die Wachstumsgrenze für Schimmelpilze auf der Oberfläche des Gutes überschritten wird.

Bei diesen geringen Spannen zwischen dem Gleichgewichtswassergehalt des Gutes und dem (noch zulässigen) Grenzwassergehalt kann sich bereits der Luftraum in einer Packung ungünstig auswirken. Wird Luft von 20° C und einer relativen Feuchtigkeit von 70% in einem verschlossenen Gefäß auf 19° C gebracht, so steigt die relative Feuchtigkeit der eingeschlossenen Luft auf 75% an. Das sehr sorptionsfähige Gut wird zwar die Feuchtigkeitsänderung der Luft in den Porenräumen ohne merkliche Änderung der Gleichgewichtsfeuchtigkeit adsorbieren können; ungünstiger liegen aber die Bedingungen, wenn ein relativ großes Luftvolumen mit einer relativ kleinen Gutsoberfläche in Berührung steht (z. B. bei halbgefüllten Gefäßen) und der Diffusionswiderstand des Gutes hoch ist, weil dann die Randschichten rasch eine verhältnismäßig hohe Feuchtigkeit annehmen, bevor sich die Feuchtigkeit in das Innere des Gutes verteilen kann. Ist die Verpackung nicht dampfdicht, so besteht innerhalb der Schwankungsperioden bei relativ trockener Außenluft immer wieder die Möglichkeit einer Austrocknung der Randschicht; bei einer weitgehend wasserdampfdichten Barriere erfolgt aber — wenn auch bei stark verringerter Gewichtsänderung — der Partialdruckausgleich verlangsamt, womit für das Mikroorganismenwachstum günstigere Bedingungen geschaffen werden können, weil diese eine relativ lange latente Wachstumsphase aufweisen. Gegen Feuchtigkeitsschwankungen der Außenatmosphäre, ausschließlich im kritischen Intervall insbesondere bei hoher relativer Feuchtigkeit der Außenluft, bietet dagegen die wasserdampfdichtere Umhüllung stets größere Sicherheiten.

Bei Gefriergütern besteht die bereits angedeutete Gefährdung besonderer Art darin, daß insbesondere die kleinsten Eiskristalle in der Oberflächenschicht bei einer Temperatursenkung der Umgebung zur kälteren Wandung der Verpackung sublimieren und die Rückdiffusion zum Gut infolge unterschiedlicher „Kristalldurchmesser" bei einer Temperatursteigerung weit langsamer erfolgt. Die Folge davon ist eine langsame Austrocknung der Oberflächenschicht, die je nach dem morphologischen Aufbau der Gutsoberfläche (rasches Absinken des Feuchtigkeitsspiegels) örtlich und mengenmäßig verschieden ist und mit der Größe der Lufträume (isolierende Luftpolster zwischen Gut und Packstoff, bevorzugt an Ecken), verstärkt auftritt. Das sublimierte Eis liegt an der Innenfläche des Packstoffes an, zwar ohne als Gewichtsverlust der Packung in Erscheinung zu treten; die Austrocknung des Gutes auf diese Weise kann aber wesentlich größer sein, als diejenige durch ungenügende Wasserdampfdichtigkeit des Packstoffes [6]. Letztere bestimmt vorwiegend den Wasserverlust an den „Kontaktstellen".

Gelegentlich wird die Frage aufgeworfen, ob es günstiger sei, ein Gut warm zu verpacken oder vorher auskühlen zu lassen. Vom Packstoff aus gesehen besteht bei heißer Abfüllung (z. B. zu heiß abgefülltem Zement) die Gefahr, daß der Packstoff austrocknet und versprödet. Bei einer weitgehend wasserdampfdichten Verpackung wird die Gefährdung der üblichen Güter (Kekse, Zwieback, gewickelte Weichkaramellen) kaum verändert, da entweder — wie bei gewickelten Weichkaramellen — praktisch keine Lufträume vorhanden sind oder aber die Veränderung des Wassergehaltes im Luftraum gegenüber dem Sorptionsvermögen des Gutes keine Rolle spielt. Entscheidender ist hierbei, ob die Abkühlung in einem Raum erfolgen kann, dessen relative Feuchtigkeit nicht höher liegt als die Gleichgewichtsfeuchtigkeit des Gutes nach dem Verarbeitungsvorgang (was z. B. durch Trocknen der Kühlluft erreichbar ist); ist dies nicht der Fall, so ist die Gefährdung bei offener langsamer Abkühlung weit größer als die durch ein nachträgliches Eindringen von Luft als Folge der Volumenkontraktion des Luftraumes hervorgerufen werden kann. Etwas abweichend liegen die Verhältnisse bei verpacktem Schnittbrot, das eine sehr hohe Gleichgewichtsfeuchtigkeit besitzt; hier tritt bei der Berührung der heißen Packung mit der kalten Außenluft sofort Feuchtigkeitskondensation an der inneren Oberfläche ein und damit im Zusammenhang ein Druckabfall, der zu einem Einziehen von Luft führt, die durch ihren Keimgehalt zu Infektionen führen kann. Hier wäre ein steriles Abpacken des vorher abgekühlten Schnittbrotes vorzuziehen.

b) Temperatur- und Feuchtigkeitsschwankungen bei besonderer Empfindlichkeit des Gutes gegen Feuchtigkeitszu- und -abnahme

Die Gefährdung von Trockengütern bei Temperatur- und Feuchtigkeitsschwankungen ist dann besonders groß, wenn diese zur Klumpenbildung neigen, weil selbst geringfügige Zusammenballungen einen erhöhten Diffusionswiderstand aufweisen und deshalb die Feuchtigkeitsaufnahme bevorzugt an der Oberfläche des Gutes vor sich geht. Eine Bildung lockerer Klumpen erfolgt häufig schon bei einer starken Benetzung infolge Erhöhung der Umgebungsfeuchtigkeit; die Klumpen verfestigen sich bei weiterer Feuchtigkeitsaufnahme. Die viel unangenehmeren harten Klumpen bilden sich bereits durch eine geringe Feuchtigkeitsaufnahme, wenn die Oberfläche anschließend wieder trocknet. Maßgebend hängt die Klumpenbildung mit Dampfdruckunterschieden zwischen gröberen und feinsten Teilchen, also mit der Kornverteilungskurve, zusammen sowie mit der sogenannten Hysterese bei Sorptionsvorgängen.

Hysterese ist gegeben, wenn die Feuchtigkeitsmenge je Gewichtseinheit Feststoff mit verschiedenen Dampfdrücken im Gleichgewicht steht, je nachdem, ob getrocknet oder befeuchtet wird. Die Adsorptions- und Desorptionskurve decken sich nicht, der Vorgang der *Sorption* ist nicht umkehrbar, nicht reversibel.

Ändert sich die Hysteresekurve bei mehrmaliger Ad- und Desorption nicht, so spricht man von reversibler Hysterese, im anderen Falle von irreversibler Hy-

sterese. Reversible Hysterese hängt von der Art der Porenstruktur ab und die
diesbezüglichen Theorien unterscheiden sich lediglich in den Annahmen über die
Art der Porenausbildung.

FOSTER [7] erklärt die reversible Hysterese durch die Verzögerung der verschiedenen Meniskenausbildung bei Ad- und Desorption in offenen Poren. K. S. RAO [8],
E. O. KRÄMER [9] und J. W. McBAIN [10] erklären reversible Hysterese durch die
sogenannte „ink-bottles theorie", bei der sie annehmen, daß die Poren Vertiefungen
haben mit schmalem Hals und weitem Boden. Diese Theorie erklärt das Hysterese-
verhalten bei reversibler Hysterese zwar qualitativ, jedoch nicht quantitativ.

Irreversible Hysterese hängt von den Stoffeigenschaften des sorbierenden Me-
diums und von äußeren Einflüssen ab. R. ZSIGMONDY [11] erklärt sie durch das
Vorhandensein von Unreinheiten meist in Form von permanenten Gasen. Irreversible Hysterese zeigt sich auch oft in der Weise, daß ein Teil des sorbierten Gases
beim Druck Null im Gut zurückbleibt. In diesem Falle ist dies der chemisch sor-
bierte Anteil des sorbierten Gases. Über die Art der Bindung und über die physikalischen Veränderungen durch Bindung von Wasser bei verschiedenen Stoffen
in Adsorptions- und Desorptions-Kurven-Abschnitten berichten S. E. SHEPPARD [12],
W. B. CAMPBELL [13], W. W. BARKAS [14] und A. B. D. CASSIE [15]. S. E. SHEPPARD
und P. T. NEWSOME sprechen von einem Relief „örtlicher" Formveränderungen als
Folge frei drehbarer polarisierter Hydroxylgruppen; Verbindungsstellen werden
gelockert, die sich während der Desorption als Folge innerer Kräfte in der Gel-
struktur nicht wieder schließen. W. B. CAMPBELL nimmt innere Scherkräfte an,
und zwar sollen die Quell- bzw. Schrumpfungserscheinungen gegenseitige Ver-
schiebungen bzw. Konfigurationsänderungen in den Ketten zur Folge haben. Der
Gesichtspunkt einer Formänderungsarbeit infolge innerer Kräfte von unterschied-
lichem Vorzeichen und von verschiedener Größe bei der Kontraktion bzw. Ent-
spannung plastischer Gele wurde auch durch W. W. BARKAS und weiterhin durch
A. B. C. CASSIE in den Mittelpunkt gestellt, wobei nachgewiesen werden konnte,
daß damit eine Veränderung des hydrostatischen Druckes des adsorbierten Wassers
und damit des Dampfdruckes parallel geht. Während bei — strukturlosen — Lösungen von einem Schubmodul und einem Volumelastizitätsmodul nicht gesprochen
werden kann, ist bei Gelen bei der Desorption und Adsorption der Schubmodul
unterschiedlich, woraus sich abweichende Werte für die differentielle Volumen-
änderung, bezogen auf die Veränderung des Wassergewichtes bei konstantem
Druck und daraus unterschiedliche Neigungen der Sorptionsisothermen, ableiten
lassen. Beim Quellen von Gelen liegt die Adsorptionsisotherme stets niedriger, als
die Desorptionsisotherme beim Schrumpfen. Bei niedriger relativer Feuchtigkeit
sind Gele wenig plastisch, weshalb hier auch die Hysterese gering ist.

Außer von der Kornverteilung und von der Hysterese hängt die
Neigung zur Klumpenbildung bei Kristallen noch damit zusammen,
daß große und kleine Körnungen verschiedene Lösungsgeschwindig-
keiten besitzen. Mit zunehmender Löslichkeit steigt die Neigung zum
Zusammenballen. Besonders gefährdet ist ein Gut durch Klumpenbildung, wenn es ursprünglich im Glaszustand vorliegt und durch
Wasseraufnahme kristallisiert (z. B. Übergang von α-Lactoseanhydrid
in α-Lactosehydrat in Milchpulver). Die infolge Fehlens eines Kristall-
gitters hervorgerufenen starken unabgesättigten Oberflächenkräfte der
Schmelze verursachen eine starke Adsorption von Feuchtigkeit aus
der Umgebung. Zur Auslösung der Kristallbildung mit der „kritischen

Keimgröße"[1] ist eine bestimmte Übersättigung der Lösung erforderlich;
mit ihrem Eintritt verarmt die Grenzschicht an Gelöstem. Die Sorptionsisotherme von Kochsalz bzw. von Saccharose deckt sich anfangs
mit der Abszisse, und erst in dem Bereich der Gleichgewichtsfeuchtigkeit
über der gesättigten Lösung erfolgt ein steiler Anstieg. Dies bedeutet,
daß schon eine geringe Überhöhung der relativen Feuchtigkeit der
Außenatmosphäre über die Grenzfeuchtigkeit hinaus zu einem erhöhtem
Gleichgewichtswassergehalt und einer Auflösung der feinsten Teilchen
führt. Obwohl Saccharose bzw. Salz in weiten Bereichen nicht hygro-
skopisch sind, sind sie bei Überschreitung eines bestimmten Dampfdruckes ganz besonders feuchtigkeitsempfindlich (vgl. auch Abb. 6b
und 56). Eine nachfolgende Feuchtigkeitssenkung hat zur Folge, daß
in den Adhäsionshäutchen eine Neubildung von Kristallen erfolgt und
sich verbindende Kristallbrücken ergeben, die zur Bildung harter
Klumpen führen.

Insbesondere, wenn die Gleichgewichtsfeuchtigkeit über der gesättigten Lösung relativ hoch, aber noch unter der durchschnittlichen
Umgebungsfeuchtigkeit liegt, kann infolge des geringen Partialdruckgefälles zur Umgebung die Wahl einer dampfdichten Verpackung
eine wesentliche Verringerung der Klumpungsgefahr mit sich bringen.
Feine Teilchen (Puderzucker) und eine ungleichmäßige Kornverteilung
erhöhen mit der Zunahme der Zahl der Kontaktstellen die Gefahr des
„Zusammenbackens" ebenso wie das Vorhandensein von Verunreinigungen, welche die Feuchtigkeitsaufnahme nach niedrigeren relativen
Feuchtigkeiten verschieben. So beginnt Rohzucker bereits bei merklich niedrigeren relativen Feuchtigkeiten Wasser anzuziehen als reine
Saccharose, weshalb er stärker der Klumpungsgefahr unterliegt.

Im ganzen gesehen hängt die Neigung von Kristallen zum Zusammenbacken außer vom Verlauf der Sorptionsisotherme ab von Verunreinigungen, welche die Hygroskopizität und die Viskosität erhöhen,
von der Korngrößenverteilung, also von der Schärfe der Siebung, vom
spezifischen Lagerdruck, von der Möglichkeit der Umwandlung einer
Kristallform in eine andere, von der „Verwitterungsmöglichkeit" von
Hydraten und von der Kristalltracht; durch ihre Änderung beim Her-
stellungsprozeß können weniger zum Backen neigende Kornformen geschaffen werden.

In der gleichen Richtung liegt die Gefährdung von Fondants, die
als ein Gemisch von Saccharosekristallen und von gesättigter Invert-
zuckerlösung bzw. von Stärkesirup aufgefaßt werden können. Bei jeder
Temperaturänderung verschiebt sich das Lösungsgleichgewicht, und

---

[1] Bezüglich der Begriffe „Kritische Keimgröße" (die von der Übersättigung
abhängt) und „Korngröße maximaler Löslichkeit" (die davon unabhängig ist),
vgl. [16].

zwar ist bei steigender Temperatur mehr Zucker gelöst, bei sinkender
Temperatur mehr auskristallisiert. Werden sie hermetisch verpackt und
sinkt die Außentemperatur schroff ab, so kann wegen der hohen Gleichgewichtsfeuchtigkeit (80 bis 85%) schon bei einer Temperatursenkung
um 3° Kondensatbildung an der kalten Innenwandung auftreten, die
entweder durch unmittelbare Flüssigkeitsleitung oder durch Diffusion
auf die Oberfläche der Fondants einwirkt. Außerdem kontrahieren bei
einer Temperatursenkung die Zuckerkristalle weniger als der Sirup,
d. h. daß dabei die oberste Schicht an Lösung verarmen kann. Es ergibt sich an den Randpartien ein Anlösen des Zuckers, der gegenüber
dem raschen Kristallisieren aus der Schmelze, beim langsamen Kristall-
lisieren aus der Lösung eine andere „kritische Keimgröße" aufweist.
Damit ergibt sich eine Farbveränderung als Folge unterschiedlicher
Lichtbrechung, gegebenenfalls auch unter dem Einfluß von Zugspan-
nungen eine Lunkerbildung. Verstärkt werden können solche Effekte
durch hydrophile Packstoffe: Dabei kann das zum Anlösen des Zuckers
erforderliche freie Wasser nämlich noch leichter in Erscheinung treten
als bei hydrophoben Packstoffen. Bei Zuckerdragees sind z. B. an den
Berührungsstellen mit dem Zellglasbeutel starke Verfärbungserschei-
nungen durch Anlösen und Wiedertrocknen festgestellt worden, wenn
bei Temperatur- und Feuchtigkeitsschwankungen eine höhere Feuchtigkeit erreicht wird als sie der Gleichgewichtsfeuchtigkeit der gesättigten
Lösung entspricht, insbesondere, wenn mehrere Zyklen aufeinander-
folgen. Bei hohen Feuchtigkeiten wirkt das Zellglas als „Feuchtigkeits-
sammler", aus dem die Dragees Feuchtigkeit ansaugen. (Durch Verwendung von wetterfestem Zellglas mit wasserdampfdichtem Verschluß
wird die Gefährdung bedeutend verkleinert.)

III. Praktische Versuche über die Feuchtigkeitsempfindlichkeit von Lebens- und Genußmitteln

Die Aufnahme von Sorptionsisothermen erfolgte in der Weise, daß
Proben von etwa 200 mg in mit Rillendeckel und Vaseline dicht ver-
schließbaren Glasschalen über Schwefelsäurelösungen bestimmter Konzentration bzw. über Salzlösungen mit Bodenkörper bei konstanter
Temperatur (20°C ± 0,3°) gelagert [17] und in regelmäßigen Zeitinterval-
len gewogen wurden. Die Proben waren in Körbchen (a) aus Aluminiumfolie untergebracht, die man rasch herstellen kann, indem mit der Preß-
vorrichtung (g, f) einer Folie die gewünschte Form gegeben wird
(Abb. 1). Ein dünner Draht als Henkel ermöglicht eine leichte Hand-
habung. Die Schälchen werden auf Glasfüße aufgelegt, die so bemessen
sind, daß der Diffusionsweg 10 mm nicht übersteigt. Infolge des geringen Gewichtes der Schälchen mit Inhalt ist eine Wägung mittels Tor-

sionswaage möglich, welche eine rasche und genaue Gewichtsbestimmung im Versuchsraum erlaubt [18]. Die Wägung wird so oft wiederholt, bis über der Lösung mit bestimmten Dampfdruck Gewichtskonstanz erzielt wird. (Gleichgewichtswassergehalt x bzw. $\mathfrak{x}$ und Gleichgewichtsfeuchtigkeit φ bei der betreffenden Temperatur.)

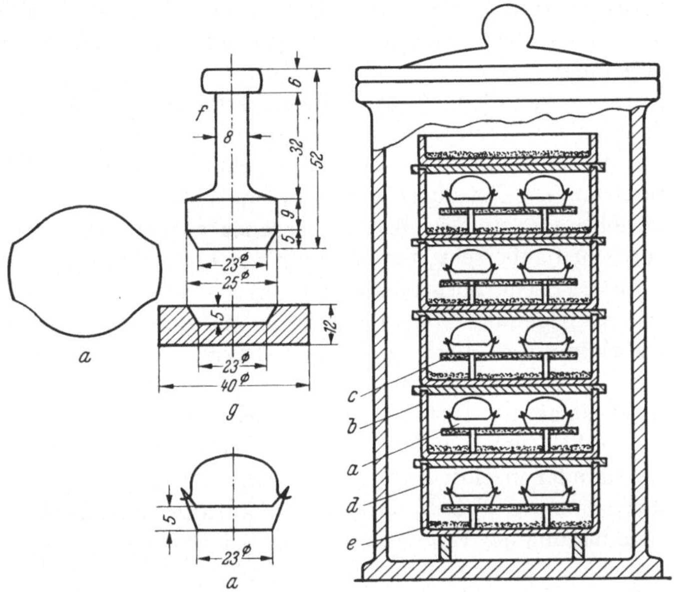

Abb. 1. Anordnung zur Bestimmung des Wassergehaltes, abhängig von der relativen Feuchtigkeit, Es sind: *a* Zuschnitte aus Aluminiumfolie bzw. aus PVC-Hartfolie zur Herstellung von Körbchen zur Aufnahme von 80 bis 120 mg Versuchsgut, *b* gasdicht verschließbare Glasgefäße mit Gestellen *c*, zur Aufnahme von zwei Körbchen *a* und der Salzlösung *e*, zur Einstellung der relativen Luftfeuchtigkeit. Sammelgefäß *d* für mehrere Versuchsgefäße *b* mit gleicher Luftfeuchtigkeit *g*, *f* Formvorrichtung zur Anfertigung der Körbchen *a* aus Zuschnitten.

Diese „Angleichmethode" ist dann nicht anwendbar, wenn während der relativ langen Versuchsdauer Veränderungen des Gutes zu erwarten sind, die ihrerseits zu einer Gewichtsänderung führen. Beispiele: Auftreten von CO_2 bei der Lagerung von Backpulver, Gasstoffwechsel beim Wachsen von Mikroorganismen, CO_2-Abgabe und O_2-Aufnahme bei Maillard-Reaktionen. Wie bereits ausgeführt, ändert sich auch der Dampfdruck bei zeitabhängigen Kristallisationsprozessen. Für eine rasche Messung des über einem Gut herrschenden Dampfdruckes verwendet man ein Dampfdruckmanometer, z. B. dasjenige nach LEGAULT, MAKOWER und TALBURT [19].

Auf diese Weise wurden Sorptionsisothermen für Hafermehl, Weizenmehl, Mehl aus vermälztem Weizen, Maisstärke, Makkaroni, Dauerbackwaren (Hartkekse, Zwieback, Waffeln, Russisch Brot), Knäckebrot, Saccharose, Dextrose, Fruktose, Stärkesirup, Rosinen, Pfirsiche, Pflaumen,

Aprikosen, Ersatzkaffee (Malz-, Zichorien-Feigenkaffee), Kaffee-Essenz, Trockenpektin, Gelatine, Kakao, Schokolade, Kaffee, Trockengemüse (Sauerkohl, Weißkohl, Spinat, Wirsingkohl, Karotten, Erbsen, Sellerie), Kartoffeln, Gewürze (Sellerie, Nelken, Paprika, Pfeffer), Tomatenpulver, Apfelpulver, Orangenpulver, Schmelzkäsepulver, Magermilch- und Vollmilchpulver, Trockenfleisch, Trockenfisch, Trockenhefe, Trockensuppen, gekörnte Brühe, Backpulver, für verschiedene Genußsäuren (Zitronensäure, Weinsäure, Weinstein, Adipinsäure) und schließlich für Rauchwaren aufgenommen.

Dem praktischen Bedarf entsprechend erfolgten die Messungen — sofern nicht ausdrücklich anders angegeben — bei 20° C, und zwar jeweils vom Wassergehalt nach der Fabrikation ausgehend als Adsorptionsmessungen. Die Wiedergabe der vielen Kurven, welche zum Teil nach Beobachtungen anderer Autoren ergänzt wurden, würde den Rahmen dieser Schrift überschreiten, weshalb nur einige besonders wichtige bzw. charakteristische Sorptionsisothermen wiedergegeben werden. Im übrigen ist zu bedenken, daß die Zusammensetzung der Lebensmittel (z.B. Zuckerbildung in Mietenkartoffeln im Winter), die Rezeptur (z.B. Kekse), der Herstellungsvorgang (z. B. Walzen- bzw. Sprühtrocknung bei Milch), Ausmaß der Auslaugung beim Blanchieren von Gemüse, Verunreinigungen bei Zucker und Salz, den Verlauf der Sorptionsisothermen mehr oder minder beeinträchtigen, so daß die aufgenommene Sorptionsisothermen zwar typisch, aber nicht quantitativ gültig sein müssen. (Über Beeinflussung der Hysterese — z. B. bei Tomatenpulver — fehlen noch Versuche.) Bei der Mehrzahl der Erzeugnisse wurden in erster Linie die bisher ermittelten „Grenzwerte der Verkäuflichkeit" (Grenzwert des Wassergehaltes und der Gleichgewichtsfeuchtigkeit) angegeben, für welche die eingangs erwähnten Einschränkungen (vgl. S. 6) gelten.

Backpulver [20]. Hauptveränderung: Verringerung des Triebvermögens mit steigender relativer Feuchtigkeit. Unter $\varphi = 45\%$ ist bei den üblichen Triebsätzen keine Einbuße an Triebvermögen zu befürchten. Die Abnahme des Triebvermögens, abhängig von der relativen Feuchtigkeit in einer vorgegebenen Zeitspanne, ist beim Weinsteintriebsatz etwas geringer als beim Pyrophosphat- und beim Adipinsäuretriebsatz. Die Wasseraufnahme, abhängig von der relativen Feuchtigkeit, ist in einer vorgegebenen Zeitspanne beim Pyrophosphat am höchsten. Bei $\varphi = 75\%$ beträgt die Abnahme im Triebvermögen bei 20° C nach 25 Tagen 20 bis 23%. Eine Vorausberechnung der Haltbarkeit bereitet Schwierigkeiten, da bei der Umsetzung zwischen Natriumbikarbonat und dem Säureträger Reaktionsprodukte mit abweichendem Sorptionsverhalten entstehen.

Brauner Reis (nur geschält). Hauptveränderung: Erhöhung des Gehaltes an freien Fettsäuren. Brauner Reis zeigt bei Wassergehalten um 8% bei einer halbjährigen Lagerung bei 20° C keine merkliche Zunahme an freien Fettsäuren, bei höheren Wassergehalten erfolgt aber ein rascher Anstieg (Gleichgewichtsfeuchtigkeit etwa 20%). „Parboiled Rice" (feuchtthermisch behandelt und vor dem Schälen getrocknet) zeigt etwa den gleichen Wassergehalt bei $\varphi = 20\%$, weißer Reis und schnellkochender Reis einen etwas niedrigeren. Die zulässigen Wassergehalte liegen hierbei weit höher.

Dauerbackwaren (Abb. 2). Hauptveränderung: Beeinflussung der Knackigkeit, bei Lebkuchen auch zu große Härte.

Zulässige Wassergehalte x (%) und Gleichgewichtsfeuchtigkeiten φ (%):

Hartkekse
7,4   43

Waffeln
7,2   49

Russisch Brot
5,5 (bis 6,3)   32 (bis 56)

Lebkuchen
> 10,2 < 16,2   > 54 < 70

Printen
> 7,4 < 10 bis 12 > 45 < 70

Zwieback
8,0   50

Knäckebrot
12,6   68

Kössenbrot
9,7 bis 11,8   57 bis 70.

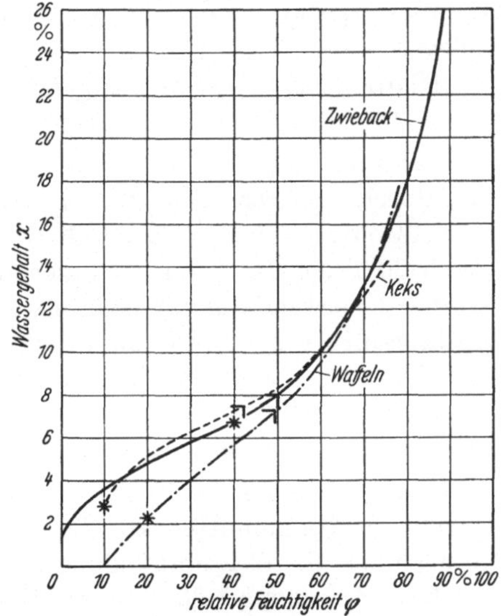

Abb. 2. Sorptionsisotherme von Zwieback, Waffeln und Keks bei 20° C;

* = Anfangswassergehalt,
⌐ = Verkaufsgrenze.

Eipulver. Hauptveränderungen: Abdunkeln der Farbe, Verringerung des Schaumvolumens und der Löslichkeit (weitgehend hemmbar durch Abbau der Glukose), Biskuitgeschmack (oxydative Veränderung), bei höheren Wassergehalten käsiger Geschmack. Zulässiger Wassergehalt 2 bis 4% bei 20° C (Gleichgewichtsfeuchtigkeit 5 bis 30%).

Ersatzkaffee. Hauptveränderungen: Zusammenballen und Abdunkeln der Farbe, Geschmack etwas ausdrucksloser und ältlich. Zulässige relative Feuchtigkeit von der Kornverteilung abhängig. Malzkaffee mit zu hohem Wassergehalt läßt sich schlechter vermahlen. Feigenkaffee wird bei zu feuchter Lagerung klebrig, dunkelt in der Farbe nach, das Innenpapier verfärbt sich gelblich, der Geschmack des Extraktes wird zunächst flacher, später heuähnlich und bitter; Ansteigen der Säurezahl.

Zichorienkaffee 9 bis 12% (Gleichgewichtsfeuchtigkeit 52 bis 62%), evtl. noch bis 15% zulässig.

Ersatzkaffeemischung auf Getreidebasis 8% (Gleichgewichtsfeuchtigkeit 55%).

Feigenkaffee 11 bis 12% (Gleichgewichtsfeuchtigkeit 50%), bis 15% aber noch zulässig.

Malzkaffee 11% (Gleichgewichtsfeuchtigkeit 70%). Die Sorptionsisotherme für Malzkaffee entspricht weitgehend derjenigen für Bohnenkaffee.

Kaffee-Essenz. Hauptveränderung: Klumpigwerden; zulässig 3 bis 4% Wassergehalt im Gleichgewicht mit 43 bis 46% relativer Luftfeuchtigkeit.

Gelatine. Zulässiger Wassergehalt 15% $\pm$ 1% im Gleichgewicht mit 43 bis 45% relativer Feuchtigkeit.

Hartkaramellen [21]. Hauptveränderungen durch Klebrigwerden und durch Auskristallisieren (sog. Absterben). Kein Klebrigwerden ist zu befürchten bei $\varphi = 25$ bis 30% (erster Wert bei Verwendung von 17 bis 20 Teilen Invertzucker bezogen auf 100 Teile Saccharose, zweiter Wert bei Verwendung von Stärkesirup als Kristallisationshemmer). Das Auskristallisieren beginnt im Intervall 35 bis 40% relativer Feuchtigkeit. Bei weiter ansteigender relativer Feuchtigkeit erhält man auf die Dauer geringere ($\varphi = 50\%$) und schließlich wieder stärkere Klebrigkeit ($\varphi = 65\%$) und jedenfalls erhöhte Absterbegeschwindigkeit.

Kakao, Schokolade. Die Sorptionsisotherme von *Kakao* hängt vom Gehalt an Kakaobutter ab; je höher der Kakaobuttergehalt, desto geringer ist die Wasseraufnahme bei gegebener relativer Feuchtigkeit. Leichtes Zusammenballen ist im Feuchtigkeitsbereich 45 bis 75% zu erwarten, doch zerfallen die Agglomerate leicht. Günstig erscheint es, einen Wassergehalt von 6% nicht zu überschreiten. Bei Kakaobohnen liegt die kritische Grenze ($\varphi \approx 75\%$) im Intervall von 8 bis 8,5% W.G.

Der Wassergehalt von *Schokolade* liegt üblicherweise im Intervall 0,5 bis 1,5% (Gleichgewichtsfeuchtigkeit ca. 20 bis 50%). Die Sorptionsisotherme bis $\varphi = 75\%$ ist sehr flach und erst in diesem Bereich (Schimmelpilzgrenze!) steigt sie steil an, bei Milchschokolade etwas früher, bei $\varphi \approx 67\%$. Zuckerreif entsteht, wenn auf eine Lagerung bei hoher relativer Feuchtigkeit eine trockene Lagerung folgt, d. h. daß hierzu der gelöste Zucker wieder auskristallisieren muß. Eine Kondensatbildung ist hierzu nicht nötig, es genügt $\varphi \approx 85\%$ bei dunkler Schokolade und $\varphi \approx 78\%$ bei Milchschokolade. Unabhängig von Temperaturschwankungen sollte die Gleichgewichtsfeuchtigkeit im Luftraum 65% nicht wesentlich überschreiten. Diabetikerschokolade (mit Sorbit statt Saccharose) ist noch bedeutend zuckerreifanfälliger (niedrigere Gleichgewichtsfeuchtigkeit über der gesättigten Lösung.)

Kartoffeln. Hauptveränderungen: Bei Scheiben Auftreten einer ins Braune, Rötliche bzw. ins Graue gehenden Verfärbung. Beigeschmack mit zunehmendem Wassergehalt. Bei Trockenpulver bei niedrigen Wassergehalten oxydative Ranzigkeit-Veränderungen temperatur- und zeitabhängig. Verkäuflichkeitsgrenze wird bei 20° C und bei 11% Wassergehalt (Gleichgewichtsfeuchtigkeit 38%) nach einem Jahr erreicht.

Sicherer bei größerem Gehalt an reduzierenden Zuckern ist ein Wassergehalt von etwa 6% (Gleichgewichtsfeuchtigkeit 11%). Bei Kartoffelpulver empfiehlt sich 5% Wassergehalt mit Gaslagerung. Die Desorptionskurven von Kartoffeln bei verschiedenen Temperaturen sind in Abb. 3 dargestellt.

Mehl. Hauptveränderungen: Bei *Weizenmehl* Abfall der Backqualität (Gebäckvolumen), Zunahme der freien Fettsäuren (beides abhängig von der Ausmahlung), Geruchsveränderungen, schließlich Muffigwerden und Schimmelpilzwachstum sowie Klumpigwerden, Verlust an Vitamin B_1.

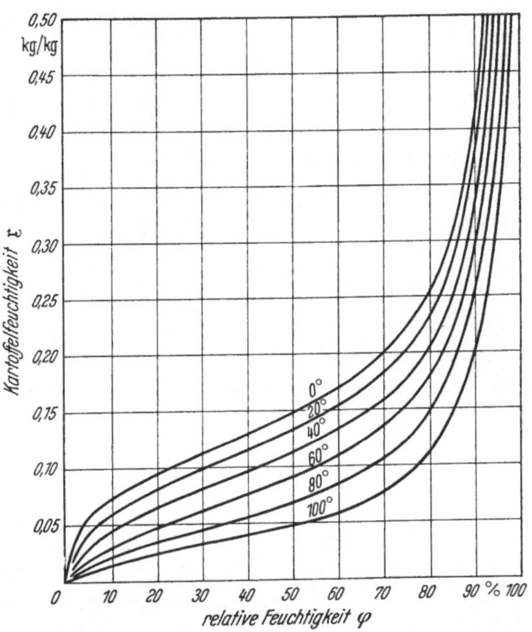

Abb. 3. Desorptionsisothermen von Kartoffeln bei verschiedenen Temperaturen (nach GÖRLING).

Alle Veränderungen sind mehr oder minder zeitabhängig, weshalb der zulässige Wassergehalt von der zu erwartenden Lagerzeit bzw. Umlaufzeit abhängt, außerdem von der Temperatur. Bei Wassergehalten > 13,5% (12%?) kann sich — offensichtlich bevorzugt im Keimling von Weizen — Aspergillus restrictus bei sehr langer Lagerzeit noch vermehren. Bei der üblichen Umlaufzeit und Temperaturen bis 20° C zulässig: 14% W.G. im Gleichgewicht mit $\varphi = 60$ bis 65%; dagegen völlig sicher 10% im Gleichgewicht mit $\varphi = 25$ bis 30%.

Bei *Maismehl* liegt der kritische W.G. bei 20° C bei 13,8%.

Hafermehl wird bei 30° C und 12 bis 13% W.G. rasch bitter (entsprechende Gleichgewichtsfeuchtigkeiten 60 bis 71%). Wassergehalt bei $\varphi = 70\%$ sortenabhängig 12,9 bis 13,9%. Sicher gegen Bitter- und Kratzigwerden sind Mehle aus präparierten Körnern bei längerer Lagerzeit erst bei W.G. zwischen 5 und 7% ($\varphi = 12$ bis 25%) [*22*].

Vollsojamehl mit 9% W.G. (Gleichgewichtsfeuchtigkeit $\varphi \approx 45\%$)

ist nicht länger als ein Jahr, mit 12% W.G. ($\varphi = 65\%$) nicht länger als drei Monate haltbar.

Durch Vermälzen von Weizenmehl erhält die Sorptionsisotherme einen völlig anderen Charakter, die derjenigen von Stärkesirup nahekommt. Der zulässige W.G. liegt bei etwa 1,5% entsprechend $\varphi = 40\%$.

Milchpulver. *Magermilchpulver* (Abb. 4). Sobald der Wassergehalt des Milchpulvers die zur Bildung von Lactosehydrat aus dem amorphen Lactoseanhydrid erforderliche Wassermenge von 5,1% überschreitet, besteht Gefahr des Zusammenballens, Klebrigwerdens. Der zeitliche Ablauf hängt aber von der Übersättigung ab. Gleichzeitig Verschlechterung der Löslichkeit und, da die Gleichgewichtsfeuchtigkeit bei der Kristallisation ansteigt, Auftreten eines käsigen Geruches und Ge-

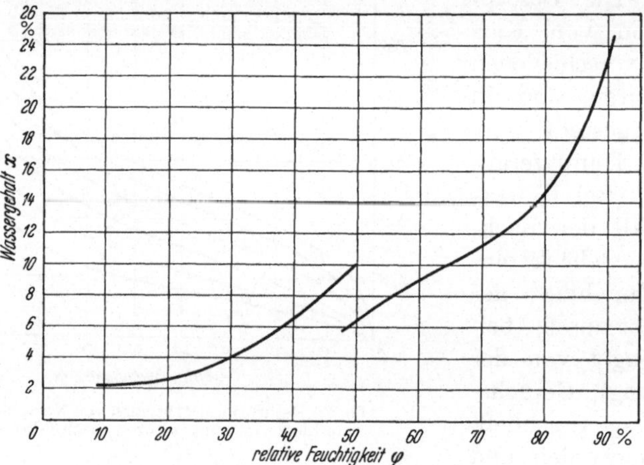

Abb. 4. Sorptionsisotherme von Walzenmagermilchpulver bei 20° C (Hydratisierung bei 50% rel. Feuchtigkeit).

schmackes. Bei höheren Temperaturen Bräunungsgefahr. Die Hydratisierung beginnt bei 20° C bei 5,7% (Gleichgewichtsfeuchtigeit 37%) für Sprühpulver, bei etwas höheren relativen Feuchtigkeiten für Walzenpulver. Gesetzlich sind aber nur 4% zugelassen ($\varphi = 30\%$). Nach Einsetzen der Kristallisation beträchtliche Hysterese; Meßwerte von der Relation zwischen Kristallisationsdauer und Dauer der Angleichperiode (Messung des Gleichgewichtswassergehaltes gem. Abb. 1) abhängig.

Bei *Labmolkenpulver* beginnt die Umsetzung von Lactoseanhydrid in Lactosehydrat bei 20° C über $\varphi = 40\%$, entsprechend Wassergehalten zwischen 8,5 und 9%.

Vollmilchpulver. Die bei Magermilchpulver erwähnten Veränderungen treten gegenüber einem talgigen bzw. „Toffee"-Geschmack etwas zurück. Bei höheren Temperaturen Braunfärbung mit einem Maximum im Intervall 65 bis 70%. Bei 5,2% W.G. ist bei Sprühpulver ($\varphi = 42\%$) noch kein Zusammenballen zu befürchten; lagert man aber bei $t > 20°$ längere Zeit, so treten Veränderungen als Folge der Maillard-Reaktion zu stark in Erscheinung, so daß erst ein Wassergehalt von 3% (Gleichgewichtsfeuchtigkeit 20 bis 30%) genügend sicher erscheint. Walzenpulver ist etwas weniger feuchtigkeitsempfindlich. Gesetzlich zulässig sind 4% W.G. ($\varphi = 30$ bis 35%). Bei zu niedrigen Wassergehalten treten oxydative Veränderungen stärker in Erscheinung. Lagerung bei niedrigem Sauerstoffpartialdruck ist empfehlenswert.

Ovomaltine. Grenze für Schüttfestigkeit und Körnigkeit des Pulvers bei 5% W.G. im Gleichgewicht mit $\varphi = 35\%$.

Rauchwaren. Orientzigaretten werden bei zu niedrigem Wassergehalt beim Rauchen als zu scharf empfunden, bei zu hohen Wassergehalten ist der Rauchgenuß unbefriedigend; Virginiatabake machen dann auch Schwierigkeiten in der Brennbarkeit. Zulässige Wassergehalte bei 30° C 13 bis 14% (Gleichgewichtsfeuchtigkeit 57 bis 59%) bei Zigaretten, bei Rauchtabak 14 bis 14,5% $\pm 1\%$ (Gleichgewichtsfeuchtigkeit 53 bis 60%). Verschimmlungsgefahr aber erst bei 22% W.G. Zigarren haben üblicherweise einen Wassergehalt von 9 bis 10% und, da ihr Feuchtigkeitsgehalt im Intervall 50 bis 60% kaum ansteigt und im Intervall 60 bis 70% nur wenig, sind sie unempfindlicher.

Röstkaffee. Mahlen bei Wassergehalten über 7% schwierig, außerdem ungenügende Extraktionsausbeute. Das „Altwerden" von Kaffee bei der Lagerung scheint mit dem Wassergehalt gekoppelt zu sein, und zwar ist eine gleichzeitige Einwirkung von Feuchtigkeit und Sauerstoff besonders nachteilig. Höchstzulässiger Wassergehalt 5%, während der üblichen Lagerzeit sollen aber Wassergehalte $>3\%$ möglichst nicht überschritten werden (Gleichgewichtsfeuchtigkeiten etwa 30% bzw. $<10\%$). Lagerung bei niedrigem Sauerstoffpartialdruck ist bei alsbaldigem Verbrauch (< 2 Wochen) nicht notwendig.

Bei *löslichem Kaffee* (sog. NESkaffee) liegt der zulässige Wassergehalt bei 7,5% ($\varphi = 45\%$), darüber hinaus wird das Pulver klumpig. Die Sorptionsisotherme verläuft steiler, als die des gemahlenen Kaffees.

Säureträger (Abb. 5). *Weinsäure* bis $\varphi = 78\%$ keine merkliche Feuchtigkeitsaufnahme, dann aber steiler Anstieg der Sorptionsisotherme.

Zitronensäureanhydrid: Beginn der Hydratbildung um $\varphi = 40\%$; bis $\varphi = 75\%$ noch recht wenig zum Zusammenballen neigend, dann Anstieg mit etwas flacherer Neigung als bei Weinsäure.

Adipinsäure: Flacher und langsamer Anstieg von etwa $\varphi = 66\%$ an, aber auch bei $\varphi = 85\%$ noch gering.

Weinstein: Bis $\varphi = 85\%$ kein Anstieg, bis $\varphi = 95\%$ gering.

Suppenerzeugnisse. Der zulässige Wassergehalt bei *gekörnter Brühe* ist dadurch bedingt, daß das Erzeugnis am Packstoff nicht kleben darf.

Zulässiger Wassergehalt 5% (Gleichgewichtswassergehalt 35%). Bei den üblichen *Trockensuppen* liegt der zulässige Grenzwert für eine einjährige Lagerung bei $\varphi = 60\%$; Gleichgewichtswassergehalt stark von der Re-

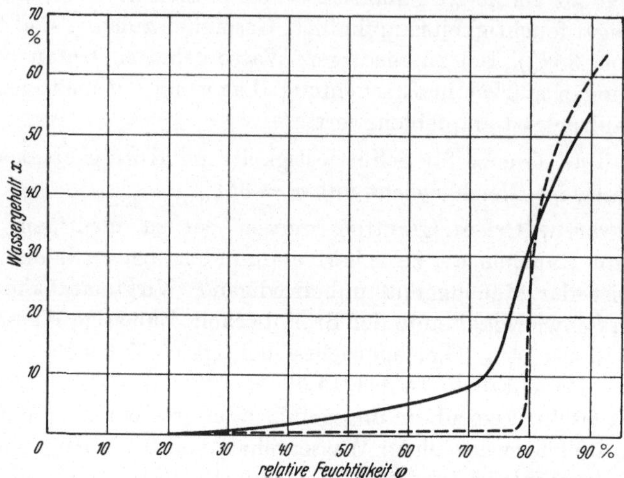

Abb. 5. Sorptionsisotherme von Weinsäure $----$ } bei 20° C.
Zitronensäure $——$

zeptur abhängig: bei Erbsensuppe aus dem Handel etwa 8%, bei Grießsuppe aus dem Handel 16%, üblicherweise aber im Intervall 9 bis 11%; bei Tomatensuppen sollte der Wassergehalt etwas niedriger gehalten werden. Gepreßte Suppen verlieren bei höheren Wassergehalten ihren Zusammenhalt (Erbswurst ausgenommen); flacherer Geschmack und Geruch, evtl. dunklere Farbe.

Stärke. Handelsübliche Maisstärke mit 13,5% W.G. steht im Gleichgewicht mit 60% relativer Feuchtigkeit; bei Kartoffelstärke liegt bei gleicher relativer Feuchtigkeit der Wassergehalt bei etwa 17%. Gefährdung durch Mikroorganismen, es ist sicherer, den Wassergehalt nicht bis zur Gefahrengrenze (bei Maisstärke 15 bis 16% W.G.) zu steigern.

Schmelzkäsepulver (Tilsiter). Bei 30° C Verschwinden des harmonischen Geschmackes nach Sauermilch und Auftreten einer bitteren Geschmackskomponente. Zulässiger Wassergehalt 5% (Gleichgewichtsfeuchtigkeit 28%). Um bei *geriebenem Emmentalerkäse* ein Verschimmeln zu vermeiden, muß der Wassergehalt auf 6% gesenkt werden.

Teigwaren. Gefährdung durch Verschimmeln (bei Wassergehalten $> 15\%$) gering; gefährlicher ist Rißbildung bei Preßware durch Feuchtigkeitsänderung nach dem Trocknen. Bei spannungsfreier Trocknung wird bei einem Wassergehalt um 13% (Gleichgewichtsfeuchtigkeit $\varphi = 60\%$) eine Änderung des Wassergehaltes nach beiden Richtungen um etwa 2,5% ($\varDelta \varphi = \pm 14\%$) kritisch. Dies bedeutet, daß bei starker „Vorspannung" der Ware infolge des Trocknens bereits eine kleinere Nachtrocknung bei der Lagerung zur Rißbildung führen kann, während die gleiche Ware gegen Feuchtigkeitsaufnahme weniger empfindlich geworden ist. Da man die Vorspannung nicht kennt, empfiehlt sich bei den empfindlichsten Teigwarensorten eine feuchtigkeitsdichte Verpackung.

Tomatenpulver. Hauptveränderungen: Zusammenballen des Pulvers, Verfärbung und Geschmacksveränderungen. Zulässiger Wassergehalt 3,5% (Gleichgewichtsfeuchtigkeit 25%); Abhängigkeit vom Trocknungsverfahren, bei Sprühtrocknung etwas höherer Wassergehalt zulässig. Völlig sicher gegen Zusammenkleben scheint erst ein W. G. von 2% zu sein. Große Unterschiede zwischen Adsorptions- und Desorptionsisotherme. Noch viel empfindlicher ist Orangenpulver; nach amerikanischen Messungen bei 37° soll es schon bei 0,7% W.G. (Gleichgewichtsfeuchtigkeit 10,5%) zusammenbacken. Durch Zugabe von Saccharose bzw. Dextrose läßt sich die Feuchtigkeitsempfindlichkeit verringern.

Trockenfleisch. Hauptveränderungen oxydativer Natur (Talgigwerden, Bräunung). Davon abgesehen, ist Trockenfleisch in erster Linie durch Verschimmeln gefährdet. Eine zu starke Trocknung hat den Nachteil, daß die oxydativen Veränderungen rascher ablaufen und daß die Quellung bei der Zubereitung sehr unvollständig bleibt. Deshalb empfiehlt es sich, an die Schimmelpilzgrenze heranzugehen. Bezieht man auf die fettfreie Trockensubstanz, so ist bei 40% Fettgehalt je 100 g TS bei $\varphi = 72,5\%$ der Wassergehalt etwa 11%. Mit 5% NaCl liegt dieser Wert aber bedeutend höher. Bei Anwendung einer inerten Gasatmosphäre kann man das Wachstum von Schimmelpilzen schon bei höheren Wassergehalten (etwa 21%) verhindern. Will man aber nur das Wachstum eiweißzersetzender Bakterien vermeiden, so sind bei fettfreiem Fleisch Wassergehalte bis zu 40% zulässig, wobei die Faser noch geschmeidig bleibt und nicht zäh wird (Gleichgewichtsfeuchtigkeit: $\varphi_A = 93$ bis 94%).

Trockengemüse. Die hauptsächlichen Veränderungen von einwandfrei vorbehandeltem und getrocknetem Gemüse bei der Lagerung sind: Abflachen des Geschmacks, Auftreten eines Beigeschmacks (bitter, heuig, brenzlich), Zäh- und Hartwerden nach dem Kochen, Verfärbung (gelblich, bräunlich), Abblassen, Verluste an Vitamin C und an Karotin. Häufig treten alle diese Veränderungen nacheinander auf, und zwar wird die Haltbarkeit wohl in erster Linie durch Geschmacksveränderungen und durch Turgeszenzeinbußen bestimmt, durch Verfärbungen meist erst in zweiter Linie.[1]

---

[1] Vgl. hierzu auch R. Heiss, Fortschritte in der Technologie des Konservierens von Obst und Gemüse Braunschweig: Serger & Hempel. 1955.

Zulässiger Wassergehalt für eine $^3/_4$jährige Lagerung bei 20° C

	Wassergehalt x %	Gleichgewichts-feuchtigkeit φ %
Erbsen	6— 8	25—45
Bohnen	5— 6	8—12 (30)
Steinpilze	5— 7	15—40
Spinat	(5—) 6	28
Sauerkraut	6	20
Grünkohl	7	ca. 5
Rotkohl	9—10	—
Wirsing	6— 8	30—40
Sellerie	5— 6	20—35
Kohlrabi.......	11—13	—
Weißkohl	8— 9	20—28 (—50)
Karotten.......	7	43
Zwiebel........	7	35 (bei 37°)

In den USA wird Trockengemüse auf 4 bis 5% W.G. getrocknet.

Trockenhefe. Bei Nährhefe Auftreten eines Hydrolysatgeschmackes (bitter, käsig), Verfärbung ins Bräunliche (Ribose, Dextrose!). Zulässiger Wassergehalt 5% (Gleichgewichtsfeuchtigkeit 25%).

Zur Erhaltung der Triebkraft von *aktiver Trockenhefe* ist die Einhaltung einer niedrigen Lagertemperatur wichtiger als die relative Feuchtigkeit. Die Versuche über den Feuchtigkeitseinfluß sind aber nicht eindeutig, und vorsorglich sollte man zur Vermeidung des Zusammenbackens Wassergehalte $> 7,5\%$ (Gleichgewichtsfeuchtigkeit etwa 33%) nicht überschreiten. Lagerung bei niedrigem Sauerstoffpartialdruck wird empfohlen.

Trockenobst. Hauptveränderungen: Hartwerden und damit für den Rohgenuß wenig geeignet bei niedriger Feuchtigkeit; Klebrigwerden, Verfärbung (z. B. Pfirsich, Äpfel, Aprikosen, Feigen und Pflaumen) beschleunigt bei steigendem Wassergehalt und zunehmendem Verlust von SO_2; Vergären, Verschimmeln, bei hoher Feuchtigkeit. Bei manchen Fruchtarten Auskristallisieren von Invertzucker bei hoher Übersättigung und gleichzeitig niedriger Viskosität, also im mittleren Feuchtigkeitsintervall. Nach eingeleiteter Kristallisation steigt die Kristallisationsgeschwindigkeit mit steigender relativer Feuchtigkeit an (Rosinen, Feigen, Pflaumen). Völlig sicher auch nach längerer Lagerzeit ist diesbezüglich nur eine Gleichgewichtsfeuchtigkeit $\varphi < 55\%$. Die Optima für die Haltbarkeit und für den Genußwert decken sich teilweise nicht. Kommt es primär auf eine lange Haltbarkeit an, so ist es üblich, Wassergehalte von 12 bis 15% einzuhalten.

	Optimale Wassergehalte % (Haltbarkeit)	Gleichgewichtsfeuchtigkeiten %
Apfel[1]	22—24	70—(75)
Birne[2], geschwefelt	22?	65—(75)
Aprikose[2], geschwefelt ...	20 (25% f. Sofortverbrauch)	65—(70)
Pfirsiche[2], geschwefelt ...	20—(23)	70—(73)
Pflaume[3]	15 (> 25% Schimmelpilzgefährdung)	60, bei höherer Feuchtigkeit: Kristallisation
Sultanine	17—19	60 ,,
Rosine[3]	14—16	55—(60) ,,
Dattel	14	60 ,,
Feige	23?	—

[1] Wenn geschwefelt, evtl. bis 30% zulässig, dann aber nur für Sofortgenuß oder sterilisiert in Dosen. Bei Apfelpulver nur 5% W.G. zulässig ($\varphi = 25\%$), besser 3,0% W.G. Für Wehrmachtszwecke werden in den USA Apfelschnitzel auf 2,5% W.G. ($\varphi = 10\%$) getrocknet.

[2] Optimum des Genußwertes.

[3] Optimum für den Genußwert 22 bis 24% für Rosinen ($\varphi = 70\%$), 33 bis 35% für (sterilisierte) Pflaumen ($\varphi = 82\%$).

Zucker [23] (Abb. 6a und 6b). *Fruktose.* Je nach Reinheit beginnt der Feuchtigkeitsanstieg um $\varphi = 50\%$ (bei $\varphi = 58\%$ fest verklebt) bzw. um $\varphi = 61$ bis 62% (höchste Reinheit). Bei $\varphi=63,5\%$ vereinigt sich die Desorptionsisotherme mit der Adsorptionsisotherme (gesättigte Lösung 78,8 bis 78,9% TS/100 g Lösung).

Dextrose (DAB 6). Das Dextrosehydrat hat 9% Wassergehalt und beginnt bei $\varphi > 89\%$ stark Wasser aufzunehmen. Bei $\varphi = 91,5\%$ vereinigen sich Desorptions- und Adsorptionsisotherme (gesättigte Lösung bei 20°: 47,5% TS/100 g Lösung).

Saccharose (puriss. pro injectione). Bei $\varphi > 84\%$ starke Wasseraufnahme, bei $\varphi = 85,7\%$ vereinigen sich Desorptions- und Adsorptionsisotherme (gesättigte Lösung bei 20°;

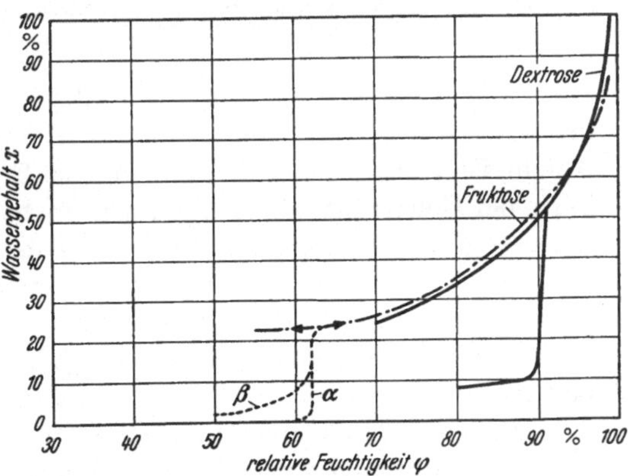

Abb. 6a. Ad- und Desorptionsisothermen von Glukose (Dextrose) und Fruktose bei 20° C.
Kurvenzweige α: Fruktose „Bayer" hohen Reinheitsgrades für bakteriologische Zwecke;
β: Amerikanische Fruktose gewöhnlichen Reinheitsgrades.

67,09%/100 g Lösung). Bei $\varphi = 81\%$ ist die Wasseraufnahme je nach Aschegehalt stark abweichend (unter 0,5% bei 0,0019% Asche und etwa 30% bei 0,05% Asche). Geringe Wasseraufnahme bei $< 0,015\%$ Asche.

Maltose. Bis $\varphi = 92\%$ ist der Wassergehalt $< 10\%$, dann rascher Anstieg. Die Konzentration der gesättigten Lösung beträgt 43,8% TS/100 g Lösung (Gleichgewichtsfeuchtigkeit im Desorptionsast etwa 97%).

Aus der Sorptionsisotherme für *Sorbit* wird klar, weshalb sich dieses als Weichmacher besonders eignet. (Beginnende Feuchtigkeitsaufnahme bei $\varphi = 55$ bis 65%, gesättigte Lösung bei etwa $\varphi = 75\%$, W.G. 30%).

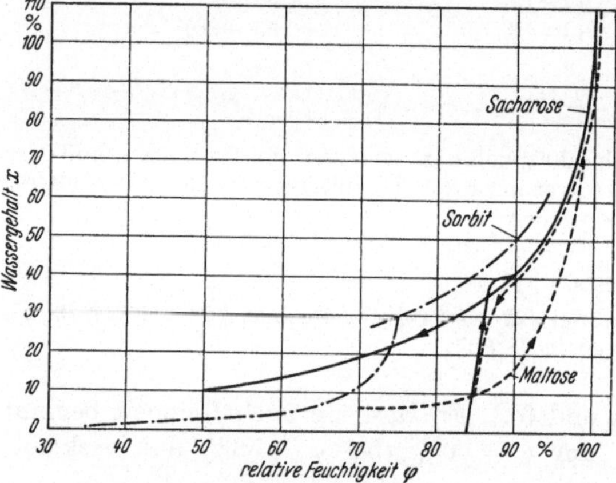

Abb. 6b. Ad- und Desorptionsisothermen von Saccharose, Maltose und Sorbit bei 20° C.

Anhang: Mit wenig Ausnahmen (Lebkuchen, Trockenobst, Rauchwaren) war bisher der kritische Wassergehalt nicht durch Feuchtigkeitsentzug, sondern durch Feuchtigkeitsaufnahme definiert. Dies hängt damit zusammen, daß der Feuchtigkeitsentzug vorzugsweise bei Frischlebensmitteln mit hohem Ausgangswassergehalt störend in Erscheinung tritt, die einen so hohen Diffussionswiderstand aufweisen, daß sich die Veränderungen praktisch nur in einer engbegrenzten Randschicht abspielen (z. B. Schrumpfen von Äpfeln, Eintrocknen und Abdunkeln einer Frischfleischoberfläche, Freezer burn bei Gefriergut). Hier kann also nicht mehr von Gleichgewichtszuständen gesprochen werden, sondern höchstens von zulässigen oder unzulässigen Gewichtsverlusten je Oberflächeneinheit. Da die Sorptionsisothermen im oberen Ast außerordentlich steil verlaufen, würde die Einstellung einer um nur ein Geringes niedrigeren Gleichgewichtsfeuchtigkeit im Gut einer außerordentlich starken Senkung des Gleichgewichtswassergehaltes des Gutes entsprechen, wie sich aus folgendem Beispiel ergibt: Pumpernickel mit einem Anfangswassergehalt von 41% steht im Gleichgewicht mit $\varphi = 95\%$. Bei $\varphi = 90\%$ wäre der Gleichgewichtswassergehalt bereits etwa 22%. Butter ist dagegen kein hygroskopischer Körper, so daß jede Umgebungsfeuchtigkeit, die $< 100\%$ ist, eine Senkung des Wassergehaltes auf 0% zur Folge hat, so daß der sogenannten „Kantenbildung" ein Film aus Butteröl zugrunde liegt. Diese Zusammenhänge werden in einer gesonderten Arbeit behandelt.

B. Die Verpackung

IV. Über den Wasserdampftransport durch Packstoffe

1. Definition des Diffusionskoeffizienten

Der Wasserdampf durchdringt das Packstück auf Grund eines Konzentrationsgefälles und nicht eines Gesamtdruckgefälles, da der Gesamtdruck innerhalb und außerhalb der Packung gleich ist. Wird Wasserdampf auf Grund eines Konzentrationsgefälles transportiert, so handelt es sich um Diffusion. Für die Diffusion gelten, unabhängig davon, wie der Diffusionsvorgang im einzelnen im Packstoff stattfindet, die beiden Fick'schen Gesetze für den stationären und instationären Zustand.

$$q = - D\,(c)\,\frac{\mathrm{d}c}{\mathrm{d}x} \tag{1}$$

$q =$ die pro Zeit- und Flächeneinheit diffundierende Wasserdampfmenge

$$\frac{\partial c}{\partial t} = \frac{\partial}{\partial x}\left(D\,(c)\,\frac{\partial c}{\partial x}\right) \tag{2}$$

$c =$ Konzentration des Wasserdampfes im Packstoff

$D =$ Diffusionskoeffizient. (Der Diffusionskoeffizient kann in vielen praktischen Fällen als konstant angenommen werden)

In diese beiden Gesetze geht die Konzentration des Wasserdampfes im Packstoff ein. Diese Konzentration im Packstoff kann sich wesentlich von der Konzentration des Wasserdampfes in der den Packstoff umgebenden Atmosphäre unterscheiden, wenn Wasserdampf von diesem Medium sorbiert wird. Der Wasserdampf im sorbierten Zustand nimmt nämlich viel weniger Raum ein als in seinem gasförmigen Zustand. Bei sehr feuchten Gütern überlagert sich der Diffusion, wenn die Poren des Gutes vollständig mit Wasser gefüllt sind, Kapillarwasserbewegung.

2. Definition des Permeationskoeffizienten

Um den Diffusionskoeffizienten entsprechend der Beziehung in Gl. (1) experimentell zu bestimmen, ist es zunächst notwendig, die durch den Packstoff transportierte Wasserdampfmenge sowie die im Packstoff auftretenden Konzentrationsänderungen zu bestimmen; dieses Verfahren würde wegen der sehr kleinen Konzentrationsunterschiede in der Praxis erhebliche Schwierigkeiten bereiten und ist auch nicht notwendig, wenn man nur den Wasserdampfdurchgang im stationären Zustand bestimmen will, wenn sich also die örtliche Konzentrationsverteilung zeitlich nicht mehr ändert. In der Praxis wurde aus diesem Grund für den stationären Zustand eine der Gl. (1) analoge Gleichung eingeführt. In dieser Gleichung ist die Konzentration in der Oberflächenschicht des Packstoffes durch den Partialdruck des Wasserdampfes in der Atmosphäre ersetzt worden. Man nahm dazu an, daß sich während des Diffusionsvorganges an jeder Stelle sofort das der Adsorptionsisotherme entsprechende Gleichgewicht zwischen Gas- und Adsorptionszustand einstellt. Die analoge Gleichung enthält außerdem statt des Differentialquotienten einen Differenzenquotienten. Sie lautet:

$$Q = P \cdot F \cdot \frac{\Delta p_D}{\Delta x} \tag{3}$$

Q = die pro Zeiteinheit diffundierende Wasserdampfmenge;
F = Oberfläche;
P = Permeationskoeffizient;
Δx = Schichtdicke des Packstoffes.

Der Permeationskoeffizient hat entsprechend der Bedeutung dieser Gleichung die Dimension

$$\frac{\text{Gasmenge} \cdot \text{Länge}}{\text{Zeit} \cdot \text{Fläche} \cdot \text{Druck}}$$

Gl. (3) kann man aus Gl. (1) ableiten. Es ergibt sich, daß der Permeationskoeffizient unabhängig von der Schichtdicke ist, jedoch im allgemeinen sowohl von der Größe als auch von der Lage des Feuchtigkeitsgefälles abhängt. (Vgl. hierzu Abschn. 5.) Ergäbe sich bei einem Packstoff eine Dickenabhängigkeit des Permeationskoeffizienten, so würde dies gemäß Abschn. 5 bedeuten, daß die Grundgl. (1) nicht mehr gültig wäre. Dies ist denkbar, wenn sich der Packstoff unter der Einwirkung des Wasserdampfes verändert. Abweichende Permeationskoeffizienten ergeben sich, wenn der kristalline Anteil, z. B. in einem Kunststoff, von der Abkühlungsgeschwindigkeit und damit von der Dicke abhängt. Das Ergebnis experimenteller Untersuchungen über die Abhängigkeit des Permeationskoeffizienten von Polyäthylen und PVC-Folie von der Dicke wird demnächst gesondert veröffentlicht werden[1].

Die Gasmengeneinheit wird durch die Gewichtseinheit in Milligramm (mg) oder Gramm (g) oder durch die Volumeneinheit des Gases unter Normbedingungen in Normkubikzentimeter (Ncm) angegeben. Für die Dimension des Permeationskoeffizienten ergibt sich dann:

$$V = P_v \cdot F \cdot t \cdot \Delta p_D \cdot \frac{1}{x} \, [\text{Ncm}^3], \text{ wobei } V = V' \frac{p}{760} \cdot \frac{273}{T}$$

oder

$$g = P_g \cdot F \cdot t \cdot \Delta p_D \cdot \frac{1}{x} \, [\text{g}],$$

woraus sich für P_v bzw. P_g folgende Dimensionen ergeben[2]:

$$P_v \left[\frac{\text{Ncm}^3 \cdot \text{mm}}{\text{cm}^2 \cdot \text{s} \cdot \text{cm Hg}} \right]$$

$$P_g \left[\frac{\text{g} \cdot \text{mm}}{\text{cm}^2 \cdot \text{s} \cdot \text{cm Hg}} \right]$$

$$F \, [\text{cm}^2], \quad t \, [\text{s}], \quad \Delta p_D \, [\text{cm Hg}], \quad x \, [\text{mm}]$$

---

[1] SCHRICKER, G., u. W. SCHRÜFER: Kunststoffe (erscheint demnächst).

[2] Manchmal wird auch die Dicke in cm und der Druck in mm Hg angegeben. In diesem Fall ergeben sich 100mal größere Zahlenwerte für P_g.

Da sich mit den physikalischen Maßeinheiten relativ kleine Zahlen ergeben, erscheint es für die Praxis der Verpackungstechnik sinnvoller, die Dimensionen den üblicherweise vorkommenden Dicken und Partialdruckdifferenzen anzupassen. Vorgeschlagen wird eine Dicke von 100 μ und ein Feuchtigkeitsgefälle von 85% bzw. 65% bei 20° C (0,85 · 17,54 bzw. 0,65 · 17,54 mm Hg) zugrunde zu legen. Mit diesen Einheiten kann rasch die Durchlässigkeit vorgegebener Packungen überschlagsmäßig abgeschätzt werden, ohne sich bei $\varphi = 65\%$ in der Größenordnung zu täuschen. Damit ergibt sich

$$P_g = 1 \left[\frac{g \cdot mm}{cm^2 \cdot s \cdot cm\,Hg} \right] = 9{,}85 \cdot 10^9 \left[\frac{g \cdot (100\,\mu)}{Tag \cdot m^2 \cdot (1{,}14\,cm\,Hg)} \right]$$

$$1 \frac{g\,(100\mu)}{m^2\,Tag \cdot (1{,}14\,cm\,Hg)} = 3{,}46 \cdot 10^{-7} \left(\frac{m^2}{h} \right)$$

In Zahlentafel 1 sind die Permeationskoeffizienten [P] einer Reihe von Medien angegeben, um einen Überblick über deren Größenordnung zu vermitteln.

Zahlentafel 1. *Permeationskoeffizienten verschiedener Medien für Wasserdampf.*

Medium	$P \dfrac{g\,(100\,\mu)}{m^2\,Tag\,(1{,}14\,cm\,Hg)}$
Luft....................	$2{,}9 \cdot 10^5$
Zellulosepapier[24], Pergamin	$1{,}5 \cdot 10^5$
Pergament	$5{,}1 \cdot 10^2$
Pergamentersatz	$4{,}0 \cdot 10^2$
Kleber Henkel A22ED ...	$1 \cdot 10^2$
Kleber Acronal	6
Pergamin gewachst.......	6
PVC (weichmacherfrei) ...	1,6
Polyäthylen.............	0,6

3. Definition der Wasserdampfdurchgangszahl

Es besteht oft die Aufgabe, den Durchgang durch mehrere hintereinanderliegende Medien zu messen, deren Schichtdicken und Permeationskoeffizienten im einzelnen nicht bekannt sind (z. B. wetterfestes Zellglas, beschichtete Papiere). In diesem Falle ist der Wasserdampfdurchgang nicht umgekehrt proportional der gesamten Dicke sämtlicher Medien, sondern hängt von der Summe der Durchgangswiderstände der einzelnen Medien ab. Für diesen Fall gibt man den Durchgang „q" an, der keine eigene Bezeichnung hat.

$$q = \frac{Q}{F} \quad \text{mit den Dimensionen:} \left[\frac{Gasmenge}{Fläche \cdot Zeit} \right] \tag{4}$$

wobei die Angaben für ein konventionell festgelegtes Druck- bzw. Feuchtigkeitsgefälle bei gegebener Temperatur gelten.

Über die Festlegung des Normprüfgefälles sind zur Zeit Erwägungen im Gang. Bisher wurde häufig $\varphi = 65\% \rightarrow 0\%$ und $t = 20°C$ gewählt. Der Festlegung des Normprüfgefälles muß immer ein Kompromiß zugrunde liegen, wenn man dieses den praktischen Verhältnissen anpassen will:

Einerseits kann das Außenklima in waldreichen Gebieten, in Küstengegenden und in Küchen im Winter eine sehr viel höhere relative Feuchtigkeit aufweisen als in sonstigen Gebieten eines Landes, zum anderen werden sowohl Güter verpackt, die einen sehr niedrigen Gleichgewichtswassergehalt aufweisen (Bonbons) und durch Wasseraufnahme gefährdet sind, wie auch solche mit hohem Gleichgewichtswassergehalt, wie Brot, Gefriergüter, die durch Verdunstung gefährdet sind. Wenn man eine Aufteilung in zwei Meßbereiche, z. B. 90 gegen 65% und 65 gegen 0%, umgehen will, wird man sich daher zur Anwendung eines Meßbereiches 90% oder 85% gegen 0% entschließen müssen. Höhere relative Feuchtigkeiten anzuwenden, empfiehlt sich nicht, weil sonst bei den nicht völlig vermeidbaren Temperaturschwankungen im Meßraum die Gefahr von Wasserdampfkondensation am Packstoff besteht. Um annähernd gleiche Grundlagen für den Export von Packstoffen zu erhalten, soll in Anlehnung an ausländische Normen zukünftig ein Normgefälle von 90 bzw. 85% auf 0% bei 20° und 37,8° (100° F) eingeführt werden [25].

In Deutschland gibt man die Wasserdampfdurchgangszahl in folgenden Einheiten an:

$$\left[\frac{\text{mg}}{\text{dm}^2\,\text{Tag}}\right] \text{ bei } \alpha\% \text{ rel. Feuchtigkeit und } \beta° \text{C}$$

oder neuerdings vorwiegend

$$\left[\frac{\text{g}}{\text{m}^2\,\text{Tag}}\right] = 0{,}1\left[\frac{\text{mg}}{\text{dm}^2\,\text{Tag}}\right].$$

In der englischsprachigen Literatur ist auch die Maßeinheit

$$1\ [\text{g}/100\ \text{inch}^2\ \text{Tag}] = 15{,}3\left[\frac{\text{g}}{\text{m}^2\,\text{Tag}}\right] = 15{,}3 \cdot 1{,}16 \cdot 10^{-9}\left[\frac{\text{g}}{\text{cm}^2\,\text{s}}\right]$$

$$= 15{,}3 \cdot 1{,}16 \cdot 10^{-6} \cdot 1{,}245\left[\frac{\text{Ncm}^3}{\text{cm}^2\,\text{s}}\right]$$

zu finden, wobei die Angaben für die konventionellen Druck- bzw. Feuchtigkeitsgefälle bei gegebener Temperatur gelten.

Für einheitliche Medien errechnet sich bei einem vorgegebenen $\dfrac{\Delta p_D}{\Delta x}$ unter Zugrundelegung von Gl. (4) der Durchgang aus dem Permeationskoeffizient P_g bzw. P_v, wenn diese in Gewichts- bzw. Normvolumeneinheiten angegeben sind:

$$q = P_g \cdot 8{,}64 \cdot 10^{-8}\,\frac{\Delta p_D}{\Delta x}$$

bzw.

$$q = P_v \cdot 6{,}95 \cdot 10^{-5} \cdot \frac{\Delta p_D}{\Delta x} \text{ bei } \gamma_D = 1{,}245 \cdot 10^{-3}\left[\frac{\text{g}}{\text{Ncm}^3}\right],$$

wobei Δp_D in cm Hg und Δx in mm einzusetzen ist, bzw. wenn der Permeationskoeffizient auf das Prüfgefälle von 11,4 mm Hg (20° C, $\varphi = 65\%$) und auf eine Dicke von 100 μ bezogen wird.

$$q \left[\frac{\mathrm{g}}{\mathrm{m^2\,Tag}}\right] \cdot \varDelta x \,[100\,\mu] = 1{,}14 \cdot P \left[\frac{\mathrm{g} \cdot (100\,\mu)}{\mathrm{m^2\,Tag} \cdot (1{,}14\,\mathrm{cm\,Hg})}\right] \cdot p_D\,[1{,}14\,\mathrm{cm\,Hg}] \quad (5)$$

Alle im Folgenden gemachten Angaben von Durchgangszahlen und Permeationskoeffizienten beziehen sich — ebenso wie in Gl. (5) q und p_D — auf ein Gefälle der relativen Feuchtigkeit von 65% gegen 0% bei 20°C.

4. Praktische Bestimmung des Wasserdampfdurchganges durch Packstoffe

Soll die Wasserdampfdurchgangszahl entsprechend der Gl. (4) in beschichteten Papieren und Folien angegeben werden oder ist der Permeationskoeffizient entsprechend der Gl. (3) bei einfachen Packstoffen zu bestimmen, so muß ein Gefälle der relativen Feuchtigkeit gegeben sein, das sich während der Zeit der Messung nicht ändert. Dieses Gefälle soll streng genommen nur im Packstoff gegeben sein, da nur dessen Durchgang bestimmt werden soll.

Im Laboratorium werden eine Reihe von Methoden zur Bestimmung des Wasserdampfdurchganges angewandt. Sie unterscheiden sich neben der Art der Abdichtung im wesentlichen in der Art der Erzeugung des Gefälles der relativen Feuchtigkeit und in der Bestimmung der diffundierenden Gasmenge. Von diesen Methoden hat sich die Schalenmethode für die praktische Bestimmung des Wasserdampfdurchgangs im Betrieb und Laboratorium am besten durchgesetzt, da der Versuchsaufbau und die Abdichtung sehr einfach sind. Außerdem kann damit die Wasserdampfdurchlässigkeit mehrerer Proben gleichzeitig gemessen werden. Die Empfindlichkeit der Messung ist beträchtlich [26].

Zur Messung wird die Papier- bzw. Folienprobe über eine Glasschale, 0,42 dm², die ein Trockenmittel – Silicagel – enthält, gespannt und mit einer Mischung von Paraffinen und mikrokristallinen Wachsen abgedichtet. Diese mit Trocken-

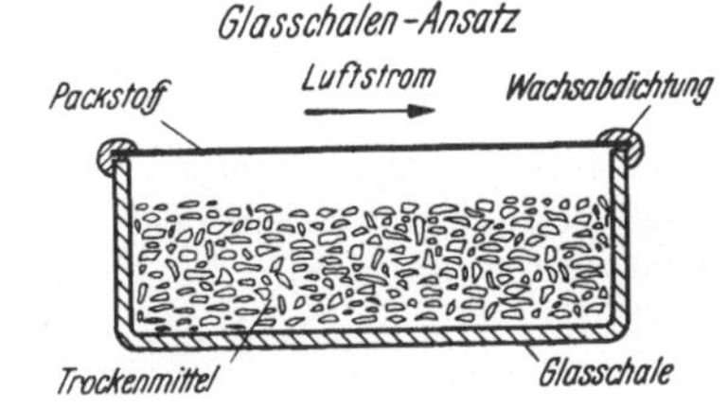

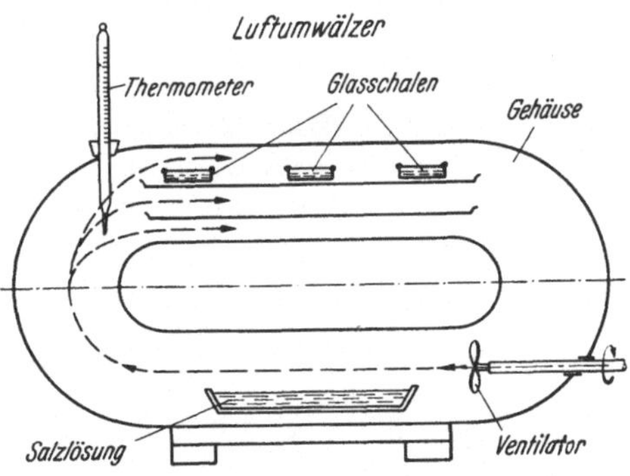

Abb. 7. Glasschalen-Ansatz und Luftumwälzer zur Bestimmung der Wasserdampfdurchlässigkeit in Packstoffen

mittel versehenen Schalen, auf welche dieProben gespannt sind, kommen in einen sogenannten Luftumwälzer (Abb. 7). Die durch einen Ventilator umgewälzte Luft streicht im unteren Teil der Apparatur über eine gesättigte Salzlösung mit dem gewünschten Sattdampfdruck und im oberen Teil über die mit den Proben versehenen Glasschalen. Die Luftgeschwindigkeit soll zur Vermeidung zu großer Grenzschichtdicken etwa 2,5 m/s betragen. Der Wasserdampf der Luft im Luftumwälzer diffundiert durch die Folie und wird vom Trockenmittel adsorbiert.

Bei der Auswertung der Versuchsergebnisse muß berücksichtigt werden, daß sich auch in der den Packstoff notwendig umgebenden Luftschicht ein Feuchtigkeitsgefälle einstellen wird. Es ist daher nicht streng richtig, das Partialdruckgefälle von der gesättigten Lösung zum Trockenmittel einzusetzen, da dann der Durchgang durch die hintereinander liegenden Widerstände der Luftschicht zwischen Trockenmittel und Packstoff, dem Packstoff und der Grenzschicht an der von der Umwälzluft bespülten Packstoffoberfläche gemessen wird. Der Fehler, der dabei gemacht wird, kann in Rechnung gesetzt werden, da der Durchgang durch die beiden Luftschichten bekannt ist.

Der Durchgang Q_{L_r} durch die zwischen Packstoff und Trockenmittel befindliche ruhende Luftschicht ergibt sich aus dem Permeationskoeffizienten „P_{L_r}" des Wasserdampfes durch ruhende Luft und aus der Höhe der Luftschicht „h_{L_r}", da die Fläche der Luftschicht „F_{L_r}" gleich der der Packstoff-Fläche „F" ist.

$$Q_{L_r} = P_{L_r} \cdot F \cdot \frac{\Delta\varphi_{L_r}}{h_{L_r}}$$

Der Durchgang Q_{L_b} durch die bewegte Luftschicht auf der anderen Seite des Packstoffes errechnet sich aus der LEWISschen Beziehung. Bei turbulentem Strömungszustand ergibt sich:

$$Q_{L_b} = \frac{\alpha}{c_{p_L}\,\gamma_L} \cdot F \cdot \Delta\varphi_{L_b}$$

Bei laminarem Strömungszustand:

$$Q_{L_b} = \frac{\alpha}{c_{v_L} \cdot \gamma_L} \cdot F \cdot \Delta\varphi_{L_b}$$

α = Wärmeübergangszahl; γ_L = Spez. Gew. der Luft;
c_{p_L} = Spez. Wärme der Luft bei konstantem Druck;
c_{v_L} = Spez. Wärme der Luft bei konstantem Volumen.

Für Luftgeschwindigkeiten unter 5 m/s gilt bei Strömung von Luft längs einer Wand annähernd die Faustformel:

$$\alpha = 5 + 3,4 \cdot w \left[\frac{\text{kcal}}{\text{m}^2\text{h °C}}\right] \quad w = \text{Luftgeschwindigkeit} \left[\frac{\text{m}}{\text{s}}\right]$$

Der Durchgang durch den Packstoff ist:

$$Q_F = \text{konst.} \cdot F \cdot \Delta\varphi_F$$

Gemessen wird:

$$\Delta\varphi = \Delta\varphi_F + \Delta\varphi_{L_b} + \Delta\varphi_{L_r}$$

Würde die gemessene Differenz der relativen Feuchtigkeit $\Delta\varphi$ direkt am Packstoff liegen, so wäre der Durchgang $Q_{\text{korr.}}$ gleich dem Durchgang, der gemessen werden sollte. Er ist:

$$Q_{\text{korr.}} = \text{konst.} \cdot F \cdot \Delta\varphi$$

Da außerdem
$$Q_{L_b} = Q_{L_r} = Q_F = Q_{\text{gemessen}}$$

ist, kann geschrieben werden

$$\frac{Q_{\text{gem.}}}{F}\left(\frac{h_{L_r}}{P_{L_r}} + \frac{\gamma_L \cdot c_{p_L}}{5 + 3{,}4\,w} + \frac{1}{\text{konst.}}\right) = \Delta\varphi_{L_r} + \Delta\varphi_{L_b} + \Delta\varphi_F = \Delta\varphi$$

Die letzten drei Gleichungen ergeben zusammen:

$$\frac{Q_{\text{gem.}}}{F} = \frac{\Delta\varphi}{\dfrac{h_{L_r}}{P_{L_r}} + \dfrac{c_{p_L}\cdot\gamma_L}{5 + 3{,}4\,w} + \dfrac{F\cdot\Delta\varphi}{Q_{\text{korr.}}}} \tag{6}$$

bzw.:
$$\frac{Q_{\text{korr.}}}{F} = \frac{\Delta\varphi}{\dfrac{F\cdot\Delta\varphi}{Q_{\text{gem.}}} - \dfrac{h_{L_r}}{P_{L_r}} - \dfrac{c_{p_L}\cdot\gamma_L}{5 + 3{,}4\,w}} \tag{7}$$

Ausgedrückt in Stoffübergangszahlen ist:

$$\beta_{L_r} = \frac{P_{L_r}}{h_{L_r}}\,; \qquad \beta_{L_b} = \frac{5 + 3{,}4\,w}{c_{p_L}\cdot\gamma_L}$$

$\beta_{L,r}$ = Stoffübergangszahl der ruhenden Luft $\left[\dfrac{g}{m^2\,\text{Tag}}\right]$ und

$\beta_{L,b}$ = Stoffübergangszahl der bewegten Luft in $\dfrac{cm^3}{h\cdot m^2}$,

umzurechnen in die Einheiten

$$\frac{g}{m^2\,\text{Tag}} \text{ gemäß } \beta_{L,b} = \frac{5 + 3{,}4\,w}{c_{p_L}\cdot\gamma_L}\left[\frac{cm^3}{m^2\,h}\right] = \frac{24\cdot 22414}{18}\cdot\frac{5\cdot 3{,}4\,w}{c_{p_L}\cdot\gamma_L}\left[\frac{g}{m^2\,\text{Tag}}\right]$$

Auf Grund dieser Überlegungen sei nun angegeben, für welche Werte h_{L_r} und $Q_{\text{gem.}}$ der gemessene Durchgang nicht mehr nach Gleichung (7) korrigiert werden muß, wenn Fehler F_e von 5%, 10% und 20% zugelassen sind.

Da alle Werte auf $\Delta\varphi = 65$ bis 0% bezogen sind, kann $\Delta\varphi$ durch die Einheit 1 angegeben werden. Dann ergibt sich

$$\frac{Q_{\text{korr.}}}{F} = \frac{1}{\dfrac{F}{Q_{\text{gem.}}} - \dfrac{h_{L_r}}{P_{L_r}} - \dfrac{c_{p_L}\cdot\gamma_L}{\alpha}}$$

Obige Forderung lautet:

$$\frac{Q_{\text{korr.}} - Q_{\text{gem.}}}{Q_{\text{korr.}}} \leqq \frac{F_e}{100} \qquad \text{Fe in \%}$$

Beide Gleichungen ergeben:

$$\frac{\dfrac{1}{\dfrac{F}{Q_{\text{gem.}}} - \dfrac{h_{L_r}}{P_{L_r}} - \dfrac{c_{p_L}\cdot\gamma_L}{\alpha}} - \dfrac{1}{\dfrac{F}{Q_{\text{gem.}}}}}{\dfrac{1}{\dfrac{F}{Q_{\text{gem.}}} - \dfrac{h_{L_r}}{P_{L_r}} - \dfrac{c_{p_L}\cdot\gamma_L}{\alpha}}} = \frac{\dfrac{h_{L_r}}{P_{L_r}} + \dfrac{c_{p_L}\cdot\gamma_L}{\alpha}}{\dfrac{F}{Q_{\text{gem.}}}} \leqq \frac{Fe}{100} \tag{8}$$

3*

mit
$$P_{L_r} = 2{,}9 \cdot 10^5 \left[\frac{\text{g} \, 100 \, \mu}{\text{m}^2 \, \text{Tag} \, (1{,}14 \, \text{cm Hg})} \right]$$

$$\gamma_L = 1{,}29 \cdot 10^{-3} \, \text{g/cm}^3; \quad \alpha = 310 \, \text{kcal/m}^2 \, \text{Tag} \, °\text{C}$$

$$c_{p_L} = 0{,}24 \cdot 10^{-3} \, \text{kcal/°C} \cdot \text{g}$$

erhält man für

$$\frac{\gamma_L \cdot c_{p_L}}{\alpha} = 10^{-9} \frac{\text{m}^2 \, \text{Tag}}{\text{cm}^3} = 1{,}25 \cdot 10^{-6} \frac{\text{m}^2 \, \text{Tag}}{\text{g}}$$

Dieser Ausdruck ist für alle interessierenden Abstände Gel-Packstoff, nämlich größer 1 mm, klein gegen den Ausdruck

$$\frac{h_{L_r}}{P_{L_r}} = \frac{10}{2{,}9} \cdot 10^{-5} \frac{\text{m}^2 \, \text{Tag}}{\text{g}} \quad \text{mit } h_{L_r} \geqq 10 \, [100 \, \mu]$$

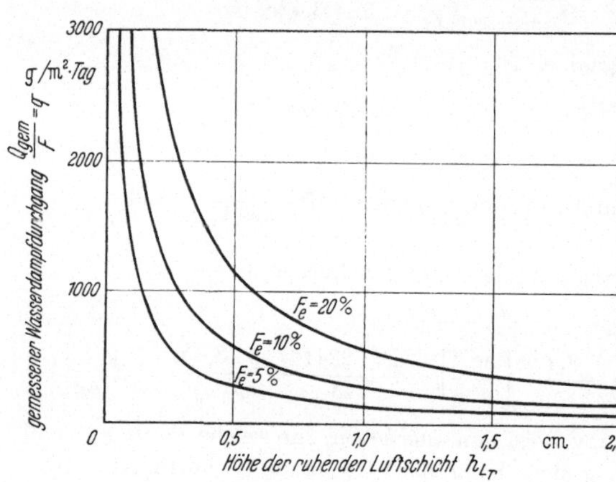

Abb. 8. Noch mit $F_e\%$ Fehler meßbarer Wasserdampfdurchgang „$Q_{\text{gem.}}$" bei verschiedenen Luftschichthöhen: Gel-Packstoff

Deshalb kann obige Gl. (8) auch geschrieben werden:

$$\frac{h_{L_r}}{P_{L_r}} \cdot \frac{Q_{\text{gem.}}}{F} \leqq \frac{F_e}{100} \qquad (9)$$

Die dieser Gleichung entsprechenden Kurven sind in Abb. 8 eingetragen. Aus dem Diagramm ist zu ersehen, daß die Durchlässigkeit unbeschichteter Papiere mit Dicken bis $100 \, \mu$ nicht mehr mit der Schalenmethode bestimmt werden kann, da der Abstand Silicagel — Packstoff nicht klein genug ist, um noch die Größenordnung des Wasserdampfdurchganges, nämlich

$$10^5 \frac{\text{g}}{\text{m}^2 \, \text{Tag}} \quad (\text{bei } \Delta \varphi = 65 \, °/_0, \, \text{t} = 20°)$$

und $100 \, \mu$ Dicke richtig angeben zu können. Wasserdampfdurchlässigkeiten $< 200 \, \frac{\text{g}}{\text{m}^2 \, \text{Tag}}$ können hingegen noch mit 10% Genauigkeit gemessen werden.

Zu dem eben erläuterten Fehler kommt noch, daß die Abdichtung mit Wachs nicht vollkommen ist. Der dadurch bedingte Fehler ist bereits eingehend untersucht worden [27]. Es ergab sich, daß die Anwendung der Schalenmethode wegen der nicht genügenden Abdichtung entfällt, wenn

$$q = \frac{Q}{F} \leqq 1 \, \text{g/m}^2 \, \text{Tag}$$

ist. Dabei ist davon ausgegangen worden, daß q mit der Schalenmethode auf 10% genau gemessen werden kann. Unterhalb dieser Durchlässigkeit ist eine so genaue Aussage nicht mehr möglich, weil die Meßanordnung selbst Fehler in der Größenordnung von 0,1 g/m²Tag vortäuschen kann. (Adsorptionserscheinungen an Paraffin, an der Schale, Haarrisse im Paraffin, Sorption am Papier, insbesondere, wenn dies auf der feuchten Seite liegt.) Ein Meßwert von 0,5 g/m²Tag könnte damit nur mit einer Sicherheit von 20% angegeben werden, wobei die gefundenen Meßwerte im allgemeinen einen größeren Durchlässigkeitswert vortäuschen werden.

(In den Fällen, in welchen nachfolgend Werte für die Streuung der Einzelwerte (σ) bzw. für die Streuung des Mittelwertes (σ_M) angegeben werden, sind stets zehn Proben zugrunde gelegt.)

5. Zusammenhang zwischen Diffusions- und Permeationskoeffizienten

In den Abschn. 1 u. 2 wurde erläutert, daß nur die Gl. (1) und (2) aus dem tatsächlichen Vorgang der Diffusion abgeleitet sind, während die Gl. (3) für die Praxis definiert und bestimmt wurde. Soll für den Fall, daß der Diffusionskoeffizient Funktion der Konzentration ist, über den Permeationskoeffizienten etwas ausgesagt werden können, so muß der Zusammenhang von Diffusions- und Permeationskoeffizient bekannt sein.

Es sei angenommen, daß sich während des Diffusionsvorganges überall das der Adsorptionsisotherme entsprechende Gleichgewicht einstellt. Es gilt dann, daß die Konzentration in der dem feuchten Medium ausgesetzten Oberflächenschicht des Packstoffes eine Funktion des entsprechenden Partialdruckes in der Atmosphäre ist.

$$c = f(p_D)$$

Setzt man diese Beziehung in die Gl. (1) ein, die den Diffusionskoeffizienten definiert,

$$q = D(c) \left| \frac{dc}{dx} \right|$$

so ergibt sich für diese Gleichung, wenn nur Absolutbeträge interessieren:

$$q = D\left[c(p_D)\right] \frac{dc\,(p_D)}{dp_D} \left| \frac{dp_D}{dx} \right| = D^*\,(p_D) \left| \frac{dp_D}{dx} \right| \tag{10}$$

mit:

$$D^*\,(p_D) = D\left[f(p_D)\right] \frac{df\,(p_D)}{dp_D}$$

Um von der infinitesimalen Schreibweise zu endlichen Partialdruckdifferenzen zu gelangen, muß Gl. (10) integriert werden.

$$\int_{x_1}^{x_2} |q|\,dx = \int_{p_{D_1}}^{p_{D_2}} D^*\,(p_D)\,dp_D$$

p_{D2} bzw. p_{D1} sind die Partialdrucke an den Stellen x_2 bzw. x_1

Da die je Flächen- und Zeiteinheit diffundierende Menge q im stationären Zustand von der Ortskoordinate x unabhängig ist, wenn der Querschnitt von x unabhängig ist — für Medien, deren Querschnitt sich mit x ändert, ist der Permeationskoeffizient nicht definiert — ergibt die Integration der obigen Gl. (5):

$$q\,(x_2 - x_1) = \int_{p_{D1}}^{p_{D_2}} D^*(p_D)\,\mathrm{d}p_D = F\,(p_{D2}; p_{D1}) \tag{11}$$

$$x_2 - x_1 = \Delta x = \text{Schichtdicke}$$
$$F \text{ ist ein Funktionszeichen}$$

Bei gegebenem Konzentrationsgefälle ist p_2 und p_1 konstant und q deshalb umgekehrt proportional der Schichtdicke.

Nach dem Mittelwertsatz der Integralrechnung kann für den Ausdruck

$$\int_{p_{D1}}^{p_{D_2}} D^*(p_D)\,\mathrm{d}p_D$$

auch geschrieben werden:

$$\int_{p_{D1}}^{p_{D_2}} D^*(p_0)\,\mathrm{d}p_D = D^*(p_{D_m})\,(p_{D_2} - p_{D_1})$$

$$p_{D_2} - p_{D_1} = \Delta p_D = \text{Dampfdruckgefälle}$$

wobei p_{D_m} zwischen p_{D_1} und p_{D_2} liegt. Gl. (11) ergibt somit

$$q = \frac{Q}{F} = D^*(p_{D_m})\,\frac{\Delta p_D}{\Delta x} = P\,\frac{\Delta p_D}{\Delta x} \; ; \; P = D\,[c(p_{D_m})]\left(\frac{\mathrm{d}c\,(p_{D_m})}{\mathrm{d}p_D}\right) \tag{12}$$

Man erhält also den Permeationskoeffizienten, indem man den Diffusionskoeffizienten mit der Neigung der Sorptionsisotherme multipliziert und umgekehrt den Diffusionskoeffizienten, indem man den Permeationskoeffizienten durch die Neigung der Sorptionsisotherme dividiert.

Ist $\dfrac{\mathrm{d}c\,(p_{D_m})}{\mathrm{d}p_D} = \text{konst}$, also unabhängig von p_D — Sorptionsisotherme ist eine Gerade — so erhält man als Spezialfall $P = D \cdot S$ ($S = $ Löslichkeit; vgl. [29]).

6. Einfluß der relativen Feuchtigkeit auf die Wasserdampfdurchlässigkeit verschiedener Packstoffe

Ist der Permeationskoeffizient stark von der Wahl des Partialdruckgefälles des Wasserdampfes abhängig, so ist das Diffusionsverhalten des Packstoffes erst dann vollständig erfaßt, wenn man für sehr kleine Δp_D und verschiedene p_{D_m} den Permeationskoeffizienten bestimmt. Es ergibt sich dann $P(p_{D_m}) = D^*(p_{D_m})$. Für $\Delta p_D \to 0$ kann p_{D_m} durch p_D ersetzt werden.

Um $P(p_{D_m})$ zu bestimmen, kann man statt ein bestimmtes kleines Partialdruckgefälle bei verschiedenen mittleren Partialdrucken anzuwenden, auch so vorgehen, daß man den Durchgang bei verschiedenen Partialdruckgefällen gegen Null bestimmt. Dies hat den Vorteil, daß bei allen Messungen von dem Partialdruck Null ausgegangen werden kann, der am leichtesten und genauesten herstellbar ist.

Um dies zu zeigen, soll von Gl. (11) ausgegangen werden. Es sei nur die obere Grenze veränderlich gedacht; dann ergibt sich, wenn man den Druck an der oberen Grenze ohne Index schreibt, um die Veränderlichkeit anzudeuten,

$$|q|\,\Delta x = F(p_D;\ p_{D_1})$$
$$= \int_{p_{D_1}}^{p_D} D^*(p_D)\,\mathrm{d}p_D \qquad (13)$$

Die Differentation dieser Gleichung nach p_D ergibt

$$(14)$$
$$\frac{\mathrm{d}q}{\mathrm{d}p_D} = \frac{1}{\Delta x}\,D^*(p_D) = \frac{1}{\Delta x}\,P(p_D)$$

Bestimmt man also den Wasserdampfdurchgang q bei verschiedenen Druckgefällen $p_{D_1} \to 0;\ p_{D_2} \to 0;\ \cdots\cdots\ p_{D_m} \to 0$, so erhält man eine Kurve, wenn man q gegen p_D aufträgt. Die Tangente an diese Kurve an irgendeiner Stelle p_D multipliziert mit Δx ergibt den Permeationskoeffizienten für diesen Druck p_D.

Praktische Anwendung: Gemessen wurden die diffundierenden Wasserdampfgewichte q durch Folien bei 20° C und einem Feuchtigkeitsgefälle 0 gegen 23%, 35%, 49%, 61%, 66,5%, 77% und 99,5% in $\dfrac{\mathrm{g}}{\mathrm{m}^2\,\mathrm{Tag}}$ (vgl. oben). Dabei war zu beachten, daß die Foliendicke nicht völlig konstant war. An jeder der Vergleichsproben wurde bei der PVC-Folie die Dicke an zehn verschiedenen Stellen bestimmt. Da das diffundierende Wasser-

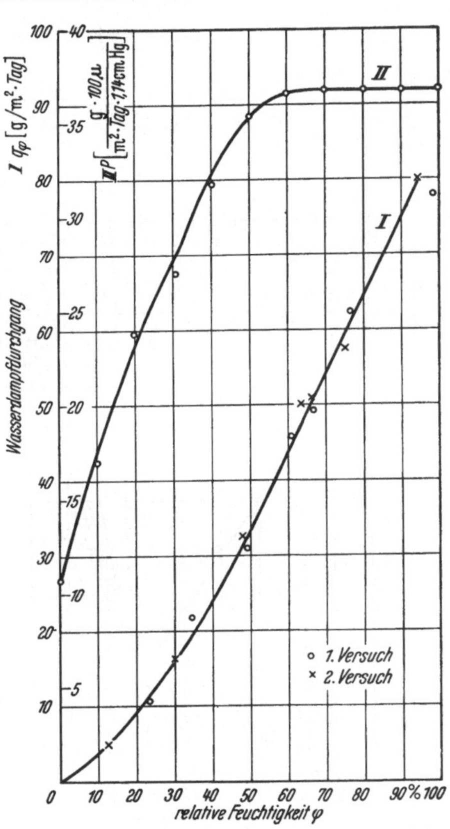

Abb. 9. Wasserdampfdurchgang durch eine weichmacherhaltige PVC-Folie, Dicke 56 μ

I gemessener Durchgang q_φ

II Permeationskoeffizient P

$$P = \frac{\mathrm{d}q_\varphi}{\mathrm{d}\varphi}\cdot\Delta x\cdot\Delta\varphi\ \left[\frac{\mathrm{g}\cdot 100\,\mu}{\mathrm{m}^2\cdot\mathrm{Tag}\cdot 1{,}14\ \mathrm{cm}}\right]$$

$\Delta\varphi = 65\%$ rel. Feucht. (1,14 cm Hg bei 20°)
$\Delta x = 0{,}056\ [100\ \mu]$

dampfgewicht proportional zu $\frac{1}{\Delta x}$ ist, wurden die bei jedem Feuchtigkeitsgefälle ermittelten diffundierenden Wasserdampfgewichte entsprechend aufgetragen und die Endwerte für die mittlere Dicke von 53,2 μ interpoliert bzw. extrapoliert. Die Ergebnisse sind in Abb. 9 dargestellt.

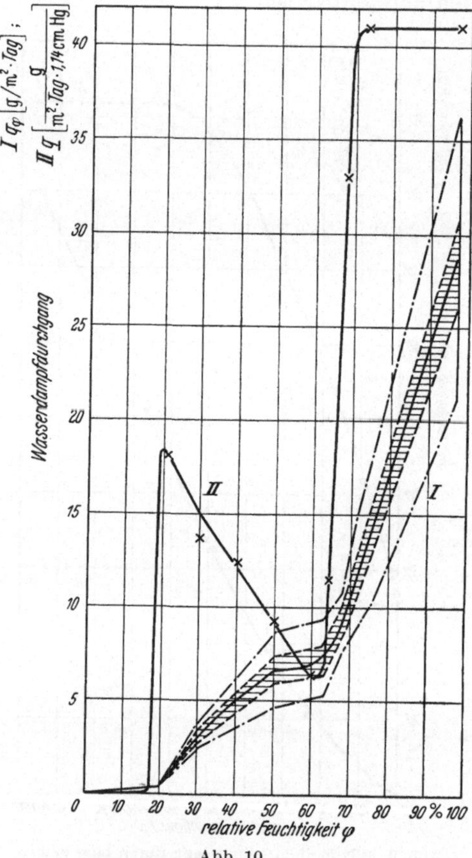

Abb. 10.
Wasserdampfdurchgang durch wetterfestes Zellglas
I Durchgang q_φ (bei Gefällen von φ% auf Null) gestrichelt: Mittlerer Fehler des Mittelwertes, Strichpunktiert: Abweichung der Einzelwerte;
II Durchlässigkeit q

$$q = \frac{dq(\varphi)}{d\varphi} \cdot \Delta\varphi$$

$\Delta\varphi = 65\%$ rel. Feucht. (1,14 cm Hg bei 20° C)

Bei konstanter Temperatur kann man an Stelle des Partialdruckes p die relativen Feuchtigkeiten φ der feuchten Seite der Probe auftragen und den Differentialquotienten $\frac{dq(\varphi)}{d\varphi}$ als Maß für die Steigung der Kurve $q = f(\varphi)$ verwenden. Sie wird dann nicht konstant sein, wenn Quellungsvorgänge bzw. die Wanderung von Weichmachern die Dampfdurchlässigkeit beeinflussen.

Die Werte $\frac{dq}{dp}$ und damit auch der Permeationskoeffizient sind bei der PVC-Weichfolie gemäß Abb. 9 nicht konstant, sondern steigen bei Feuchtigkeiten bis etwa $\varphi = 55\%$ (weichmacherabhängig) an.

Wetterfestes Zellglas MST (Abb. 10) zeigt eine sehr starke Abhängigkeit der Durchgangszahl von der relativen Feuchtigkeit. Die extreme Form der Kurve $q(\varphi)$ erklärt sich daraus, daß wetterfestes Zellglas eine Kombination von zwei wasserdampfsperrenden Schichten ist, nämlich Zellglas und Lack. Beide haben Permeationskoeffizienten, die von der relativen Feuchtigkeit abhängig sind. Von unbeschichtetem Zellglas ist bekannt, daß es bei niedrigen relativen Feuchtigkeiten verhältnismäßig wenig wasserdampfdurchlässig ist, aber bei höheren relativen Feuchtigkeiten sehr durchlässig wird, weswegen die geringe Durchlässigkeit bei

$\varphi \le 15\%$ wohl vorwiegend auf den Einfluß des Zellglases zurückzuführen ist. Bei hohen relativen Feuchtigkeiten ist die Zellglasschicht so durchlässig, daß praktisch nur die Durchlässigkeit der Lackschicht gemessen werden kann. Im mittleren Bereich der Feuchtigkeit muß die Durchlässigkeit des Zellglases einmal in die Größenordnung der des Lackes kommen; dann hängt das resultierende Verhalten beider Folien davon ab, wie die Permeationskoeffizienten von Zellglas und Lack von der Feuchtigkeit abhängig sind.

Aus der Betrachtung über den Zusammenhang von Permeationskoeffizient und Diffusionskoeffizient ergibt sich unmittelbar, daß aus dem mittleren Permeationskoeffizient P_{m1} bzw. P_{m2} zweier einzelner aneinander grenzender Teilbereiche der relativen Feuchtigkeit der mittlere Permeationskoeffizient $Pm_{1,2}$ und des gesamten Bereiches beider Teilbereiche angegeben werden kann. Ist z. B. der mittlere Permeationskoeffizient eines Packstoffes für den Bereich $65 \to 0\%$ relativer Feuchtigkeit und der für den Bereich $95 \to 65\%$ relativer Feuchtigkeit dadurch bestimmt worden, daß der Durchgang q einmal bei einem Gefälle von 65 bis 0% relativer Feuchtigkeit und ein andermal bei einem Gefälle von 95 bis 65% relativer Feuchtigkeit bestimmt wurde, so läßt sich der Durchgang und der mittlere Permeationskoeffizient für das Gefälle 95 bis 0% ohne weiteren Versuch angeben.

Aus Gl. (12) und (13) ergibt sich nämlich:

$$q_{\varphi_2/\varphi_1} \cdot \varDelta x = \int\limits_{\varphi_1}^{\varphi_2} P(\varphi)\,\mathrm{d}\varphi = \int\limits_{\varphi_1}^{\varphi_1'} P(\varphi)\,\mathrm{d}\varphi + \int\limits_{\varphi_1'}^{\varphi_2} P(\varphi)\,\mathrm{d}\varphi = \left(q_{\varphi_1'/\varphi_1} + q_{\varphi_2/\varphi_1'} \right) \cdot \varDelta x \quad (15)$$

Setzt man

$$\eta_{\varphi_1'/\varphi_1} = \frac{P_{m\varphi_1'/q_1}}{\varDelta x} = \frac{q_{\varphi_1'/\varphi_1}}{\varphi_1' - \varphi_1}$$

so erhält man

$$\eta_{\varphi_2/\varphi_1} = \frac{\eta_{\varphi_1'/\varphi_1}\,(\varphi_1' - \varphi_1) + \eta_{\varphi_2/\varphi_1'}\,(\varphi_2 - \varphi_1')}{\varphi_2 - \varphi_1} \quad (16)$$

Das Verhältnis $\dfrac{\eta_{\varphi_1'/\varphi_1}}{\eta_{\varphi_2/\varphi_1'}} = \dfrac{P_{m\varphi_1'/\varphi_1}}{P_{m\varphi_2/\varphi_1'}}$ ist ein geeignetes Maß für die Feuchtigkeitsabhängigkeit der Durchlässigkeit eines Stoffes. (Zahlent. 2)

Zur Ergänzung wurde bei einer Reihe doppelseitig paraffinierter Papiere $(60-80\,\mu)$ sowohl bei $\varphi = 65\%$ wie bei $\varphi = 85\%$ gegen 0% die Wasserdampfdurchlässigkeit bestimmt. Es ergab sich bei der höheren Feuchtigkeit eine Erhöhung um $175-370\%$ bzw. ein Mittelwert

$$\frac{\eta_{65/0}}{\eta_{85/0}} \approx 0{,}5.$$

Die starke Abhängigkeit der η-Werte von der Oberflächenbeschaffenheit des Papiers läßt ihre Bestimmung zur Kontrolle, ob die Schicht Poren und Risse aufweist bzw. Papierfasern als Dochte wirken, wertvoll erscheinen.

Zahlentafel 2. *Einfluß des Feuchtigkeitsgefälles auf die Wasserdampfdurchlässigkeit verschiedener Packstoffe*)

	$q_{65/0}$ (g/m²T)	$q_{65/90}$ (g/m²T)	$\dfrac{r_{i\,65/0}}{\eta_{90/65}}$	$\dfrac{\eta_{65/0}}{\eta_{9\%}}$ (berechnet)
Weichgemachte PVC-Folie verschiedener Dicke (200—60μ)	1,84—7,8	0,75—3,4	0,89—0,80	0,97—0,95
Hart-PVC-Folie verschiedener Dicke < 30μ	7,0 —9,5	3,6 —4,0	0,74—0,77	0,91—0,93
Pergamentpapier einseitig beschichtet mit Paraffin[1]	3,3	10,3	0,12	0,43
+ 5% Mikroparaffin	1,3	4,1	0,125	0,42
+ 10% „	1,0	1,1	0,37	0,66
+ 25% „	0,7	0,5	0,5	0,80
+ 5% Oppanol	0,6	3,6	0,067	0,2
Handelsüblich. Wachspapier I ..	0,46	0,36	0,49	0,78
„ „ II ... (beidseitig beschichtet)	14,2	38,2	0,165	(direkt gemess. 95/0) 0,31
Einseitig mit Diofan 220 D und 180 D beschichtetes Papier[1] ..	10,2	13,8	0,29	0,58 (Gefälle 92 u. 67,5%)
Einseitig mit Lutofan 300 D und Diofan 180 D beschichtetes Papier[1]	42,5	42,4	0,36	0,68 (Gefälle 92 u. 67,5%)
Seidenpapier (25 u. 30 g/m²) einseitig mit Diofan beschichtet[1]				
1 mal	13,9—5,1	66,1—27,6	0,07—0,09	0,21—0,26
2 mal	2,1—3,2	2,1— 7,9	0,09—0,16	0,27—0,29
Einseitig mit Diofan beschichtetes Papier[1]	2,5—2,9	2,0—2,5	0,47	0,77
Einseitig mit Diofan beschichtetes Pergamin[1]	5,8	5,4	0,41	0,72
Beiderseitig mit Nitrozelluloselack beschichtetes Pergamin ..	5,8	12,4	0,18	0,35
Pergamin mit Polyäthylen-Extruderschicht	3,4—4,9	2,0—2,5	0,62—0,75	0,81—0,92
Zellglas AST I	0,48	1,16	0,177	0,42
Zellglas AST II	1,7	0,68	0,84	0,95
Zellglas AST III (8% Paraffin im Lack)	0,64	5,5	0,0045	0,014
Bedrucktes Duplozellglas				
Druckseite oben	1,0	5,8	0,059	0,2
Druckseite unten............	1,2	9,6	0,042	0,15
Bitumensackpapier 150 g/m²....	2,1	7,9	0,16	0,29
Duplobitumenpapier...........	6,5	3,1	1,0	0,9 (direkt gemess.) 95/0

[1] Versuchsanfertigungen.   *) Es handelt sich um Meßbeispiele.

Dementsprechend ist auch die Dampfdurchlässigkeit eines einseitig beschichteten Papiers verschieden, je nachdem die befilmte Seite gegen die niedrige bzw. gegen die hohe relative Feuchtigkeit liegt. Drei kunststoffbeschichtete Natronpapiere zeigten im Feuchtigkeitsgefälle 65/0% Wasserdampfdurchlässigkeiten von 13,0, 8,1 bzw. 35,7 g/m²Tag im ersten und von 8,8, 6,7 bzw. 20,2 g/m²Tag im zweiten Fall. Über entsprechende Beobachtungen berichtet HAGEN [28] bei Verwendung eines Vinylchlorid-Mischpolymerisats (8 g/m² Lutofan 300 D); bei 65/0% war zwar noch kein Unterschied festzustellen, wohl aber bei 86/0% und insbesondere bei 97/0%. Bei 12 g/m² Diofan 220 D (Vinylchlorid-Vinylidenchlorid-Mischpolymerisat in Dispersionsform) waren die Unterschiede, ob die beschichtete oder die unbeschichtete Seite der feuchten Atmosphäre zugewandt war, unerheblich. Deutlich waren aber die Unterschiede bei polyäthylenbeschichteter Pappe, wobei die Wasserdampfdurchlässigkeiten bei 85—0% im Mittel betrugen:

Schicht zur feuchten Seite 0,93 g/m²Tag

Schicht zur trockenen Seite 6,3 g/m²Tag

d. h. daß Quellungserscheinungen in der unbeschichteten Seite schädlicher zu sein scheinen als Schrumpfungserscheinungen.

Dieser „Seiteneffekt" hängt sehr wahrscheinlich damit zusammen, daß an der Grenzfläche Trägerschicht–Schichtstoff in den beiden Fällen eine unterschiedliche Gleichgewichtsfeuchtigkeit herrscht, wobei je nach „Verankerung" und Elastizität des Schichtstoffes Veränderungen ausgelöst werden können. Schrumpferscheinungen können Haarrisse, Quellungserscheinungen, Reckungen und schließlich ebenfalls Haarrisse und damit Veränderungen der Wasserdampfdichtigkeit der Beschichtung hervorrufen. Planmäßige Untersuchungen über die dabei hereinspielenden Herstellungs- und Stoffeinflüsse liegen noch nicht vor.

Abschließend wurden noch bei Zellglas AST mit drei Weichmachergehalten die diffundierenden Wasserdampfgewichte $\frac{g}{m^2\,Tag}$ bei etwa 90% relativer Feuchtigkeit mit denen bei etwa 65% relativer Feuchtigkeit in Vergleich gesetzt. (Zahlentafel 3)

Zahlentafel 3

| | Wasserdampfdurchlässigkeit q ($\pm \sigma_M$) | | |
	bei $\Delta\varphi =$ 90 — 0 g/m²Tag	bei $\Delta\varphi =$ 65 — 0 g/m²Tag	$\dfrac{\eta_{65/0}}{\eta_{90/0}}$
PVC weichgemacht	70,0 ±1,3	46,5 ±0,55	0,92
Zellglas MST 5	23,7 ±2,7	8,3 ±0,5	0,485
Zellglas AST 14% Weichmacher.....	3,25±0,29	2,07±0,17	0,885
Zellglas AST 17,7% Weichmacher ...	2,60±0,34	0,81±0,07	0,43
Zellglas AST 20,9% Weichmacher ...	2,37±0,26	1,27±0,08	0,536

Daraus ergibt sich, daß bei einem Feuchtigkeitsgefälle von 90% zum Teil wesentlich mehr durchdiffundiert als sich proportional zum Feuchtigkeitsgefälle aus dem Wert bei 65% ergäbe und lediglich bei PVC-Folie und Zellglas AST mit niedrigem Weichmachergehalt die Abweichungen vom Wert 1,0 (keine Feuchtigkeitsabhängigkeit) relativ gering sind. Die Frage, welchen Einfluß Art und Menge des Zellglas- bzw. des Lackweichmachers auf die Feuchtigkeitsbeeinflussung der Wasserdampfdurchlässigkeit besitzen, bedürfte einer gesonderten systematischen Untersuchung.

7. Einfluß der Temperatur auf die Wasserdampfdurchlässigkeit

Aus der Definitionsgleichung für die relative Feuchtigkeit

$$\varphi = 100 \, \frac{p_D}{p_{D_S}} \, [\%]$$

ergibt sich unmittelbar, daß bei zwei verschiedenen Temperaturen $T_1 = $ konst und $T_2 = $ konst

$$\left(\frac{\Delta p_{D_1}}{\Delta p_{D_2}}\right)_{\substack{\Delta\varphi\,=\,\text{konst}\\T_1\,=\,\text{konst}\\T_2\,=\,\text{konst}}} = \left(\frac{\Delta\varphi_2}{\Delta\varphi_1}\right)_{\substack{\Delta p_D\,=\,\text{konst}\\T_1\,=\,\text{konst}\\T_2\,=\,\text{konst}}} = \frac{p_{D_{S_1}}}{p_{D_{S_2}}} \tag{17}$$

d. h. daß sich bei konstantem Feuchtigkeitsgefälle die Differenz der Partialdrucke, bei konstantem Partialdruckgefälle die Differenz der relativen Feuchtigkeiten auf den beiden Seiten der Prüfschale bei zwei verschiedenen Temperaturen wie das Verhältnis der Sattdampfdrücke bei diesen Temperaturen verhält.

Nach der AUGUSTINSchen Formel gilt für Wasserdampf

$$p_{D_S} = a \cdot e^{-b/T} \quad \text{(Dabei ist } a = 10^6 \, [\text{kg/cm}^2] \text{ und } b = 5130 \,^\circ K) \tag{18}$$

Andererseits ist für die Permeation durch Kunststoffe von BARRER [20] die Beziehung

$$P = P_0 \cdot e^{-E/\Re T} \tag{19}$$

festgestellt worden.

Hierin bedeuten:

P die Permeationskonstante $\left[\dfrac{\text{cm}^3}{\text{s} \cdot \text{cm}^2 \cdot \text{cm Hg}}\right]$

P_0 ein temperaturunabhängiger Faktor

E die Aktivierungsenergie der Permeation $\dfrac{\text{cal}}{\text{Mol}}$

$\Re$ allgemeine Gaskonstante $\dfrac{\text{cal}}{\text{Mol}\,^\circ K}$

T absolute Temperatur $^\circ K$

Unbekannt sind in dieser Gleichung P_0 und E.

Um diese Unbekannten zu bestimmen, sind mindestens zwei Meßpunkte nötig mit den Wertepaaren $P_1\,T_1$ bzw. $P_2\,T_2$.

Es ergibt sich damit

$$E = \Re \cdot \frac{T_1 \cdot T_2}{T_1 - T_2} \ln \frac{P_1}{P_2} \tag{20}$$

und

$$P_0 = e^{-\frac{T_2 \ln P_2 - T_1 \ln P_1}{T_1 - T_2}}$$

und damit

$$P(T) = e^{-\frac{T_1(T_2 - T)\ln P_1 - T_2(T_1 - T\ln P_2)}{T(T_1 - T_2)}} \tag{21}$$

Genauer ist es, E und P_0 graphisch zu ermitteln durch Differentation von Gl. (19):

$$\frac{d(\ln P)}{d\frac{1}{T}} = \frac{E}{\Re}$$

Nimmt man E und P_0 in dem betrachteten Temperaturintervall als konstant an, so läßt sich die Gerade durch zwei Meßpunkte festlegen, die in einem meßtechnisch günstigen Intervall liegen. Wegen der unvermeidlichen Meßfehler ist es allerdings günstig, mehrere Meßpunkte zu bestimmen.

Ist bei beschichteten Materialien P_1 bzw. P_2 nicht bestimmbar, sondern nur q, oder läßt die Größe von P_1, P_2 nur eine Messung in einem relativ engen Temperaturintervall zu, dann kann man wie folgt vorgehen:

Aus Gl. (17) ergibt sich

$$\frac{p_{D_{S_1}}}{p_{D_{S_2}}} = e^{b \cdot \frac{T_1 - T_2}{T_1 \cdot T_2}}$$

außerdem war

$$\frac{P_1}{P_2} = e^{\frac{E}{\Re}\frac{T_1 - T_2}{T_1 \cdot T_2}}$$

Da bei konstanter Schichtdicke $q = \text{konst}\ P \cdot \varDelta p_D$ war, ergibt sich unter Zugrundelegung von Gl. (13):

$$\frac{q_1}{q_2} = \frac{P_1 \cdot p_{D_{S_1}}}{P_2 \cdot p_{D_{S_2}}} = e^{\left(\frac{T_1 - T_2}{T_1 \cdot T_2}\right)\left(\frac{E}{\Re} + b\right)} = C \cdot e^{(E + 10200)} \tag{22}$$

wobei $\left(\dfrac{E}{\Re} + b\right)$ die Dimensionen $^\circ K$ besitzt und $\Re = 1{,}987\ \dfrac{\text{cal}}{\text{Mol}\,^\circ K}$ ist.

Soweit die Aktivierungswärme für die Permeation bekannt ist, läßt sich damit die Temperaturabhängigkeit der Permeation, in der die Löslichkeit enthalten ist, bestimmen. Zur Bestimmung von E aus zwei Meßwerten kann man Gl. (22) schreiben:

$$E = \Re \left(\ln \frac{q_1}{q_2} \cdot \frac{T_1 \cdot T_2}{T_1 - T_2} - b\right)$$

Nach dieser Beziehung wurde E für Zellglas im Feuchtigkeitsgefälle 59/0% im Intervall 20 bis 30° C bestimmt. Da für $\varphi = 59\%$ bei 30° C bzw. 20° C $\dfrac{q_1}{q_2} = \dfrac{P_1 \cdot \varDelta p_{D1}}{P_2 \cdot \varDelta p_{D2}}$ ist, ergibt sich für Zellglas mit einem gemessenen $\dfrac{q_1}{q_2} = 2{,}16$ ein Wert von $\dfrac{P_1}{P_2} = 1{,}17$. Für Polyäthylen ergibt sich mit $E = 10{,}2$ kcal/Mol aus Gl. (20) $\frac{P_1}{P_2}$ zu 1,787 und bei $\varphi = 59\%$ $\left(\frac{q_1}{q_2}\right)$ rechnerisch zu 3,25. Dies ist schon eine beträchtliche Temperaturabhängigkeit; bei Polyamiden (Nylon) wäre sie anderseits sehr klein.

Für die Aktivierungswärme der Permeation erhielt P. M. Doty [30] folgende Werte für:

	E (kcal/Mol)	$\log P_0$
Polystyrol................	~ 0	$- 6{,}08$
Polyvinylchlorid-acetat ..	2,35	$- 3{,}51$ bis 4,8
Polyvinylchlorid	2,35	$- 5{,}1$
Polyäthylen	10,2	$+ 0{,}13$
Pliofilm	12,8	$+ 1{,}63$
Saran....................	17,5	$+ 4{,}2$
Wetterfestes Zellglas......	3,0 (errechnet aus eigeneu Versuchen)	

Dabei stellt E die algebraische Summe aus der Lösungswärme ($\varDelta H$) und der Aktivierungsenergie für die Diffusion (E^*) vor. Nimmt erstere mit steigender Temperatur in demselben Maße ab, wie letztere zu, so kann $E = 0$ werden, was bei Polystyrol der Fall ist. Die hohe Aktivierungsenergie, und damit die niedrigen Werte von P für Polyäthylen, Pliofilm und Saran hängen mit dem hohen Anteil an kristallinen Bestandteilen zusammen. Dies ist zu berücksichtigen, wenn die Kristallisation in einen bestimmten Temperaturbereich fällt. Gelegentlich können Anomalien auftreten, deren genaue Ursache noch nicht geklärt ist [31].

Die Berechnung der Temperaturabhängigkeit der Permeation ist schließlich auch noch mit einer Beziehung möglich, die kürzlich von Otomer [32] veröffentlicht wurde:

$$\log P = \frac{E^* - \varDelta H}{r} \log p_D + C \tag{23}$$

Im doppellogarithmischen Papier $\log P$ gegen $\log p_D$ aufgetragen, ergibt eine Gerade mit der Neigung $\dfrac{E^* - H}{r}$, die von der Temperatur unabhängig ist. Da die Temperaturabhängigkeit der molaren Verdampfungswärme von Wasser bekannt ist, läßt sich E^* bzw. $\varDelta H$ aus der Permeabilitätskonstante bestimmen, sofern eine von beiden ebenfalls ermittelt wurde.

8. Beeinflussung der Wasserdampfdurchlässigkeit von beschichteten Papieren und von Kunststoff-Folien durch Knicken

Bei der Herstellung von Beuteln, insbesondere Bodenbeuteln, ist es meist unvermeidbar, daß der Packstoff geknickt wird. Bei der Knickung wird der Packstoff oft beschädigt und immer etwas geschwächt. Es war daher zu untersuchen, ob die Schwächung des Materials einen Einfluß auf die Wasserdampfdurchlässigkeit hat. Untersucht wurden zunächst Packstoffe, die keine Alu-Folie als Kaschiermaterial hatten. Die Alu-

Folie wurde gesondert untersucht, da sie einmal ein sehr häufig verwendeter Packstoff ist, und zum andern sich in charakteristischer Weise in ihren Eigenschaften von den übrigen Verpackungsmaterialien unterscheidet (vgl. hierzu Abschn. VI 4).

Die Knickung erfolgte, nachdem die Proben bei 65% relativer Feuchtigkeit gelagert wurden, mit einer 10 kg schweren Rolle von dem freien Ende der Überlappung her. Nach dem Aufbiegen wurde der Knickvorgang nach einer Drehung um 90° wiederholt. Die Ergebnisse der Wasserdampfdurchlässigkeits-Messungen mit Proben von 0,42 dm² Fläche bei 20° und 65 →0% relativer Feuchtigkeit sind in Zahlentafel 4 zusammengestellt.

Zahlentafel 4. *Wasserdampfdurchlässigkeit geknickter Packstoffe* *

	Wasserdampfdurchlässigkeit in g/m²Tag			
	Planwert	Kreuzknick (gegensinnig)		
Verschiedene Duplowachspapiere	2,6	3,5		
	2,6	2,4		
	12,6	13,4		
	13,5	13,6		
		einfacher Knick, Kaschierseide		
		innen	außen	
Duplopapier mit Kaschierseide .. (tissue lamination)	0,46	0,56	3,22	
		mit Kreuzknick (gegensinnig)		
Mit Paraffin einseitig beschichtetes Papier	5,0	23,5		
Mit Paraffin doppelseitig beschichtetes Papier	1,2	4,0		
PVC-Hartfolie (40 μ)	5,5	5,7		
PVC-Weichfolie	53,1	49,6		
Polyäthylenfolie (66,5—71,7 μ)..	0,95	0,93		
Saranfolie (amer.) (32,5—41 μ)..	0,17	0,21		
Bitumenduplopapier	5,5	10,9		
Bitumensackpapier 150 g/m²....	4,9	7,9		
Einseitig mit 10 bis 12 g/m² Paraffin beschichtetes Echtpergament[1] (Labor-Anfertig.)....			Verhältniszahl mit/ohne Knick bei	
			65—0%	90—65%
	3,3	6,1	1,85	1,39
+ 5% Mikrowachs	1,3	3,2	2,46	2,0
+ 10% ,,	1,0	1,5	1,5	4,0
+ 25% ,,	0,7	1,4	2,0	10,7
+ 5% Oppanol	0,6	0,9	1,5	2,9
+ 2% Polyäthylen	1,2	2,2	1,83	1,6

Fortsetzung Zahlentafel 4.

	Wasserdampfdurchlässigkeit in g/m²Tag			
	Planwert	Kreuzknick (gegensinnig)		
Mit Polyäthylen einseitig im Extruderverfahren beschichtetes				
Pergamentersatzpapier ...	4,9	4,0		
Pergamin	3,4	3,6		
Mit Vinylchlorid — Vinylacetat — Mischpolymerisaten einseitig				
beschichtetes Natronpapier ...	20,2	22,3		
desgl.	8,1	9,1		
Mit Diofan einseitig beschichtete				
Papiere	0,87	0,62		
zweiseitig beschichtet..........	3,0	3,2		
(von verschiedenen Firmen)	3,3	3,8		
	1,2	0,94		
	1,5	1,4		
	2,0	1,8		
	Schicht außen:		Schicht innen:	
Bei einseitig diofanbeschichteten Papieren..................	0,30	0,38	0,30	0,32
	$\sigma = 0,018$	$\sigma = 0,08$		$\sigma = 0,042$
	$\sigma_M = 0,0076$	$\sigma_M = 0,025$		$\sigma_M = 0,013$
	Schicht außen:		Schicht innen:	
Anderes Fabrikat (85 gegen 0%)				
Planwert	0,62		0,62	
Einfacher Knick	0,89		0,64	
Kreuzknick	1,02		0,8	

[1] Einfacher Knick, Wachsseite außen.

* Es handelt sich um Meßbeispiele.

Es ergibt sich daraus, daß mit Polyäthylen bzw. mit Diofan einwandfrei beschichtete Papiere kaum knickempfindlich sind (letztere erst bei Gefriertemperaturen), dagegen paraffinierte Papiere sehr stark. Die Wasserdampfdurchlässigkeit im Knick ist im hohen Feuchtigkeitsbereich hierbei wesentlich höher als im niedrigen Bereich, ebenso die Knickempfindlichkeit, was für den starken Einfluß der beim Knick freigelegten Fasern spricht. Zur Erzielung einer geringen Knickempfindlichkeit scheint wesentlich zu sein, daß entweder die wasserdampfdichte Barriere in der neutralen Zone liegt (Duplowachspapiere), oder daß bei einseitiger Beschichtung bzw. bei homogenem Packstoff eine ausreichende Elastizität bzw. Plastizität vorliegt. Bei beschichteten Papieren kann man gelegentlich feststellen, daß die Beschädigung primär im Papier erfolgt. Je weniger dehnfähig die Schicht ist, desto leichter wird sie in Mitleidenschaft gezogen, bei Polyäthylen im allgemeinen am wenigsten.

V. Orientierende Versuche an Packungen

1. Flachbeutel

Von den verschiedenen Beutelarten, die in Abb. 11 zusammengestellt sind, wurden zuerst die einfachsten Beutel, nämlich die Flachbeutel, untersucht. Diese Beutel haben einfache Nähte, deren Längen genau abgemessen werden können. Die Versuche wurden durchgeführt, um festzustellen, ob die Packungen bei geringster mechanischer Beanspruchung während ihrer Herstellung und bei bestmöglichem Verschluß so dicht sind, daß der Wasserdampf praktisch nur durch die Folie eindringen kann. Es wurde also der „Planwert" und der Gesamtdurchgang durch den Beutel bestimmt. Der Planwert ist der Durchgangswert durch die Folie. Zu seiner Messung wurde aus der Packung, wenn diese angeliefert wurde, ein Stück der Folie herausgeschnitten und dessen Durchgang bestimmt. Bei selbst hergestellten Packungen wurde das Ausgangsmaterial zur Messung des Planwertes benutzt. Die praktische Bestimmung des Wasserdampfdurchganges durch die Packung erfolgte in der gleichen Weise wie durch die Packstoffe. Das Trockenmittel wurde statt in Glasschalen direkt in die Packung eingegeben, und zwar wurden die aus dem Handel gezogenen Packungen, falls verschlossen, durch eine angebrachte Öffnung oder sonst durch den Verschluß entleert und mit Trockenmittel gefüllt. Das Ergebnis dieser Versuche ist in Zahlentafel 5 angegeben. Die pro Nahtlänge diffundierende Menge Wasserdampf wurde aus der Differenz des am Beutel gemessenen Durchgangs je Flächeneinheit und dem Planwert errechnet.

$$Q_N = \frac{(Q_B - Q_{P_L})\,F_B}{N_l} \tag{24}$$

N_l = Nahtlänge; F_B = Beutelfläche; Q_B = Wasserdampfdurchgang durch den Beutel je Flächeneinheit; Q_{P_L} = Planwert; Q_N = Nahtdurchgang. Die Einheit von Q_N ist:

$$\frac{g}{\text{Tag, cm Naht}}$$

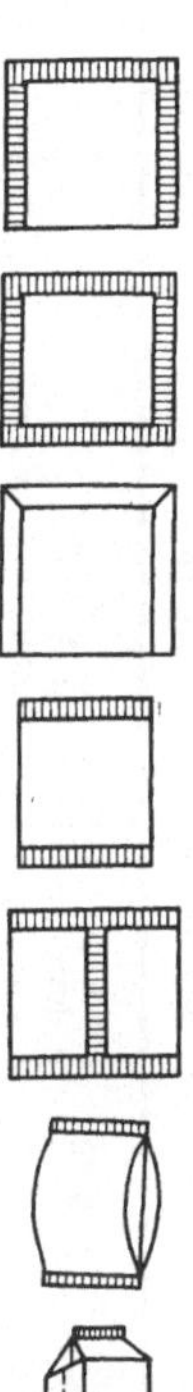

Abb. 11.
Beuteltypen

Zahlentafel 5. *Versuche mit Flachbeuteln*

Vers.-Nr.	Planwert $\frac{g}{m^2\,Tag}$ (QP_l)	Ges. Durchgang g/Tag	Ges. Fläche dm²	Durchg. je Flächeneinheit g/m²Tag (Q_g)	Nahtlänge dm (Nl)	Nahtdurchgang mg/cm Tag (Q_N)	Untersuchter Beuteltyp	Material	Von Hand	Art des Verschließens	Nahtlänge / Beutelfläche cm/dm² (Nl/F_B)
1	1,15	0,024	2,1	1,14	2,0	0	Schlauchbeutel	Polyäthylen	ja	impulsversiegelt	9,5
2	5,5	0,108	2,5	4,3	1,94	0	Flachbeutel mit Seitennaht	P.V.C. hart 40 μ	nein	Längsnaht verklebt, Verschluß H.F. geschw.	9,5
3	5,5	0,132	2,5	5,3	1,94	0	Flachbeutel 3seitig gesiegelt	P.V.C. hart 30 μ	,,	,,	9,5
4	2,5	0,100	3,0	3,3	4,0	0,6	Flachbeutel	Duplopap. m.Wachskaschierg.	,,	geklebt m. Boda M Z E	13,5
5	3,0*	0,041	1,1	3,7	3,02	0,25	Flachbeutel 4seitig gesiegelt	Diofan	ja	impuls-	27,5
		0,072	1,4	5,1	3,42	0,86				wärmekontaktversiegelt	24,0

* Probefertigung. Es wurden mit Papieren, die stärker beschichtet waren, auch Planwerte von 0,4 g/m²Tag festgestellt. Hierbei ergab sich keine Erhöhung der Wasserdampfdurchlässigkeit des fertigen Beutels (vgl. Zahlentafel 2 und 4).

Für die vergleichende Beurteilung von Naht- und Porendurchgang muß das Verhältnis „Nahtlänge zu Beutelfläche" der verschiedenen Proben gleich sein.

Aus dem Vergleich von Q_{P_L} und Q_B ergibt sich, daß der Beuteldurchgang Q_B innerhalb der Meßgenauigkeit bei den Versuchen 1, 2 und 3 gleich ist dem Planwert Q_{P_L} der Folie, d. h. die durch die Poren und Nähte des Beutels diffundierende Menge klein ist gegen den Foliendurchgang. Dies gilt, wenn auch nicht mehr im gleichen Maße, für die Versuche 4 und 5. Die errechneten Nahtdurchgangswerte liegen bei der verwendeten Meßmethode bereits an der Grenze der Meßbarkeit. Es muß betont werden, daß die geringen Nahtdurchgangswerte nur dann erreicht werden, wenn die Heißsiegelung einwandfrei ist. Dies erfordert eine genaue Kontrolle der Siegelbedingungen. Der Versuch Nr. 5 mit Diofan ergab einen meßbaren Nahtdurchgang. Das deutet darauf hin, daß durch das Siegeln die in diesem Fall gewählte Kombination geschwächt wurde und sich deshalb an der Siegelnaht je nach Material und Art der Verschweißung ein mehr oder weniger überhöhter Durchgang ergab. Dieser bleibt jedoch unter der Größenordnung des Foliendurchgangs.

Die Wasserdampfdurchlässigkeit ist also bei Flachbeuteln aus gut heißsiegelfähigen Packstoffen in erster Linie bestimmt durch die Durchlässigkeit des Packstoffes. Dies gilt besonders auch für Polyäthylen (Versuch 1), womit auch Großbeutel mit Rundböden keine meßbare Erhöhung der Wasserdampfdurchlässigkeit gegenüber dem Planwert ergaben. Die Wasserdampfdurchlässigkeit der bekannten verschweißbaren Kunststoff-Folien liegt in der Größenordnung der in Zahlentafel 5 angeführten Beispiele, nämlich 1 bis 5 g/m²Tag.

Der Versuch Nr. 4 mit Duplo-Papier (Paraffinzwischenschicht), aber auch die Versuche Nr. 2 und 3 mit PVC lassen erwarten, daß auch bei Verklebungen sehr gute Werte der Nahtdichtigkeit erreicht werden können.

Kunststoffbeschichtete Papiere und Folien, insbesondere beschichtete Aluminium-Folien, weisen eine besonders geringe Durchlässigkeit auf. Letztere haben jedoch den Nachteil, daß ihre mechanische Festigkeit gering ist. Die schlechte Verschließbarkeit der Aluminium-Folie und ihre geringe mechanische Festigkeit versucht man durch geeignete Beschichtung zu verbessern. Die Wasserdampfdichtigkeit solcher Packungen mit Aluminium-Folie, deren Planwert im Idealfall null ist, ist deshalb bestimmt durch den Naht- und Porendurchgang, die aus diesem Grunde besonders interessieren.

Eine Reihe von Versuchen mit ungefähr 30 sogenannten Suppenbeuteln, mit einer Oberfläche von 2,8 bis 3,3 dm² und einer Nahtlänge von etwa 50 cm, hergestellt aus einer mit Schutzlack versehenen und auf heißsiegelfähiges Papier kaschierten Aluminiumfolie ergab eine

4*

Gesamtdurchlässigkeit von 0,4 g/m²Tag. Die Einzelwerte zeigten, daß auch noch Dichtigkeiten bis zu 0,1 g/m²Tag erreichbar sein müssen.[1] Mit dieser Folie wurde also eine um eine Zehnerpotenz größere Dichtigkeit der Beutel erreicht als bei den in den Versuchen 1 bis 5 angegebenen Beuteln. Wäre die zu diesen Suppenbeuteln verarbeitete beschichtete Aluminiumfolie völlig porenfrei, so würde sich aus dem statistischen Mittelwert 0,4 g/m²Tag für den Durchgang durch die Naht 0,18 mg/cm Tag errechnen und sich noch Nahtdichtigkeiten bis zu 0,04 mg/cm Tag erreichen lassen.

Bei Beuteln mit Seitenfalten ergaben sich bei Kaschierung der Aluminiumfolie zwischen 2 × heißsiegelfähigem Zellglas, Boden flach zugesiegelt, Verschluß umgebogen und mit Metallklammern gesichert, ebenfalls Werte von dieser Größenordnung, nämlich zwischen 0,3 und 0,6 g/m²Tag.

Noch niedrigere Werte konnten nur bei selbst von Hand hergestellten vierseitig verschweißten Flachbeuteln (1 sec, 150° C) aus einer 10 μ Aluminiumfolie gemessen werden, die auf der einen Seite mit Polyäthylen beschichtet und auf der anderen Seite auf 50 g/m² Zellulosepapier kaschiert war. Die Durchlässigkeit war bei einer Gesamtfläche von 1,9 bis 2,0 dm² 0,009 g/m²Tag ($\sigma = 0,006$, $\sigma_M = 0,002$) bzw. 0,004 mg/cm Tag ($\sigma = 0,005$, $\sigma_M = 0,002$). War das Polyäthylen auf die Papierseite kaschiert, so erhielt man wieder Werte von der Größenordnung der Suppenbeutel, nämlich 0,23 g/m²Tag ($\sigma = 0,04$, $\sigma_M = 0,013$) bzw. 0,11 mg/cm Tag ($\sigma = 0,02$, $\sigma_M = 0,007$).

Während im vorletzten Fall bereits die Grenze der Meßgenauigkeit überschritten war, besteht in allen anderen Fällen die Frage, ob die bei diesen Beuteln noch bleibende geringe Durchlässigkeit durch die Naht oder durch die Poren bedingt ist, und ob die Streuungen auf unterschiedlich gute Verklebung oder auf verschiedene Anzahl der Poren zurückzuführen ist.

2. Bodenbeutel

Zur Orientierung wurde eine Reihe von Beuteln aus papierkaschierter Aluminiumfolie unter verschiedenen Bedingungen untersucht. Die Formung dieser Beutel — Klotz- und Kreuzbodenbeutel — ist nicht so einfach, wie die der Flachbeutel, weswegen sie auf der Verpackungsmaschine mehr beansprucht werden. Die Beutel wurden zum Teil angeliefert und zum Teil von Hand hergestellt. In Zahlentafel 6 sind die Meßwerte einer Anzahl damit durchgeführter Versuche aufgeführt. Es wurde zum Teil neben dem Gesamtdurchgang auch der

---

[1] Bei der Prüfung der Wasserdampfdurchlässigkeit fertiger Beutel ist die Genauigkeit mindestens etwa eine Zehnerpotenz höher als bei der Schalenmethode und im allgemeinen nur durch die Genauigkeit der Wägung bestimmt.

Durchgang durch die Bodenfläche und dieser oft allein bestimmt, da die Verschlußdichtigkeit verschiedener Bodenformen interessierte.

Die Bestimmung der Durchlässigkeit von Boden- bzw. von Kopfverschlüssen erfolgte in der Weise, daß diese von zwei Beuteln abgeschnitten, mit Trockenmittel gefüllt, sorgfältig aufeinandergesetzt, zusammengeklebt und dann mit einer geeigneten Paraffinmischung abgedichtet wurden. Bei dem letztgenannten Verfahren ist zu berücksichtigen, daß die Verschlußstellen aus verschiedenen Packungen stammen und deshalb die Summe der Durchlässigkeiten der Endteile und des Rumpfes nur dann der Gesamtdurchlässigkeit der Packung entsprechen kann, wenn keine Streuungen in den Eigenschaften der Endstücke vorliegen. Dies ist schwerlich zu erwarten, weshalb in jedem einzelnen Fall ein Häufigkeitsversuch notwendig wäre. Wegen des damit verbundenen hohen Zeitaufwandes mußte dieser Weg auf Einzelfälle beschränkt werden. Sofern nicht eigens angegeben, wurde die Beutelöffnung zweimal umgebogen (Konditorkniff) und durch eine Metallbandschlaufe gesichert. Der in Zahlentafel 6 angegebene Nahtdurchgang wurde wieder nach Gl. (24) errechnet, wobei für L_N die doppelte Breite des Bodens eingesetzt wurde.

Zunächst fällt auf, daß die Dichtigkeit gemessen in g/m²Tag der handgemachten und maschinell hergestellten Klotzbodenbeutel in Zahlentafel 6 — abgesehen von den Versuchen 15 und 16 — schlechter war als die der Proben in den schon erwähnten Versuchen 1 mit 5 in Zahlentafel 5, und um 1 bis 2 Zehnerpotenzen schlechter als die der vorerwähnten „Suppenbeutel", die heißverklebt waren. Da sich auch im Versuch 11 bei Heißverklebung eine geringere Dichtigkeit der Bodennaht als bei den Suppenbeuteln ergab, besteht der Verdacht, daß die erhöhte Durchlässigkeit auf den Einfluß der Poren zurückzuführen ist. Wegen der größeren Beanspruchung der Klotzbodenbeutel in der Verpackungsmaschine wird die Porenhäufigkeit bei diesen Beuteln größer als bei den Suppenbeuteln sein.

Im einzelnen ergibt sich aus diesen Versuchen: Im Schnitt ist der Wasserdampfdurchgang durch Beutel, welche maschinell hergestellt wurden, höher als der von Hand hergestellten; Bodendurchgänge von 40 bis 80 g/m²Tag sind unter Berücksichtigung des verwendeten Materials als außerordentlich unbefriedigend anzusehen. Durch Verwendung einer dünneren Außenschicht und eines wasserdampfdichten Deckblattes scheinen sich die Verluste etwas verringern zu lassen.

In einer Versuchsreihe wurde untersucht, ob es besser ist, in der Kombination Zellulosepapier (0,04) leimkaschiert auf Aluminiumfolie 10 μ, loses Futter aus Zellulosepapier (0,04) die kaschierte Papierseite oder die lose Seite nach außen zu legen. Bei einer Gesamtfläche von 3,8 dm² und mit Paraffin vergossenem Verschluß ergaben sich bei Hand-

Zahlentafel 6. *Orientierende*

Vers. Nr.	Untersuchter Beuteltyp	Verwendetes Material Dicke in mm			kasch.	A_B
		außen 1	Mitte 2	innen 3		
6	Klotzbodenbeutel	Perg. E. 0,066	Alu 0,01	Perga- min	2+3 verl. 1 lose	verkl.
7	Klotzbodenbeutel mit Deck- blatt Zell.-Papier	,,	,,	Pergamin 0,035	,,	,,
8	Klotzbodenbeutel mit Deck- blatt Zell.-Papier	,,	,,	0,05	,,	,,
9	Klotzbodenbeutel mit Deck- blatt 1+2+3	Seid.Pap. 0,024	,,	Seid.Pap. 0,024	,,	,,
10	Klotzbodenbeutel (seiten- verdreht)	Alu 0,01	Zell.Pap. 0,066	—	1+2 verl.	,,
11	Klotzbodenbeutel (seiten- verdreht)	,,	,,	—	,,	heiß- verkl.
12	Klotzboden	Zell.Pap. 0,088	Alu 0,01	Pergamin 0,045	1+2+3 lose	verkl. Dextrin Kleber
13	Klotzboden mit Alu.-Deck- blatt	,,	,,	,,	,,	,,
14	Klotzboden	Kleber	Alu 0,06	Kleber	—	zweiseitig heißverkl.
15	Klotzbodenbeutel mit Alu.- Deckblatt	,,	,,	,,	—	,,
16	Eco.-Packung (Mittelwert aus 40 Pack.)	Holzfr. Chromo- E.Kart.	Alu 0,01	Pergamin	1+2+3	,,
17	Kreuzbodenbeutel (seiten- verdreht)	Zell. +Alu	Pergamin	Duplop.	1+2+3 lose	gekl.

Zeichenerklärung:
A_B = Art des Verschließens des Bodens
Z = Zahl der wasserdampfsperrenden Schichten
Nd_B = Durchgang der Bodennähte mg/cm Tag.
Nl/Bf = Nahtlänge/Bodenfläche cm/dm².

fertigung im ersten Fall für den gesamten Beutel Werte von 2,06 g/m² Tag ($\sigma = 0,44$, $\sigma_M = 0,14$), im zweiten von 4,3 g/m²Tag ($\sigma = 0,72$, $\sigma_M = 0,23$). Der günstige Einfluß einer geringen Papierdicke und die Anwendung einer festen Verbindung wurde in einem Handversuch ge- funden, bei welchem Aluminiumfolie (Mittellage) zwischen 2 × Pergamin leimkaschiert war. Bei einer Gesamtfläche von 5,5 dm² ergab sich (bei paraffinvergossenem 2 × umgebogenem Verschluß) ein Durchgang von 0,79 g/m²Tag ($\sigma = 0,14$, $\sigma_M = 0,05$). Bei maschinell hergestellten Beu- teln (Verschluß nicht vergossen) mit dickem Papier (außen Zellulose- papier 0,07, innen 0,08 bis 0,1 mm) betrug der Gesamtdurchgang 14,3 g/m² Tag. Werte dieser Größenordnung ergeben sich übrigens auch, wenn man übliche Zwiebackbeutel (Pergamin, Aluminiumfolie, Pergamin lose,

Versuche mit Bodenbeuteln

Fläche (dm²)		Wasserdampfdurchgang g/m²Tag			Von Hand gem.	Z	Nahtl. (cm) Boden	Nd_B	Nl/Bf
Ges.	Boden	Ges.	Boden	Plan					
7,2	0,9	14,7	80,7	0	nein	1	14,2	51	16
5,0	0,8	9,7	41,8	0	,,	1	12,6	25,4	16
5,0	0,8	10,5	48,0	0	,,	1	12	31	15
6,3	0,76	5,2	8,3	0	,,	1	13	49	17
—	0,9	—	9,8	0	,,	1	12	7,3	13
—	0,9	—	6,5	0	,,	2	13	4,5	14
—	0,48	—	20,7	0	ja	1	12	8,3	25
—	0,48	—	15,5	0	,,	1	12	6,2	25
—	0,42	—	0,55 bis 0,8	0	,,	3	12	0,19 bis 0,28	29
—	0,42	—	0,17 bis 0,40	0	,,	3	12	0,06 bis 0,14	29
6,3	—	1,48 ±0,54	—	0	nein	1	60	1,5	9,5
4,75	0,8	3,2	21,8	0	ja	2	10	17	12,5

Abkürzungen:

Perg.E.	=	Pergamentersatz.
Alu	=	Aluminium.
Kl.bd.btl.	=	Klotzbodenbeutel.
verkl.	=	verklebt.

Drahtklammerverschluß) entleert und deren Wasserdampfdurchlässigkeit bestimmt. Hält man sie gegen das Licht, so sind aber hierbei an vielen Stellen Verletzungen der Folien zu erkennen.

Auch die Wahl von zwei Lagen Aluminiumfolie stellt kein Allheilmittel vor. Maschinell hergestellte Klotzbodenbeutel aus 10 μ Aluminiumfolie lose verbunden mit 0,04 mm Zellulosepapier und 10 μ Aluminiumfolie (Öffnung umgebogen und mit Paraffin vergossen) ergaben bei einer Oberfläche von 5,3 bis 6,0 dm² Gesamtdurchlässigkeiten zwischen 4,1 und 2,4 g/m²Tag.

Heißverklebung ist günstig (Versuch 11), wirkt sich aber in entscheidendem Maße erst aus, wenn die Aluminiumfolie genügend stark und unmittelbar zweiseitig heißsiegelfähig lackiert ist (Versuch 14 u. 15).

3. Beutelverschlüsse

Bei den vorerwähnten Versuchen wurde vorwiegend die Beutelöffnung verklebt und in Paraffin getaucht, um ihren schlecht kontrollierbaren Einfluß auszuschalten. Der Vollständigkeit halber wurden die Beutelverschlüsse noch einer gesonderten Untersuchung unterworfen.

Der einfachste Fall ist die Versiegelung eines Flachbeutels. Als Packstoff wurde Aluminiumfolie 9 bis 10 μ auf 50 g/m² Kraftpapier leimkaschiert, Aluminiumseite lackiert, verwendet. Bei einer Fläche von 2,3 dm² ergab sich ein Durchgang von 4,2 mg/Tag, bzw. bei einer Nahtlänge von 45 cm ein Nahtdurchgang von 0,046 mg/cm Tag, was bereits früher angegebenen Werten entspricht. Ungünstiger werden die Verhältnisse beim Seitenfaltenbeutel, weil beim Übergang von den vier übereinanderliegenden Lagen auf zwei Lagen Beschädigungen möglich sind. Bei einer mittleren Fläche von 2,1 dm² ergab sich hierbei ein Durchgang von 11,1 mg/Tag, was etwa 0,71 mg/cm Tag entspricht.

Bei geformten Beuteln, insbesondere Bodenbeuteln, kann der Verschluß auf sehr vielfältige Weise ausgeführt werden. Die bekanntesten sind: der Falt-, Roll- und der Harmonikaverschluß. Dazu gibt es noch eine Reihe von Verschlußkombinationen. Die Verschlüsse sind oft lose gefaltet, geklebt, geheftet, gerillt, gepreßt und gesiegelt. Manchmal werden einige dieser Verfahren kombiniert.

Den meisten von ihnen ist mit den Bodenverschlüssen gemeinsam, daß sie wie Spalte aussehen, also eine Überlappungsweite bzw. Luftschchthöhe h, eine Spaltlänge l und Spalttiefe T_i aufweisen. Die Spaltweite umfaßt alle wasserdampfdurchlässigen Schichten. Diese sind, wie

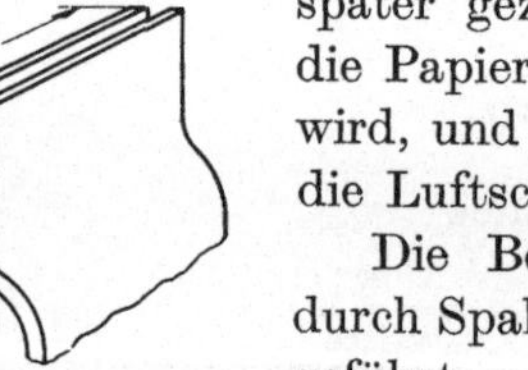

später gezeigt wird, bei verklebten Verschlüssen die Papierschicht, die als Zwischenlage verwendet wird, und bei unverklebten die Papierschicht und die Luftschicht (siehe Abb. 12).

Die Berechnung des Wasserdampfdurchgangs durch Spalte ist später (vgl. Abschn. VIII 1 d) aufgeführt.

Abb. 12

Bei den zur Orientierung durchgeführten Dichtigkeitsversuchen wurde Aluminiumfolie 9 bis 10 μ, kaschiert auf 40 g/m² Zellulosepapier, verwendet. Der obere Verschluß wurde von Hand gefaltet (Harmonikaverschluß, vgl. Abb. 13) und verklebt.

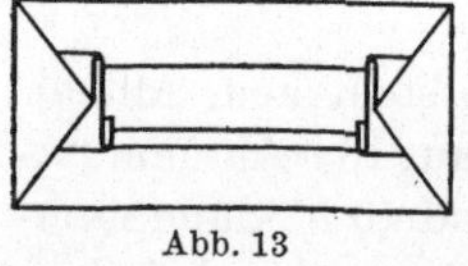

Abb. 13

Bei einer durchschnittlichen Fläche von 1,6 dm² ergab sich für zwei Verschlüsse (oben und unten) ein Durchgang von 233,4 mg/Tag bzw. von 15,4 g/m² Tag, wenn die Papierseite außen lag und von 249,5 mg/Tag bzw. von 14,8 g/m² Tag, wenn die Papierseite innen lag und wenn man in beiden Fällen die restliche Seitennaht nach dem Verkleben mit Paraffin abdeckte.

Weitere Verschlußformen sind in den anliegenden Skizzen dargestellt. Auch hierbei wurden die Verschlüsse nicht verklebt, sondern, wie in der Praxis oft üblich, zweimal umgebogen (Konditorkniff) und mit einem Drahtband verschlossen. Der Wasserdampfdurchgang war bei der Ausführung gemäß Abb. 14 (Flächen 1,35 bis 1,36 dm²), unabhängig davon, ob die Papierseite außen oder innen lag, nämlich für zwei Verschlüsse etwa 230 mg/Tag bzw. 17,0 g/m²Tag. Auch bei diesen Versuchen war die Seitennaht abgedeckt. Bei der Ausführung gemäß Abb. 15 ergab sich für zwei Verschlüsse (Flächen 1,40 bis 1,48 dm²) ein kleiner Unterschied, wenn einmal die Papierseite außen lag — 183 mg/Tag bzw. 13,0 g/m²Tag — und wenn die Aluminiumseite außen lag 220 mg/Tag bzw. 15,8 g/m²Tag. Weiterhin wurden auch noch Beutel aus wetterfestem Zellglas untersucht, wobei der Verschluß durch eine Metallbandschlaufe erfolgte. Hierdurch stieg die Wasserdampfdurchlässigkeit des wetterfesten Beutels von ca. 3 g/m²Tag auf 10 g/m²Tag.

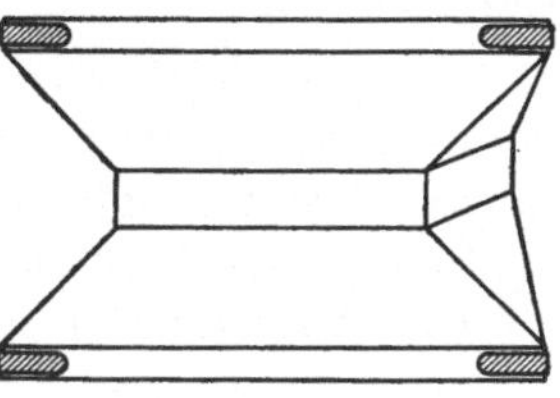

Abb. 14

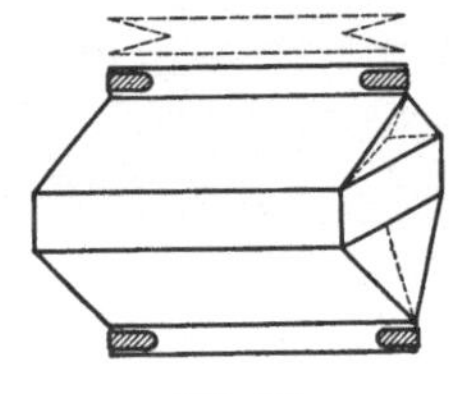

Abb. 15

In allen diesen Fällen sind also die „Spaltverluste" durch den Verschluß besonders in Anbetracht der schonenden Handherstellung beträchtlich. Will man weitgehend dichte Verschlüsse erzielen, so bleibt kein anderer Weg, als eine Heißverklebung anzuwenden. Auf Papier kaschierte Aluminiumfolie, beidseitig heißklebend lackiert, ergab bei einer Verschlußart nach Abb. 16a für die maschinell über einen Klotz geformte Gesamtpackung ohne Abdeckung von Nähten (2,1 dm²) Durchgangswerte von 3,9 mg/Tag bzw. von 0,19 g/m²Tag. Die Beutelbodenausführung dieser Packung stellt Abb. 16b dar. Daß dies kein Ausnahmefall ist, bewiesen Messungen an maschinell hergestellten Bodenbeuteln aus der Kombination 9—10μ Aluminiumfolie leimkaschiert auf 40 g/m² Natronpapier, und zwar die Papier- bzw. die Aluseite mit 20 g/m² Polyäthylen beschichtet. Bei Aluminium innen (dieses beschichtet)

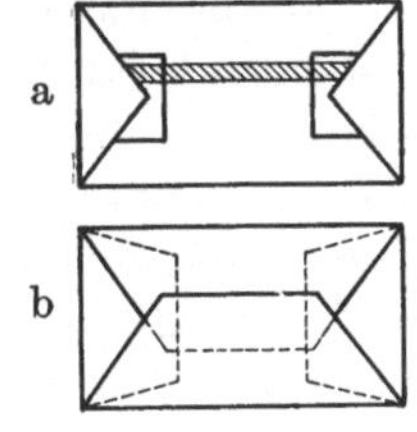

Abb. 16a und b

ergab sich beim sogenannten S- und F-Verschluß (⌐IL) ein mittlerer Durchgang von 4,8 mg/Tag (bzw. 0,35 g/m²Tag) und bei Aluminium außen (Papier beschichtet) von 25 mg/Tag (1,8 g/m² Tag) beim sogenannten Siebler-Verschluß (eingerollt) 36 mg/Tag (2,6 g/m² Tag). Daraus kann gefolgert werden, daß zumindest beim oberen Verschluß auf die Verringerung der Spaltdiffusion viel stärker als bisher geachtet werden muß.

Ergebnisse: Im ganzen ergeben sich bei Bodenbeuteln wesentlich höhere Nahtdurchgangswerte als bei Flachbeuteln, wenn man den Beuteldurchgang auf die gesamte Länge einer Naht bezieht. Die Nähte der Klotzbeutel unterscheiden sich von denen der **Flachbeutel** in zwei **Punkten**, die beide für einen höheren Nahtdurchgang bei den Klotzböden sprechen.

a) Bei den heißgeklebten Flachbeuteln konnte der Wasserdampf nur dann in das Innere des Beutels gelangen, wenn er durch die mehr oder weniger wasserdampfdichte Schicht des Klebers diffundierte (s. Abb. 17). Die Verklebung der Klotz- und Kreuzbodenbeutel war so durchgeführt, daß der Wasserdampf auch direkt durch das wasserdampfdurchlässige Papier in das Innere der Packung gelangen kann (s. Abb. 18).

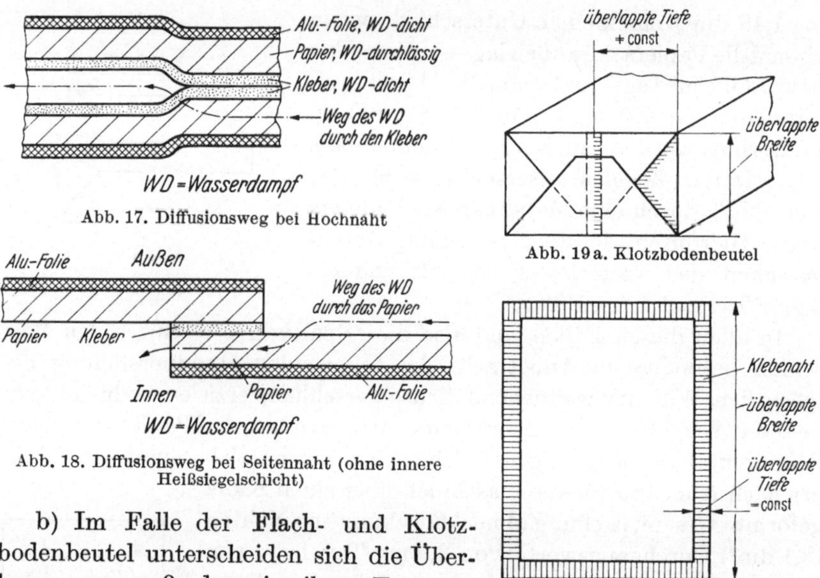

Abb. 17. Diffusionsweg bei Hochnaht

Abb. 18. Diffusionsweg bei Seitennaht (ohne innere Heißsiegelschicht)

Abb. 19 a. Klotzbodenbeutel

Abb. 19 b. Flachbeutel

b) Im Falle der **Flach-** und **Klotz**bodenbeutel unterscheiden sich die Überlappungen außerdem in ihrer Form (s. Abb. 19 a und b). Die Flachbeutel haben eine Überlappung mit parallelen Nähten, so daß ihre Überlappungstiefe überall gleich ist. Bei den Klotzböden ist die Überlappungstiefe über die Überlappungsbreite nicht konstant, weswegen eine Spitzenwirkung zu erwarten ist, wie sie aus der Elektrostatik bei der Potentialverteilung an Spitzen bekannt ist. Bei der geprüften ECO-Packung waren diese beiden Unterschiede gegenüber den Bodenbeuteln nicht vorhanden, und tatsächlich wurde ein relativ kleiner Durchgang pro Flächen- und Nahteinheit gemessen. Ob diese Einflüsse den Unterschied der in Zahlentafel 6 aufgeführten Nahtdurchlässigkeiten gegenüber denen in Zahlentafel 5 und denen der Flachbeutel erklären, kann nicht von vornherein beantwortet werden.

4. Ergänzende praktische Versuche zur Beurteilung der Form- und Nahteinflüsse

Da die vorstehenden Versuche mit Bodenbeuteln vorwiegend unter Verwendung von Aluminiumfolie durchgeführt worden waren, erschien es zur Erzielung einer breiteren Übersicht noch erforderlich in Ergänzung zu den Angaben in Zahlentafel 6 eine größere Zahl von Packungen durchzumessen, bei deren maschinellen Formung über einen Klotz auch andere Werkstoffe verwendet wurden.

a) Vergleich verschiedener Packstoffe bei Formung mit Harmonikaverschluß

α) Beutel aus kaschierter Aluminiumfolie, Papierseite heißklebend lackiert auf Zellulosepapier, Kopf heißgesiegelt und Harmonikafaltung (Fläche 4,4 dm²).

$$\begin{aligned}
&\text{Gesamtpackung} \ldots \quad 3{,}2 \text{ g/m}^2\text{Tag}\\
&\text{Kopfverschluß} \ldots \ldots \quad 33{,}4 \quad \text{,,}\\
&\text{Bodenverschluß} \ldots \quad 2{,}3 \quad \text{,,}
\end{aligned}$$

Ursache des hohen Wertes für den Kopfverschluß: Löcher an den Ecken des Kopfverschlusses und an den Seitenlaschen; diese Werte liegen schon bedeutend günstiger als die Mehrzahl der Werte in Zahlentafel 6, was mit der Formung über einen Klotz zusammenhängt.

β) Beutel aus wetterfestem Zellglas amerikanischer Herkunft, Heißsiegelung des flachgelegten Beutelendes und anschließende Harmonikafaltung (Fläche 1,9 dm²).

$$\begin{aligned}
&\text{Gesamtpackung} \ldots \quad 5{,}0 \text{ g/m}^2\text{Tag}\\
&\text{Kopfverschluß} \ldots \ldots \quad 6{,}4 \quad \text{,,}\\
&\text{Bodenverschluß} \ldots \quad 35{,}9 \quad \text{,,} \qquad 2.\text{ Messung } 20{,}7 \text{ g/m}^2\text{Tag}\\
&\text{Planwert} \ldots \ldots \ldots \quad 0{,}7 \quad \text{,,}
\end{aligned}$$

Anscheinend herrschte beim Bodenverschluß nicht die optimale Siegeltemperatur, vermutlich war auch an den fünflagigen Stellen die Durchsiegelung mangelhaft. Die Festigkeit der Seitennähte war gering.

γ) Beutel aus wetterfestem Zellglas (englisches Erzeugnis), Kopfverschluß mit Spezialfaltung und anschließender Heißsiegelung (Fläche 3,9 dm²).

$$\begin{aligned}
&\text{Gesamtpackung} \ldots \quad 4{,}3 \text{ g/m}^2\text{Tag}\\
&\text{Kopfverschluß} \ldots \ldots \quad 6{,}0 \quad \text{,,}\\
&\text{Bodenverschluß} \ldots \quad 9{,}7 \quad \text{,,}\\
&\text{Planwert} \ldots \ldots \ldots \quad 0{,}8 \quad \text{,,}
\end{aligned}$$

Daß der Wert für den Bodenverschluß ungünstiger ist als für den Kopfverschluß, ist verständlich, da letzterer ja ungleich einfacher ist. Die Seitennähte waren hier relativ fest.

δ) Beutel aus Pliofilm, am Kopf verschweißt (Fläche 4,4 dm²).

$$\begin{aligned}
&\text{Gesamtpackung} \ldots \quad 1{,}9 \text{ g/m}^2\text{Tag}\\
&\text{Bodenverschluß} \ldots \quad 2{,}2 \quad \text{,,}\\
&\text{Kopfverschluß} \ldots \ldots \quad 6{,}2 \quad \text{,,}
\end{aligned}$$

Zahlentafel 7. *Wasserdampfdurchlässigkeit von Beuteln aus*

Bezeichnung	Planwert in g/m²Tag (Mittelwert)	Ganzer Beutel	
		Fläche in dm²	Durchgang in g/m²Tag
a) Helles kanadisches Wachspapier (*nicht* heißsiegelfähig)	1,11	1,67	7,06 4,07 —
b) Dunkles kanadisches Wachspapier (*nicht* heißsiegelfähig)	0,43	1,71	0,87 1,04 —
c) Pergamin, beidseitig beschichtet, bedruckt (heißsiegelfähig)	1,37	1,83	8,07 8,30 7,26
d) Englisches Duplopapier mit Wachszwischenschicht (einseitig etwas heißsiegelfähig)	0,51	1,82	8,76 6,00 —
e) Englisches Duplopapier mit Wachszwischenschicht (einseitig heißsiegelfähig)	0,42	1,82	1,78 1,33 4,03
f) Alufolie[1] wachskaschiert, heißsiegelfähig (auf Papier), unbedruckt, Gesamtdicke 55 μ, Alufolie etwa 9 μ	0	1,69	8,84 5,57 11,8
g) Alufolie, heißsiegelfähig (auf Papier) wachskaschiert, bedruckt, Gesamtdicke 84 μ, Alufolie etwa 11 μ, Duplowachspapier (Pergamentersatzpapier + Kaschierseide)	0	1,82	1,12 2,06 1,6
h) Alufolie wachskaschiert (etwas heißsiegelfähig, auf Papier), Gesamtdicke 45 μ, Alufolie etwa 9 μ	0	1,66	3,71 3,32
i) Englische Alufolie wachskaschiert (gut heißsiegelfähig auf Papier), Gesamtdicke 47 μ, Alufolie 10 bis 11 μ	0 0	1,66	4,69 2,41
k) Englische Alufolie wachskaschiert (etwas heißsiegelfähig auf Papier), Gesamtdicke 44 μ, Alufolie 10 μ	0		4,53 5,08

[1] Bei den Proben mit Aluminiumfolie lag diese immer außen.

Bei dem Wert für den Kopfverschluß dürfte es sich um ein Zufallsergebnis handeln, da er verdrillt war.

ε) Beutel wie γ, jedoch Innenseite mit Kakaopulver verstaubt, Heißsiegelung der verstaubten Öffnung!

     Gesamtpackung ... 62,4 g/m²Tag
     Kopfverschluß 94,1   ,,
     Bodenverschluß ... 42,9   ,,   2. Versuch 15,6[1] g/m²Tag
     Planwert 89,5   ,,   2. Versuch 5,6[1]   ,,

[1] Berührungszeit mit Kakao 14 Tage; beim ersten Versuch Einwirkungszeit des Kakaos unbekannt, aber sicher viel länger.

mit Paraffin beschichteten bzw. kaschierten Papieren

Bodenprüfung Durchgang in		Prüfung des Verschlusses, Durchgang		Bemerkungen
mg/Tag	g/m²Tag	in mg/Tag	in g/m²Tag	
9,98	1,43	42,2	6,65	Harmonikaverschluß, nur gefaltet
2,37	0,37	24,4	3,13	Harmonikaverschluß, nur gefaltet, sehr weiches Papier, langer oberer Faltverschluß, Boden gut verklebt
10,9	1,65	29,0	3,90	Seitennaht, z. T. nicht gut versiegelt, oben und unten *überhitzte* Siegel-
12,8	1,78	39,9	6,15	naht
13,3	2,05	48,1	7,00	Siegelung ziemlich *schwach*
7,57	1,13	18,45	2,85	Gut versiegelt, aber Boden nicht völlig sauber (Faltenbildung), Bodenklebstelle spröde
7,03	1,05	37,3	5,94	Das Seidenpapier sitzt nur lose,
2,60	0,39	72,6	11,26	Wachslage auf der Folie
4,94	0,76	20,1	3,10	Kaum Löcher, Seitenklebung mittelfest
63,4	9,52	25,2	3,88	Leicht verletzbar, Siegelung unterschiedlich fest, am Boden Profil-
67,8	9,99	20,0	3,22	abdruck
		Eckenlöcher		
10,75	1,61	5,36	0,86	Klebung ziemlich gut
		18,8	3,03	
12,30	1,92	13,7	2,08	Kaschierseide leicht zerreißbar, Alu-
		20,0	3,1	folie häufig verletzt

Die hohen Werte lassen darauf schließen, daß durch die Kakaoberührung die Wasserdampfdichtigkeit des Zellglases beeinflußt wird. Da bekannt ist, daß die Berührung mit ölhaltigen Lebensmitteln die Wasserdampfdurchlässigkeit der paraffinhaltigen Lackschicht (Paraffin ist wahrscheinlich Deckschicht) bedeutend erhöht, mußte diese Möglichkeit in Betracht gezogen werden. Bedenkt man aber, daß das Zellglas selbst öldicht ist, also bei der Füllung eines Beutels mit Kakao höchstens die Wasserdampfdichtigkeit einer Seite in Fortfall kommen könnte, erscheint die Steigerung der Wasserdampfdurchlässigkeit viel zu hoch (vgl. S. 115).

Die günstigsten Werte wurden mit Pliofilm und mit Aluminiumfolie erzielt. Die schwache Stelle zumindest bei Aluminiumfolie ist der Kopfverschluß, wo bei der Faltung in der Maschine Schäden auftreten können. Beim Zellglas dürften sich die optimalen Bedingungen bei der Siegelung der zum Teil in fünffach übereinander liegenden Schichten am Klotzbodenbeutel schlecht beherrschen lassen.

b) Wachspapiere, Wachskaschierungen, teilweise mit Aluminiumfolie (Harmonikaverschluß)

Eine große Gruppe von wasserdampfdichten Packstoffen sind die mit Wachs kaschierten Papiere. Beutel mit der gleichen Maschine aus solchen Packmaterialien hergestellt, wurden ebenfalls in der gleichen Weise untersucht. Das Ergebnis ist in Zahlentafel 7 zusammengestellt. Durch Vergleich der Planwerte mit denen der fertigen Beutel ergibt sich für die Papiere ohne Aluminiumfolie, daß die Wasserdampfdurchlässigkeit des verwendeten Materials, solange es nur unter $1 \text{ g/m}^2\text{Tag}$ liegt, von sekundärer Bedeutung ist. In allen Fällen war die Durchlässigkeit des Verschlusses größer als die des Bodens. Bei a, b und c hätte sich durch Verbesserung des Verschlusses eine wesentliche Verbesserung der Gesamtpackung erreichen lassen. Bei den Packungen c und insbesondere bei d ist aber die Seitenversiegelung der schwächste Punkt und erst in zweiter Linie der Verschluß (ungenaue Siegelbedingungen?).

Die beste Packung unter Verwendung von Aluminiumfolie (g) kam in ihrer Wasserdampfdichtigkeit der Packung (b) nahe. Innerhalb dieser Gruppe war in einem Fall die Durchlässigkeit des Bodens merklich höher als die des oberen Verschlusses, was möglicherweise mit einer ungenauen Kontrolle der Heißsiegelbedingungen zusammenhängt; in einem Falle waren Schäden durch zu scharfe Profilierung des Siegelbackens offensichtlich. Die Probe (f) zeigte den Fehler, daß die Kaschierseide auf der Folie zu schlecht haftete, was sich beim oberen Verschluß besonders auswirkte. Insoweit beim oberen Verschluß zu ungünstige Werte erzielt wurden, war dies im wesentlichen durch die Verletzung der Aluminiumfolie im Verarbeitungsvorgang bedingt. Anscheinend erhöht sich diese Gefahr, wenn die Wachskaschierung nicht ausreichend fest ist. In diesen Fällen (f, k) treten auch Verletzungen im Rumpfteil in den Vordergrund. Die Verletzbarkeit wirkte sich bei der Kombination mit relativ dampfdichtem Duplopapier (g) am wenigsten aus. Generell ist aber eine Besserung nur zu erwarten, wenn die Formung und der Verschluß in der Maschine schonender vorgenommen werden und der Regelung der Siegeltemperatur erhöhte Aufmerksamkeit zugewandt wird.

Der Vollständigkeit halber wurden auch noch zwei Beutel amerikanischer Fertigung (Kard-O-Pack und Flav-O-Tainer) untersucht, die aus Zellulosepapier hergestellt waren, das lose mit Pliofilm verbunden war. Im ersten Fall handelt es sich um einen etwas variierten Klotzbodenbeutel, bei dem der Bodenspalt nicht offen ist, sondern so weit überlappt, daß ein Heißsiegelverschluß gebildet werden kann. Im zweiten Fall war es ein Flachbeutel mit Seitenfalten, dessen Boden ein gewisses Stehvermögen garantiert (vgl. Abb. 11g, Flachbeutel mit Seitenfalten als Bodenbeutel ausgebildet). Nach dem Umbiegen der Verschlüsse und deren Vergießen mit Paraffin ergab sich im ersten Fall (Fläche 3,7 dm²) ein Durchgangswert von 3,07 g/m²Tag, im zweiten Fall (3,6 dm²) von 2,3 g/m²Tag. Die Werte entsprechen also in etwa dem auf einer langsamer laufenden Maschine gemäß Position $a\delta$ S. 59), wobei aber der Kopfverschluß nicht vergossen war.

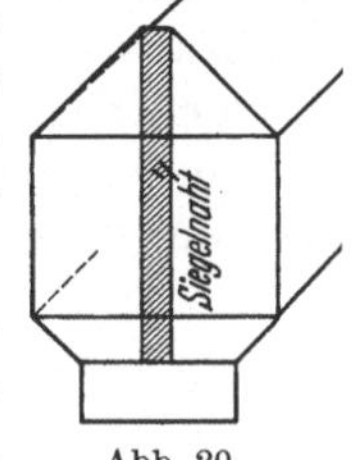

Abb. 20
Kard-O-Pack

In allerletzter Zeit sind erstmalig auch von amerikanischer Seite Meßergebnisse über die Wasserdampfdurchlässigkeit fertiger Packstücke unter Verwendung von Aluminiumfolie vorgelegt worden [33]. Sie ergaben, daß es sehr viel ungünstiger ist, das wasserdampfdichte Material außen an der Schachtel anzubringen als innen in Form eines Einsatzbeutels, da gegen die nachgiebige Kartonwand schlecht zu siegeln ist. Mit Aluminiumfolie volletikettierte Wickelzylinder ergaben noch ungünstigere Werte, was wahrscheinlich darauf zurückzuführen ist, daß ein dichter Abschluß zwischen Blechenden und Folie Schwierigkeiten bereitet. Im einzelnen wurde aber den Ursachen der erzielten Ergebnisse nicht nachgegangen.

Im ganzen ergibt sich aus dem vorliegenden Material, daß für die Erhöhung des Wasserdampfdurchganges maschinell geformter Beutel gegenüber dem Planwert zwei Einflüsse ausschlaggebend sind: Verletzung des Materials, besonders ausgeprägt bei Aluminiumfolie, und Durchgang durch Nahtstellen.

Um bei der Vorausberechnung von Packungen von Zufälligkeiten unabhängiger zu werden, wurden diese Einflüsse einer gesonderten Untersuchung unterworfen.

Die nachfolgenden Abschnitte beziehen sich auf Aluminiumfolie, da bei der Untersuchung des Wasserdampfdurchganges durch Klebenähte und Poren der Planwert zweckmäßigerweise sehr viel kleiner sein muß, als der Einfluß dieser Störstellen. Dieser Werkstoff ist außerdem nicht nur wegen seiner allgemeinen Verbreitung besonders interessant, sondern auch, weil er infolge seiner geringen Bruchdehnung auch — etwa im Gegensatz zu Polyäthylen — besonders knickempfindlich ist. Außerdem läßt er sich kaschieren, verkleben und bei geeigneter Beschichtung heißsiegeln, so daß alle diese Einflüsse studiert werden können. Dies ist ein versuchstechnischer Vorzug gegenüber Papieren, die durch Paraffine bzw. Kunststoffe ihre wasserdampfdichte Barriere erhalten. Die Schichtdicke und Zusammensetzung der Paraffine oder anderer Schichtstoffe ist zudem meist nur unzureichend definiert.

VI. Studium von Einzeleinflüssen bei Aluminiumfolie

1. Bestimmung des Wasserdampfdurchganges durch verklebte parallele Überlappungen

Abb. 21 stellt einen schematischen, jedoch stark verzerrten Schnitt durch eine Klebenaht dar. Demnach besteht die durchlässige Schicht auf beiden Seiten aus dem auf Aluminiumfolie kaschierten Papier, welches den Kleber trägt, und zum Teil vom Kleber durchtränkt ist, sowie aus einer reinen Kleberschicht. Diese Schichten liegen zueinander parallel und sind senkrecht zur Richtung des Stofftransportes angeordnet (vgl. Abb. 21). Sie sind daher als nebeneinanderliegende Elemente aufzufassen, deren Durchlässigkeiten sich näherungsweise addieren. Die Gesamtdurchlässigkeit dieser Elemente ist somit:

$$Q_{\text{ges}\,\parallel} = Q_P + Q_{P+k} + Q_k \left(\frac{\text{g}}{\text{Tag}}\right)$$

$Q_{\text{ges}\,\parallel}$ = Gesamtdurchgang, wenn nur die zueinander parallel liegenden Elemente gegeben sind (vgl. Abb. 21).

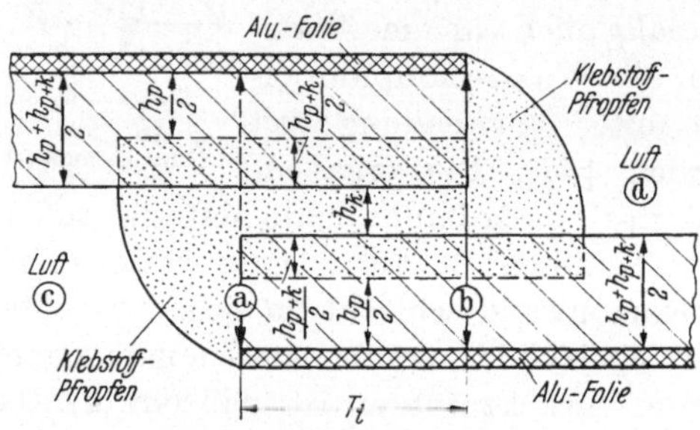

Abb. 21. Bild einer Klebenaht.

Bei $Q_{\text{ges}\,\parallel}$ liegt der Diffusionsweg zwischen (a) und (b)
bei Q_{ges} liegt der Diffusionsweg zwischen (c) und (d)
bei Q_β liegt der Diffusionsweg zwischen (c) und (a) sowie (d) und (b)

h_k = Schichthöhe des Klebers
h_P = Schichthöhe des verbleibenden Papiers
h_{P+k} = Schichthöhe d. kleberdurchtränkt. Papiers
$h_P + h_{P+k}$ = Gesamtschichthöhe des Papiers
T_i = Überlappungstiefe.

Nach Gl. (3) ist der Durchgang durch jedes einzelne Element proportional der Fläche senkrecht zur Durchgangsrichtung und umgekehrt proportional der Tiefe der Schicht in Richtung des Stofftransportes. Die Tiefe der Schicht entspricht bei diesen nebeneinanderliegenden Elementen der Überlappungstiefe T_i. Die Fläche senkrecht zur Stofftransportrichtung eines jeden Elementes ist $h \cdot l$. (l = Länge der Naht senkrecht zur Zeichenebene in Abb. 21.) Somit lautet obige Gleichung auch:

$$Q_{\text{ges}\,\parallel} = \frac{l \cdot \Delta\varphi}{T_i} \left(P_P h_P + P_{P+k} h_{P+k} + P_k h_k\right) \qquad (25)$$

Dabei ist:
$$h_P + h_{P+k} + h_k = h_{\text{ges}}.$$

und $\triangle\varphi$ das bei der Messung des Nahtdurchgangs verwendete Gefälle der relativen Feuchtigkeit.

Die durch diese Elemente diffundierende Menge ist also nicht direkt proportional der gesamten Schichthöhe h_{ges}; sie ist jedoch umgekehrt proportional der Spalttiefe. Um einigermaßen reproduzierbare Werte zu erhalten, wurde darauf geachtet, daß annähernd gleiche Mengen

Kleber aufgetragen wurden. Die Proben wurden von einer Rolle entnommen und mit einem Tolimeter nach Leitz überprüft, wobei sich ergab, daß die Papierstärke innerhalb einer Rolle nur wenig schwankte.

Der Durchgang des Wasserdampfes wird außer durch diese Elemente noch durch einen Klebstoffpfropfen an jedem Ende der Überlappung gehemmt. Die Entstehung dieses Klebstoffpfropfens ist darauf zurückzuführen, daß der Klebstoff beim Zusammenpressen der beiden Lappen nach außen gedrückt wird. Er kann die Öffnung zwischen den beiden wasserdampfundurchlässigen Aluminiumfolien über die ganze oder einen Teil der Nahtlänge mehr oder weniger schließen und dadurch den Durchgang zusätzlich behindern, wenn er selbst undurchlässiger als das Papier ist. Die Dicke des Pfropfens, die in Abb. 21 der Deutlichkeit wegen übertrieben groß dargestellt worden ist, ist wesentlich kleiner, als die Überlappungstiefe T_i. An diesen Klebstoffpfropfen schließt sich die Grenzschicht der atmosphärischen Luft an, die noch einen zusätzlichen Diffusionswiderstand bietet.

Der Spalt, der Klebstoffpfropfen und die Luftgrenzschicht sind in Richtung des Stofftransportes angeordnet und deshalb als hintereinanderliegende Elemente zu betrachten (vgl. Abb. 21). Für diese gilt, daß der reziproke Wert des Gesamtdurchgangs gleich der Summe der reziproken Werte der Einzeldurchgänge ist. (Es addieren sich die Durchgangswiderstände.)

$$\frac{1}{Q_{\text{ges}}} = \frac{1}{Q_{\text{ges }\parallel}} + \frac{1}{Q_{Kpf}} + \frac{1}{Q_L}$$

Index L = Luft; Index Kpf = Klebstoffpfropfen (für beide Seiten); Q_{ges} = tatsächlicher Gesamtdurchgang (vgl. Abb. 21).

Wenn die Schichtdicke selbst nicht angegeben werden kann, gibt man die durchgehende Wasserdampfmenge in Form folgender Gleichung an:

$$Q = \beta \cdot F \cdot \varDelta\varphi \tag{26}$$

wobei F auf eine bestimmte Ausgangsfläche bezogen wird und β die vom Feuchtigkeitsgefälle unabhängige Stoffübergangszahl vorstellt; $\varDelta\varphi$ ist wieder das Feuchtigkeitsgefälle bei der Messung des Nahtdurchgangs.

β hat die Dimension:

$$\frac{\text{Gasmenge}}{\text{Fläche} \cdot \text{Zeit} \cdot \text{Feuchtigkeitsgefälle}}$$

Setzt man $F = h_{\text{ges}} \cdot l$, so ergibt sich im vorliegenden Fall:

$$Q_L = \beta_L \cdot h_{\text{ges}} \cdot l \cdot \varDelta\varphi$$

$$Q_{Kpf} = \beta_{Kpf} \cdot h_{\text{ges}} \cdot l \cdot \varDelta\varphi$$

Setzt man $Q_{\text{ges}\,\|}$ und die Ausdrücke für Q_L und Q_{Kpf} in den Ausdruck für Q_{ges} ein, so ergibt sich gem. Gl. 25

$$\frac{1}{Q_{\text{ges}}} = \frac{T_i}{l \cdot \Delta\varphi} \, \frac{1}{P_p \cdot h_P + P_{P+k}\, h_{P+k} + P_k\, h_k} + \frac{1}{\beta_L \cdot h_{\text{ges}} \cdot l \cdot \Delta\varphi} +$$
$$+ \frac{1}{\beta_{Kpf} \cdot h_{\text{ges}} \cdot l \cdot \Delta\varphi} \tag{27}$$

Es kann angenommen werden, daß sich die gesamte Schichtdicke nur wenig von Probe zu Probe ändert, und daß der tatsächliche Gesamtdurchgang für kleine Änderungen der gesamten Schichtdicke in erster Näherung dieser direkt proportional ist. Setzt man in Gl. (25)

$$P_P \cdot h_P + P_{P+k}\, h_{P+k} + P_k \cdot h_k = P_{\text{ges}\,\|}\, h_{\text{ges}} \tag{28}$$

so ist

$$\frac{1}{Q_{\text{ges}}} = \frac{1}{l \cdot \Delta\varphi \cdot h_{\text{ges}}} \left(\frac{T_i}{P_{\text{ges}\,\|}} + \frac{1}{\beta_L} + \frac{1}{\beta_{Kpf}} \right)$$

oder

$$\frac{l}{Q_{\text{ges}}} = \frac{1}{\Delta\varphi \cdot h_{\text{ges}}} \left(\frac{T_i}{P_{\text{ges}\,\|}} + \frac{1}{\beta_L} + \frac{1}{\beta_{Kpf}} \right)$$

Dabei kann zusammenfassend ersetzt werden

$$\frac{\Delta\varphi \cdot h_{\text{ges}}}{\dfrac{1}{\beta_L} + \dfrac{1}{\beta_{Kpf}}} = Q_\beta \quad \text{und} \quad P_{\text{ges}\,\|} \cdot \Delta\varphi \cdot h_{\text{ges}} \equiv Q_{\,|} \tag{29}$$

also

$$\boxed{\frac{l}{Q_{\text{ges}}} = \frac{T_i}{Q_{\|}} + \frac{1}{Q_\beta}} \tag{30}$$

Q_β gibt an, welche Gasmenge pro Nahtlängeneinheit allein auf Grund des Stoffüberganges durch die Überlappung diffundiert, wenn nur der Widerstand des Klebepfropfens und der daran angrenzenden Luftgrenzschicht gegeben ist. (Überlappungstiefe = Null; vgl. Abb. 21.)

$Q_{\|}$ gibt an, welche Gasmenge pro Nahtlängeneinheit durch die Überlappung von 1 cm Tiefe (T_i) diffundieren würde, wenn nur die parallel liegenden Elemente der eigentlichen Überlappung ohne den Klebepfropfen und die Atmosphäre gegeben wären. Aus $Q_{\|}$ errechnet sich der Permeationskoeffizient P_{ges}, der parallel liegenden Elemente der eigentlichen Überlappung nach Gl. (29a).

α) Bestimmung des Wasserdampfdurchgangs durch Verschlußnähte

Die Gl. (28) bzw. (29) und (30) können auch zur Berechnung von Kopfverschlüssen verwendet werden, wenn diese geleimt sind, da dieser Verschluß dann nichts anderes als eine Klebenaht ist (vgl. hierzu S. 56 und 109).

Ist der Kopfverschluß *nicht* geleimt, so besteht die Naht aus einer Luft- und zwei Papierschichten — die Permeationskoeffizienten von Luft und von Papier sind von der gleichen Größenordnung — weswegen die Luft- und die beiden Papierschichten berücksichtigt werden müssen

Ist die Schichthöhe der Luft h_L, ihr Permeationskoeffizient P_L, die Höhe der beiden Papierschichten h_P und der Permeationskoeffizient des Papieres P_P, so lautet Gl. (28) für den ungeleimten Verschluß:

$$P_P \cdot h_P + P_L \cdot h_L = P_{\text{ges} \parallel} h_{\text{ges}} \tag{28a}$$

Da $\beta_{Kpf} = \infty$ ist, ergibt sich in diesem Fall für Q_β

$$Q_\beta = \beta_L \cdot h_{\text{ges}} \cdot \Delta \varphi \text{ und } P_{\text{ges} \parallel} \cdot \Delta \varphi \cdot h_{\text{ges}} = Q_\parallel \tag{29a}$$

Damit kann Gl. (30) auch für den nicht geleimten Kopfverschluß verwendet werden, und es ergibt sich im Zusammenhang mit (28a) und (29)

$$\frac{l \cdot \Delta \varphi}{Q_{\text{ges}}} = \frac{T_i}{P_P \cdot h_P + P_L \cdot h_L} + \underbrace{\frac{1}{\beta \, (h_L + h_P)}}_{h_{\text{ges} \parallel}} \tag{30a}$$

Dabei kann das zweite Glied gegen das erste immer vernachlässigt werden, wenn die Überlappungstiefe $T_i \gg h_{\text{ges} \parallel}$ ist. Setzt man außerdem $P_P = P_L$, so ergibt sich für Gl. (30a)

$$\frac{l \cdot \Delta \varphi}{Q_{\text{ges}}} = \frac{T_i}{P_L \cdot h_{\text{ges} \parallel}} \tag{30b}$$

β) **Anwendung des Ergebnisses (Gl. 30) auf Klebenähte**

Für h_{ges} wurde die gesamte Stärke des Papiers eingesetzt, welche in jedem Falle aus dem Flächengewicht über das spezifische Gewicht errechnet wurde (Zahlentafel 8).

Nimmt man an, daß sich Q_β von Probe zu Probe nicht ändert, so erhält man eine Gerade, wenn man entsprechend Gl. (30) l/Q_{ges} gegen T_i aufträgt. Die Neigung dieser Geraden ergibt $\dfrac{1}{Q_\parallel}$, der Ordinatenabschnitt $\dfrac{1}{Q_\beta}$. Je größer der Ordinatenabschnitt ist, desto größer ist der Diffusionswiderstand der Luft und des Klebstoffpfropfens, je größer die Neigung, desto größer der Widerstand der eigentlichen Überlappung.

In Abb. 22a und b ist l/Q_{ges} gegen T_i für die Versuche 18 mit 21 und Versuch 25 aufgezeichnet. Diese Diagramme zeigen, daß beim Dextrinkleber und Henkelleim A 22 ED ein Einfluß des Diffusionswiderstandes der Luft und Klebstoffpfropfen erkennbar ist, der außerhalb des Streubereiches liegen dürfte. Dieser Einfluß ist jedoch schon klein gegenüber dem der eigentlichen Überlappung, wenn die Überlappungstiefe nur 0,5 cm beträgt. In den übrigen Versuchen ist daher $\dfrac{1}{Q_\beta} = 0$ gesetzt worden, so daß die Werte von $Q_\parallel$ aus Versuchen mit einheitlicher Überlappungstiefe — 1 cm — gewonnen werden konnten.

Die Versuche mit Henkelleim A 22 ED, eingetragen in Zahlentafel 8 unter der Nr. 22 mit 33, waren Häufigkeitsversuche. Die damit erzielten Ergebnisse sind in Abb. 23a und b dargestellt. Angegeben sind in diesen Diagrammen die Blindwerte, wenn keine Überlappung gegeben war, sowie die Werte für 1 cm Überlappung als Mittelwerte zusammen mit ihren Streuungen σ. In Zahlentafel 8 sind die Werte von Q_β, $Q_\parallel$ und $Q_{\text{ges }\parallel}$ zusammengestellt. Der Permeationskoeffizient des reinen Papiers

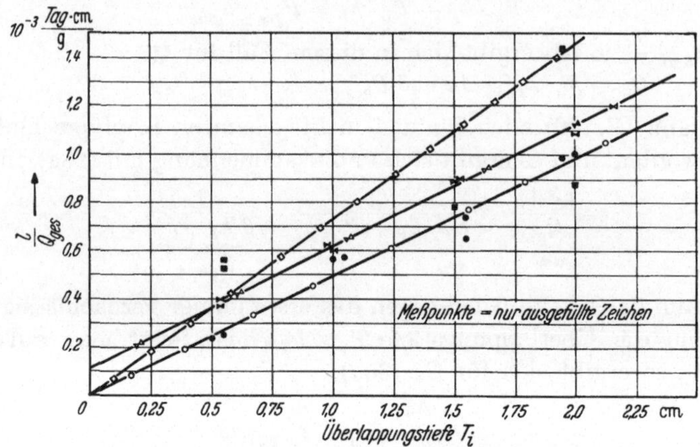

Abb. 22a. Abhängigkeit von l/Q_{ges} von der Überlappungstiefe (T_i).

  □ Acronal verd.   Papierstärke 176 μ;
  ○ Acronal unverd. Papierstärke 176 μ;
  ▶◀ Dextrin   Papierstärke 264 μ

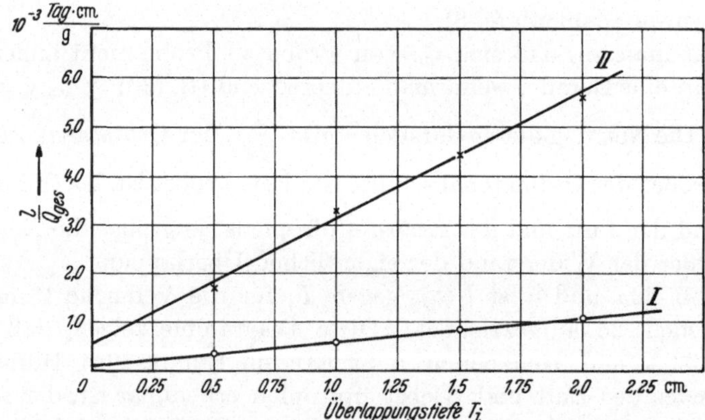

Abb. 22b. Abhängigkeit von $\dfrac{l}{Q_{\text{ges}}}$ von der Überlappungstiefe (T_i) gemäß Gl. (30)

I Henkelleim A 22 ED, Papierstärke 132 μ, leimkaschiert; II Dextrin, Papierstärke 88 μ

(P_P) und der des Henkel-Leims A 22 ED, des Acronal- und des Dextrinklebers sind zum Vergleich in Zahlentafel 8 eingetragen worden (Nr. 34, 35, 36, 37).

Der Permeationskoeffizient des Papiers hängt vom mittleren Porenradius des Papieres und von der relativen Feuchtigkeit ab. Zur Beurteilung der Klebenähte war es notwendig, gleiches Papier und gleiches

Zahlentafel 8. *Bestimmungsgrößen der Klebenähte mit 10 μ Aluminiumfolie als WD-sperrende Schicht*

Vers. Nr.	Schichtfolge	Gesamte Schichthöhe des Papiers $h_p + h_{p+k}$	Kleber	Kaschier-mittel	$Q_\parallel$	Q_β	P_{ges}	h_{p+k}	$\dfrac{h_{p+k}}{h_{p+k}+h_p}$	Bemerkung
Maße in [μ]					$\dfrac{\text{mg cm}}{\text{cmTag}}$	$\dfrac{\text{mg}}{\text{cmTag}}$	$\dfrac{\text{g } 100\,\mu}{\text{m}^2\text{Tag}}$	μ	%	
18	Alu-Pap. 88-Kl.-Pap. 88-Alu	176	Acronal unverd.	—	2,05	∞	$1,16 \cdot 10^5$	35	20	
19	Alu-Pap. 88-Kl.-Pap. 88-Alu	176	Acronal verd.	—	1,5	∞	$0,86 \cdot 10^5$	60	34	
20	Alu-Pap.132-Kl.-Pap.132-Alu	264	Dextrin Kleber	—	2,0	9,3	$0,75 \cdot 10^5$	150	52	
21	Alu-Pap. 44-Kl.-Pap. 44-Alu	88	,,	—	0,36	6,0	$0,41 \cdot 10^5$	57	65	
22	Alu-Pap. 44-Kl.-Pap. 44-Alu	88	Henkelleim A 22 ED	Leim	0,24	—	$0,273 \cdot 10^5$	71	81	
23	Pap. 44-Alu-Kl.-Pap. 44-Alu	44	,,	,,	0,067	—	$0,15 \cdot 10^5$	40	> 90	nahe d. Fehlergrenze
24	Pap. 44-Alu-Kl.-Alu-Pap. 44	0	,,	,,	0,022	—	—	—	—	,,
25	Alu-Pap. 66-Kl.-Pap. 66-Alu	132	,,	—	0,68	5,0	$0,52 \cdot 10^5$	84	64	
26	Pap. 66-Alu-Kl.-Pap. 66-Alu	66	,,	,,	0,3	—	$0,45 \cdot 10^5$	45	69	
27	Pap. 66-Alu-Kl.-Alu-Pap. 66	0	,,	,,	0,022	—	—	—	—	nahe d. Fehlergrenze
28	Alu-Pap. 44-Kl.-Pap. 44-Alu	88	,,	Wachs	0,03	—	~ 0	44	> 98	,,
29	Alu-Pap. 44-Kl.-Alu-Pap. 44	44	,,	,,	~ 0	∞	~ 0	44	≈ 100	,,
30	Pap. 44-Alu-Kl.-Alu-Pap. 44	0	,,	,,	~ 0	∞	—	—	—	,,
31	Alu-Pap. 66-Kl.-Pap. 66-Alu	132	,,	,,	0,28	—	$0,22 \cdot 10^5$	111	84	,,
32	Pap. 66-Alu-Kl.-Pap. 66-Alu	66	,,	,,	0,09	—	0,13	60	> 91	,,
33	Pap. 66-Alu-Kl.-Alu-Pap. 66	0	,,	,,	~ 0	∞	—	—	—	,,
34	Kleber A 22 ED allein . . .	—	—	—	—	—	$1 \cdot 10^2$	—	—	
35	Kleber Acronal allein . . .	—	—	—	—	—	6	—	—	
36	Dextrinkleber	—	—	—	—	—	$5 \cdot 10^2$	—	—	
37	Papier allein	—	—	—	—	—	$1,5 \cdot 10^5$	—	—	

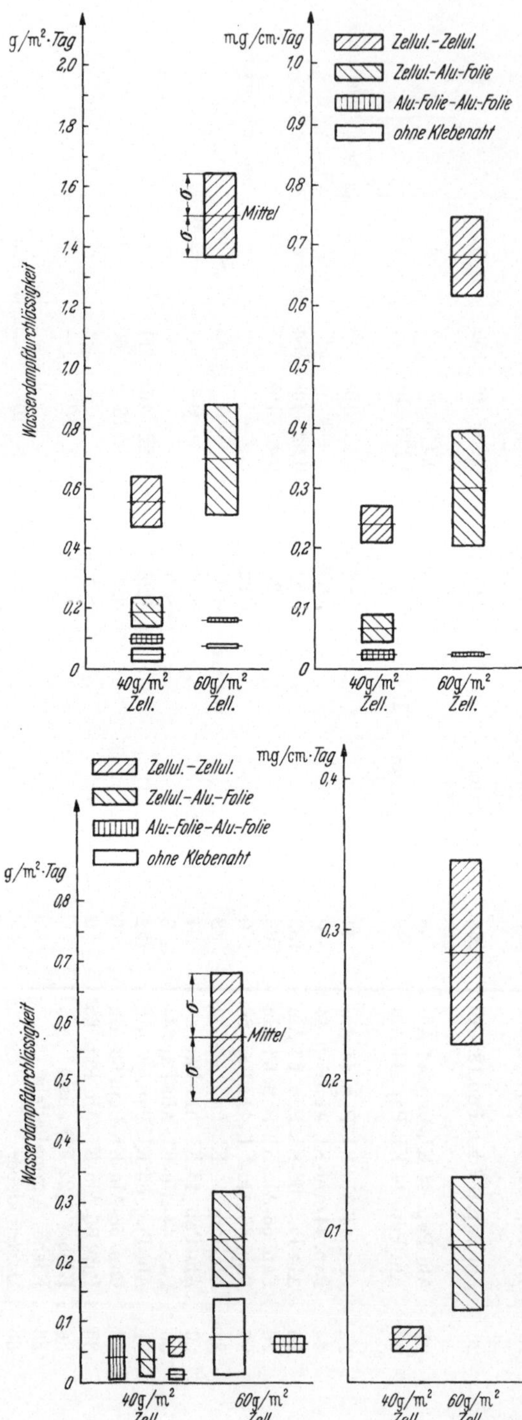

Abb. 23a. Graphische Darstellung des Wasserdampfdurchganges durch Klebenähte von 1 cm Breite für Alu-Folie (10 μ) leim kaschiert auf Zellulosepapier von 40 g/m² bzw. 60 g/m²; geklebt mit Henkelleim A 22 ED

Gefälle der relativen Feuchtigkeit zu verwenden. Für den Permeationskoeffizienten des Papiers wurde der Permeationskoeffizient von einem Papier mittleren Mahlgrades eingesetzt. Der Permeationskoeffizient des Henkel-Leims A 22 ED und des Acronal- und Dextrinklebers (P_k) konnte für sich bestimmt werden, indem die Durchlässigkeit einer daraus geformten Folie im plastischen Zustand mittels der Schalenmethode ermittelt wurde. Es ergibt sich aus den Messungen, daß der Dextrinkleber die höchste, der Acronalkleber die geringste Wasserdampfdurchlässigkeit aufweist. Die Durchlässigkeit des Papiers ist aber noch weit höher als die des Dextrinklebers.

Die Gl. (28) gibt an, wie sich der Permeationskoeffizient $P_{\text{ges}\,\|}$ zusammensetzt. Er ist die

Abb. 23b. Graphische Darstellung des Wasserdampfdurchganges durch Klebenähte von 1 cm Breite für Alu-Folien (10 μ) wachskaschiert auf Zellulosepapier von 40 g/m² bzw. 60 g/m²; geklebt mit Henkelleim A 22 ED

Summe der Permeationskoeffizienten des Klebers, des kleberdurchtränkten Papiers und des Papiers, wobei die Einzelwerte noch mit ihren Schichthöhen zu multiplizieren und durch die Gesamthöhe zu dividieren sind.

Bei den Versuchen blieb die Schichthöhe des Klebers h_k immer klein gegen die des Papiers. Die verschiedenen Schichthöhen der gesamten Schicht waren deshalb praktisch nur durch die Stärke der verschiedenen Papiere gegeben, so daß gelten muß:

$$h_P + h_{P+k} = h_{\text{ges}} \gg h_k$$

Der Permeationskoeffizient des Klebers P_k kann nicht größer als der des Papieres P_P sein, da der Kleber, wenn er selbst in die Poren des Papieres eindringt, sicher kleinere Poren als das Papier hat. Deshalb gilt auch:

$$P_P h_P + P_{P+k} h_{P+k} \gg P_k h_k$$

Gl. (28) vereinfacht sich daher:

$$P_P \cdot h_P + P_{P+k} h_{P+k} \cong P_{\text{ges}\,\parallel} h_{\text{ges}} \tag{31}$$

Außerdem gilt:

$$h_P + h_{P+k} \simeq h_{\text{ges}}$$

Der Permeationskoeffizient $P_{\text{ges}\,\parallel}$ ist nur dann von der gesamten Schichthöhe h_{ges} unabhängig, wenn diese in Gl. (31) herausfällt. Dies trifft zu, wenn $h_P \gtrless h_{P+k}$ ist, d. h. wenn der Klebstoff praktisch die gesamte Papierstärke durchtränkt bzw. er sie gar nicht durchtränkt, oder wenn $P_P \approx P_{P+k}$ ist, d. h. der Permeationskoeffizient des Papiers ist etwa gleich dem des durchtränkten Papiers.

Das Ergebnis der Versuche 20 mit 33 in Zahlentafel 8 zeigt, daß der Permeationskoeffizient P_{ges} beträchtlich von der Schichthöhe $h_{\text{ges}} = h_P + h_{P+k}$ abhängt. Es kann also nicht sein, daß der Permeationskoeffizient des Papiers von der gleichen Größenordnung ist wie der des kleberdurchtränkten Papiers, sondern er wird viel größer sein. Zudem ist h_p von der gleichen Größenordnung wie h_{P+k}. Der Klebstoff durchtränkt also das Papier nicht vollständig, aber auch nicht so wenig, daß die Schichthöhe des durchtränkten Papiers keinen Einfluß auf die Gesamtdurchlässigkeit hat. Da $P_{P+k} \cdot h_{P+k} \ll P_P \cdot h_p$, erfolgt der Wasserdampfdurchgang durch die Überlappung also auch noch bei kleinen verbleibenden Papierschichthöhen h_P vornehmlich durch das Papier und nicht durch die mit Kleber durchtränkte Schicht.

Auf Grund dieser Überlegungen ist es möglich, die für die Wasserdampfdurchlässigkeit wirksame kleberdurchtränkte Schichthöhe h_{P+k} aus den angestellten Versuchen zu berechnen, wenn P_{P+k} entsprechend den obenstehenden Überlegungen in erster Näherung Null gesetzt wird. Dann ergibt sich Gl. (32)

$$h_{P+k} = \frac{P_P - P_{\text{ges}\,\parallel}}{P_{\text{ges}\,\parallel}} \cdot h_{\text{ges}} \tag{32}$$

Die nach dieser Gleichung errechneten kleberdurchtränkten Schichthöhen des Papiers sind in Zahlentafel 8 direkt und in Prozenten bezogen auf die gesamte Schichthöhe des Papiers angegeben. Für Werte von $h_{p+k} \gg h_p$ ist die Vernachlässigung $P_{p+k} = 0$ unter Umständen nicht mehr gerechtfertigt. Die tatsächlichen Werte von h_{p+k}, die sich ohne diese Vernachlässigung ergeben würden, liegen entsprechend der Gl. (31) noch etwas über den errechneten Werten. Eine Korrektur dieser Werte ist uninteressant, da h_{p+k} ohnehin keine größeren Werte annehmen kann als h_{ges} und diesem Wert schon nahe kommt. Vor die fraglichen Werte wurde in der Zahlentafel 8 das Zeichen $>$ gesetzt.

Die errechneten Werte können von den tatsächlichen Werten außerdem etwas abweichen, wenn der Permeationskoeffizient des verwendeten Papiers etwas von dem angenommenen Wert für Papier mittleren Mahlgrades verschieden ist. Die einzelnen Werte zueinander stehen jedoch im richtigen Verhältnis, da gleiches Papier verwendet wurde.

Betrachtung des Ergebnisses. Die Messung des Durchgangs durch den Acronal-Kleber, Dextrinkleber und den Kleber A 22 ED, Versuch Nr. 34, 35 und 36, bestätigt die aus Überlegung gewonnene Annahme, daß der Kleber sehr viel undurchlässiger ist als das Papier. Die Werte von h_{p+k} schließen die Schichtstärke des Klebers und die des Kaschiermittels im Papier ein, wenn beide sehr viel wasserdampfundurchlässiger sind als das Papier, da sich dann beide hinsichtlich der Wasserdampfdurchlässigkeit gleich verhalten. Die relativ zu den leimkaschierten Folien hohen Werte von h_{p+k}/h_{ges} bei wachskaschierten Folien dürften ihre Ursache darin haben, daß das Wachs sehr viel tiefer in das Papier eindringt als der Leim. Auch die Proben Aluminium gegen Aluminium und die Blindproben zeigen deutlich geringere Wasserdampfdurchlässigkeit bei den wachskaschierten Folien als bei den übrigen (vgl. Abb. 23a u. 23b). Es ist auch zu erwarten, daß das Wachs nicht nur in das Papier, sondern auch in die Poren der Aluminium-Folie leichter eindringt als der Leim. Das Ergebnis zeigt weiter bei allen Klebern in dem untersuchten Bereich der Papierstärke, daß die prozentuale Eindringtiefe um so größer ist, je dünneres Papier zur Kaschierung der Aluminiumfolie benützt wird. Der Absolutwert der Eindringtiefe selbst ist dagegen um so größer, je dicker das verwendete Kaschierpapier ist. Dies deutet darauf hin, daß die Anwesenheit von Aluminium-Folie auf der dem Kleber gegenüberliegenden Seite des Papieres einen Einfluß auf die Eindringtiefe hat. Für das Papier gleicher Porosität allein müßte nämlich eine von seiner Stärke unabhängige Eindringtiefe erwartet werden. Dieser Einfluß der Aluminium-Folie wird um so größer, je dünner das Papier ist.

Der Einfluß der Papierstärke und des Eindringens des Klebers auf die Wasserdampfdurchlässigkeit einer Klebeverbindung wird weiter verdeutlicht, wenn man Kaschierungen von Pergamin (22 μ) in Form einer Triplexfolie verwendet. Die Durchlässigkeiten sind dann nur noch halb so groß wie bei Position 23 (Zahlentafel 8). Bedenkt man andererseits, daß sich mit auf Aluminiumfolien kaschierten Papieren von 80 bis 120 g/m² (zwei Lagen Papier aufeinandergeklebt) Durchlässigkeiten von 1,2 bis 1,4 mg/cm Tag ergaben, und bei Kaschierungen von 40 bzw. 60 g/m² 0,24 bzw. 0,68 mg/cm Tag, so wird der Einfluß der Papierdicke deutlich.

Der Einfluß des Klebers ist besonders bei verdünntem und unverdünntem Acronalkleber (Versuch 18 u. 19) deutlich erkennbar. Es läßt sich aber auch eine Abstufung des Klebereinflusses bei den übrigen Klebern erkennen. Reiht man die Kleber entsprechend ihrem Eindringvermögen aneinander, beginnend mit kleinem Eindringvermögen, so ergibt sich durch Vergleich der Eindringtiefen bei gleichen Papierschichthöhen $h_P + h_{p+k}$ (Versuch Nr. 18, 19 sowie 21 u. 22): Acronal unverdünnt, Acronal verdünnt, Dextrin, A 22 ED.

Schlußfolgerung. Bei dem Bemühen, eine Klebenaht einer kaschierten Aluminiumfolie möglichst dicht zu bekommen, kommt es nicht darauf an, einen möglichst wasserdampfdichten Kleber zu verwenden, sondern einen Kleber möglichst großen Eindringvermögens. Die Papierstärke ist so klein wie möglich zu wählen. Bei Papierstärken von 45 μ und kleiner ist der Wasserdampfdurchgang durch die Naht schon so gering, daß er in die Grenze der Meßgenauigkeit fällt und der Durchgang der Blindprobe von der gleichen Größenordnung wird. Soll die Dichtigkeit von Packun-

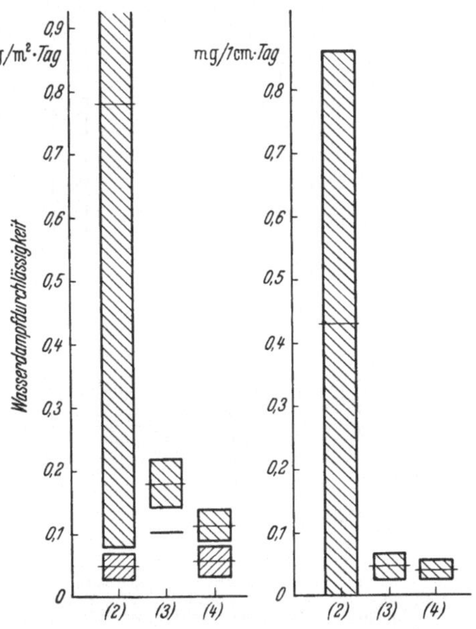

Abb. 24a. Wasserdampfdurchgang durch glatte Heißsiegelflachnähte, 1 cm breit, aus kaschierten Alu-Folien, Folienseite heißsiegelfähig. Schichtaufbau:

2. 50 g/m² Kraftpapier → Leim → 10er Alu-Folie → Lack Qual. (2) (200° C, 1 sec, Klebkraft 450 g bei 20 mm Breite).

3. 50 g/m² Kraftpapier → Leim → 10er Alu-Folie, Speziallack (180° C, 1 sec, Klebkraft 550 g).

4. 50 g/m² Edelweißpapier → Leim → 10er Alu-Folie → 20 g/m² Polyäthylen (151° C, 1 sec, Klebkraft 1050 g).

▨ = Blindwerte   ▧ = Nahtwerte

gen mit solchen Packstoffen weiter verringert werden, so ist es notwendig, den Foliendurchgang zu verringern, indem entweder eine stärkere Aluminiumfolie mit weniger Poren oder eine noch zusätzlich mit einer wasserdampfdichten Schicht kaschierte Aluminiumfolie ver-

wendet wird (vgl. Abb. 17). Vom Standpunkt der Wasserdampfdichtigkeit ist es am günstigsten, Aluminium direkt auf Aluminium zu verkleben, sofern noch die mechanische Festigkeit der Klebenaht ausreichend gut bleibt und die Aluminiumfolie vor Beschädigung geschützt
wird.

Aus Abb. 17 ersieht man, daß der Einfluß der Schnittkante bedeutend
kleiner wird, wenn die gesamte Innenseite der Papiere mit einer heißsiegelfähigen Schicht geringer Wasserdampfdurchlässigkeit versehen ist.
Ergänzend wurde deshalb noch die Wasserdampfdurchlässigkeit der
Heißklebenähte bestimmt; die Ergebnisse sind in Abb. 24a und 24b dar-
gestellt. Es ergibt sich daraus, daß die Lackqualität (2) relativ schlecht auf Aluminiumfolie haftet und die Wasserdampfdurchlässigkeit bei Lackierung des Papiers trotz der erhöhten Nahtdiffusion in diesem Fall geringer war. Bei der Lackqualität (3) war das Umgekehrte der Fall: hier ergaben sich relativ ungünstige Werte, wenn die Papierseite lackiert wurde und sehr geringe Durchlässigkeiten bei der heißsiegelfähigen Lakkierung der Aluminiumfolie. Erst bei Verwendung von extrudiertem Polyäthylen (4) als heißsiegelfähigem und dampfdichtem Schichtstoff war es nicht mehr von ausschlaggebender Bedeutung, ob die verschweißbare Schicht auf der Papier- oder auf der Aluminiumfolienseite lag, wenn auch im letzten Fall die Dichtigkeit am besten war. Hier ergaben sich

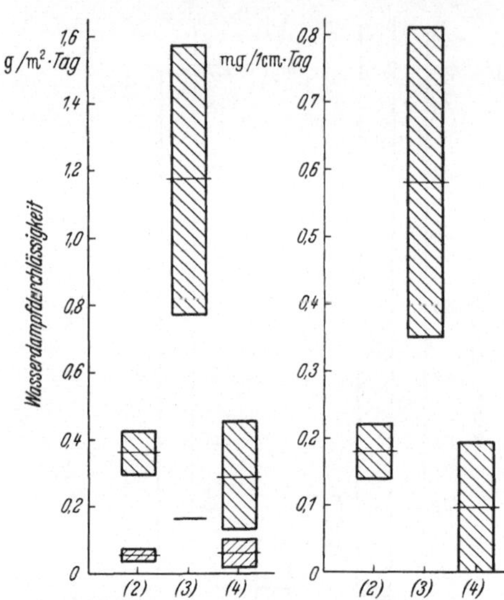

Abb. 24b. Wasserdampfdurchgang durch glatte Heißsiegelflachnähte, 1 cm breit, aus kaschierten Alu-Folien, Papierseite heißsiegelfähig.

2. Schichtaufbau: Lack-Qualität (2) ⟶ 50 g/m² Kraftpapier ⟶ Leim ⟶ 10er Alu-Folie (152° C, 1 sec, Klebkraft 450 g bei 20 mm Breite).

3. Schichtaufbau wie 2, Speziallack (180° C, 1 sec; Klebkraft 400 g).

4. Schichtaufbau: 20 g/m² Polyäthylen ⟶ 50 g/m² Edelweißpapier ⟶ Leim ⟶ 10er Alu-Folie (152° C, 1 sec Klebkraft 1000 g).

▨ = Blindwerte   ▧ = Nahtwerte

Werte gleicher Größenordnung als beim Verkleben von Aluminiumfolie
auf Aluminiumfolie (Versuche 24 u. 27); ähnliche Ergebnisse konnten
aber auch beim Verkleben dünner Papiere erzielt werden, wenn diese
mit Wachs auf Aluminiumfolie kaschiert waren (Versuche 28, 29 u. 30).
Mit den wachskaschierten Kombinationen hatten die polyäthylenkaschier-
ten Papiere eine geringe Knickempfindlichkeit gemeinsam (Zahlentafel 4).
Erwartungsgemäß ergaben sich bei Herstellung von Hochnähten aus

heißsiegelfähig beschichteten Papieren im Rahmen des Fehlerbereiches die gleichen Durchlässigkeiten wie bei Flachnähten. Bei heißsiegelfähig lackierten bzw. mit Polyäthylen beschichteten Aluminiumfolien konnten beim Siegeln Folien- auf Folienseite Werte im Intervall 0,03 bis 0,06 mg/cm Tag erzielt werden.

Schließlich wurde noch der Einfluß der Backenprofilierung auf die Wasserdampfdurchlässigkeit studiert (Zahlentafel 9). Verwendet wurde schutzlackierte Aluminiumfolie, leimkaschiert auf Zellulosepapier 50 g/m² letzteres heißsiegelnd. Temperatur 150 bis 160° C, Zeit 2 bis 3 sec, 1 cm Nahtbreite.

Zahlentafel 9

	g/m²Tag	mg/cm Tag
Glatte Backen	1,08	0,62
„	2,05	1,8
Rillung quer zur Naht	0,59	0,34
„	0,62	0,36
Rillung längs zur Naht	0,91	0,52
„	0,53	0,31
Riffelmuster	0,67	0,39
„	0,73	0,42

Planwerte praktisch Null.

Die Werte für glatte Backen liegen etwas höher als die übrigen. Dies dürfte darauf zurückzuführen sein, daß es Schwierigkeiten bereitet, beide Siegelbacken in eine Ebene zu bringen. Sobald die Backen profiliert sind, besitzt dieser Gesichtspunkt nicht mehr die gleiche Bedeutung und man hat lediglich darauf zu achten, daß die Profilierung nicht so scharf ist, daß die Aluminiumfolie Verletzungen erleidet. Weitere Folgerungen dürfen aus den Ergebnissen im Hinblick auf die Streuungen der Einzelwerte nicht gezogen werden.

2. Bestimmung des Formeinflusses bei nicht parallelen Überlappungen

Die Böden der Bodenbeutel haben keine parallelen Überlappungen. Ihre Überlappungstiefe ändert sich also mit der Nahtlänge. In Abb. 25 ist dies am Beispiel des Klotzbodenbeutels gezeigt. Der Wasserdampf diffundiert zwischen den beiden durch Schraffur hervorgehobenen Geraden. Er kann in Klotzböden noch auf anderen Wegen in das Innere der Packung gelangen. Der Diffusionswiderstand dieser übrigen Wege ist aber wegen der ungleich ungünstigeren geometrischen Gegebenheiten viel größer als der des untersuchten Diffusionsweges.

Die Breite der Überlappung und die Länge der die Überlappung abgrenzenden Nähte sind hier nicht, wie bei den Flachbeuteln, in jedem

Falle identisch. Statt der Überlappungstiefe wird man hier zunächst die mittlere geometrische Überlappungstiefe x_{mg} einführen. Sie ist:

$$x_{mg} = \frac{x + x_0}{2} \quad \text{(siehe Abb. 25)}$$

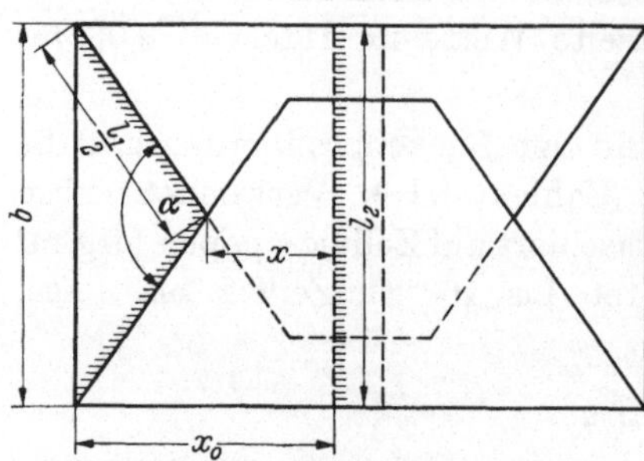

Abb. 25. Klotzboden (Wasserdampfdurchgang zwischen den gestrichelten Linien)

b = überlappte Breite l_1 = Nahtlänge 1
l_2 = Nahtlänge 2

Der Wasserdampfdurchgang ist nur dann umgekehrt proportional dieser mittleren Überlappungstiefe, wenn die Diffusionslinien wie in den parallelen Überlappungen parallel liegende Gerade sind. Da die Diffusionslinien jedoch auf den Nähten senkrecht enden müssen, muß, wie in der Elektrostatik, auch hier mit einer gewissen Spitzenwirkung des gewinkelten Überlappungsrandes gerechnet werden, die noch von dem Winkel α abhängig ist. Es wurde daher in einer weiteren Versuchsreihe gezeigt, mit welchem mittleren Abstand x_m gerechnet werden muß, wenn diese Spitzenwirkung berücksichtigt werden soll.

Der Einfluß der Spitzenwirkung wurde an einem elektrischen Modellversuch durchgeführt, indem der Stromdurchgang zwischen zwei Aluminium-Platten in einer schwachen Salzlösung im elektrolytischen Trog gemessen wurde. Die eine der beiden Platten wurde entsprechend den Rändern der Außennaht bei Klotzböden für verschiedene Winkel α geformt und in verschiedenen Abständen x angebracht.

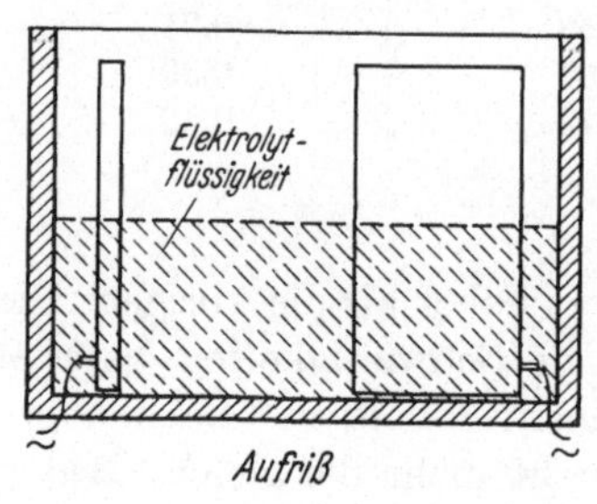

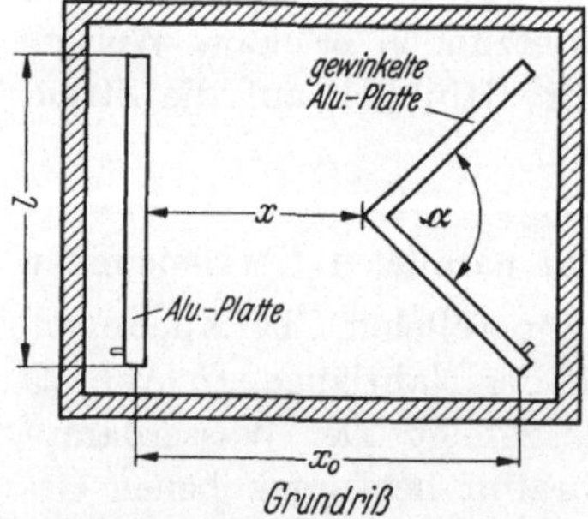

Abb. 26. Darstellung des im elektrischen Modellversuches verwendeten Troges

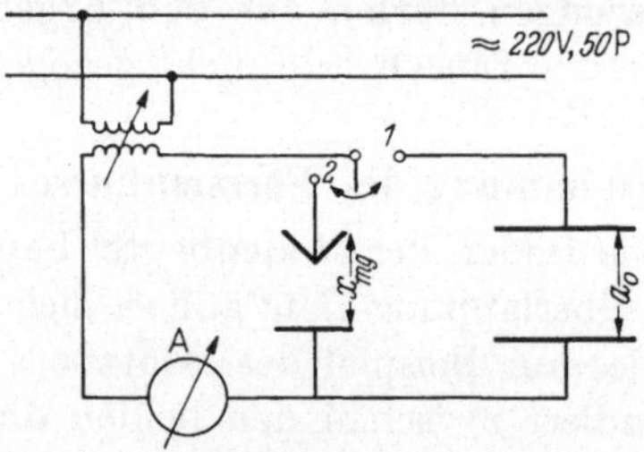

Abb. 27. Schaltschema des Versuches mit dem elektrolytischen Trog

Um keine Ionenwanderung zu den Platten zu erhalten, wurde 50periodiger Wechselstrom verwendet. Abb. 26 zeigt den Trog mit den Platten (vgl. hierzu [34]).

Der Diffusionsversuch darf durch diesen elektrischen Modellversuch ersetzt werden, da die Differentialgleichung für die Potentialverteilung im elektrischen Fall mit der Gleichung der Konzentrationsverteilung im Falle der Diffusion übereinstimmt und da die geometrischen Gegebenheiten gleichgemacht wurden.

Die Bestimmung von x_m sei an Hand der für den Versuch verwendeten elektrischen Schaltung erläutert. — Siehe Abb. 27. Man mißt den Strom I_0 bei Schalterstellung 1 durch die Elektrolytflüssigkeit im Falle zweier paralleler, ebener Platten, wenn diese den Abstand a_0 haben und eine für alle Veruche gleiche Spannung angelegt ist. Die Länge der Platten sei l, die Höhe der Elektrolytflüssigkeit sei h. Bei der gleichen Höhe der Elektrolytflüssigkeit wechselt man eine der ebenen Platten mit einer geknickten aus und bringt diese so an, daß der mittlere geometrische Abstand x_{mg} der geknickten Platte von der parallelen Platte gleich dem Abstand a_0 ist. Dann ist das Flüssigkeitsvolumen zwischen den beiden Plattenpaaren das gleiche geblieben, nur seine Form hat sich verändert. Der Strom, der jetzt gemessen wird — Schalterstellung 2 — sei I_1. Um im Falle der parallelen Platten ebenfalls diesen Strom I_1 zu messen, müßte der Abstand x_m sein.

Aus $U_0 = R_0 \cdot I_0 = U_1 = R_1 \cdot I_1$ ergibt sich, da der Widerstand R proportional dem Abstand ist:

$$x_{mg} \cdot I_0 = a_0\, I_0 = x_m\, I_1 ; \frac{I_0}{I_1} = \frac{x_m}{x_{mg}}$$

Experimentell ergab sich die Schwierigkeit, daß a_0 nicht gleich x_{mg} gemacht werden konnte. Daher wurde der Strom — jetzt I_0' — bei einem festen Abstand a_0' für alle möglichen Werte von x_{mg} gemessen.

Es ist dann $\quad \dfrac{I_0'}{I_1} = \dfrac{I_0'}{I_o} \dfrac{I_0}{I_1} = \dfrac{a_0}{a_0'} \cdot \dfrac{x_m}{x_{mg}} = \dfrac{x_m}{a_0'}$

Zu dem gesuchten Verhältnis x_m/x_{mg} gelangt man, wenn man a_0 und x_{mg} ausmißt. x_m/x_{mg} wurde für verschiedene Abstände x und verschiedene Winkel α bestimmt.

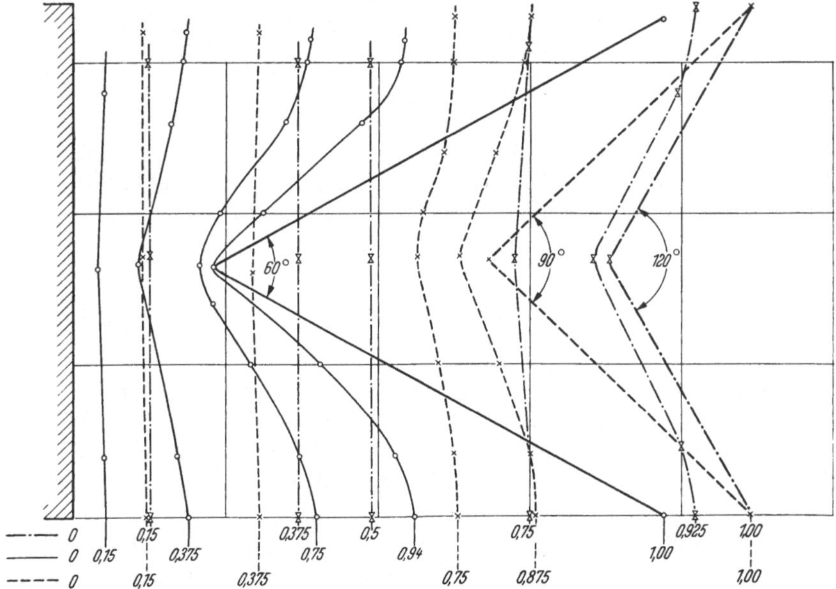

Abb. 28. Anordnung der Linien konstanter Konzentration für die Anstellwinkel 60°, 90° und 120°, im Modellversuch

In einem weiteren Versuch ist die Potentialverteilung experimentell ermittelt worden, indem der Elektrolytflüssigkeitswiderstand als abtastbarer Widerstand in einer Wheatstone'schen Brückenschaltung geschaltet wurde und ein Kopfhörer als Nullinstrument diente. Die Linien konstanten Potentials wurden mit einer Metallstabsonde abgetastet.

In Abb. 28 ist die Verteilung des Potentials für drei verschiedene Winkel angegeben.

Aus Abb. 29 ergibt sich, daß der Korrekturfaktor $\frac{x_m}{x_{mg}}$ um so mehr von 1 abweicht, je kleiner x bzw. $\frac{x}{x_0}$ und je spitzer der Winkel α bei gegebener Breite ist. Um den Stofftransport gering zu halten, soll $\frac{x_m}{x_{mg}} \rightarrow 1$ gehen. Hierfür empfiehlt sich die Verwendung eines möglichst stumpfen Verschlußwinkels.

Die Werte ändern die Größenordnung des Durchganges bei den bei Klotzböden in Frage kommenden geometrischen Verhältnissen nicht. Der Einfluß der Überlappungen erklärt daher den großen Unter-

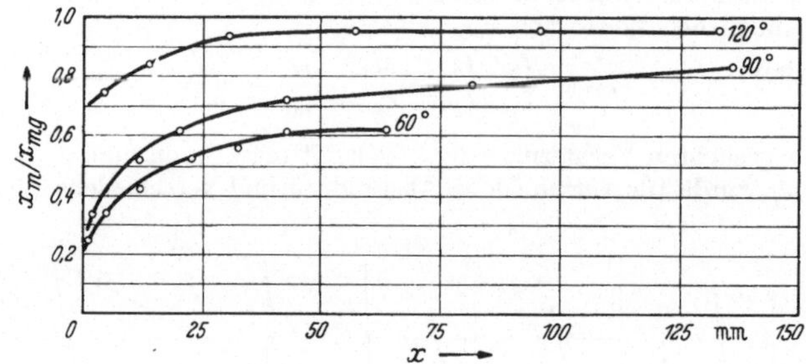

Abb. 29. x_m/x_{mg} als Funktion von x und α (vgl. Abb. 19)

schied zwischen der Durchlässigkeit der Flachbeutel und Klotzbodenbeutel nicht, da auch bei Klotzbodenbeuteln auf Grund des Durchganges der Überlappungen in jedem Falle Werte erwartet werden müssen, die in der Größenordnung des Beuteldurchgangs bei Flachbeuteln liegen.

3. Berechnung der Wasserdampfdiffusion durch enge Poren, mit kleiner Porenhöhe relativ zum Porendurchmesser

Die Aluminiumfolie kann bei ihrer Herstellung Poren erhalten, wenn sie örtlich zu dünn gewalzt wird. Weiterhin kann die Kaschierung mit einem Kleber oder Leim hergestellt sein, der die Aluminiumfolie im Laufe der Zeit korrodiert. Bei der Bearbeitung der kaschierten Folie auf der Verpackungsmaschine entstehen zudem neue Poren.

Der Durchgang durch runde Poren verschiedener Radien, deren Größe vergleichbar ist mit der Porenlänge, ist von G. Kaess experimentell in einer nicht veröffentlichten Arbeit unseres Instituts untersucht worden. Er fand für den Durchgang durch Poren verschiedener Radien in einer 10 μ starken Aluminiumfolie den in Abb. 36, Kurve II, angegebenen Zusammenhang zwischen Wasserdampfdurchgang und Porenradius. Die Werte sind Mittelwerte, gebildet aus 17 Meßpunkten. Bei der Berechnung des Porendurchganges hatte KAESS angenommen, daß an den Enden einer Pore, deren Länge der Foliendicke entspricht, die Wasserdampfkonzentration der Außenatmosphäre herrscht. Dieser Fall ist augenscheinlich bei Verpackungen selten; meist ist die Konzentration der Außenatmosphäre erst in einiger Entfernung von den Porenenden gegeben d. h. der Diffusionswiderstand von den Enden der Pore bis zur Konzentration der Außenatmosphäre darf nicht vernachlässigt werden. Nachfolgend wird versucht, unter Berücksichtigung dieser Widerstände die Abhängigkeit des Wasserdampfdurchganges der Poren als Funktion des Porenradius und der Porenhöhe auf Grund einfacher Überlegungen anzugeben und den Absolutwert des Durchganges in brauchbaren Grenzen abzuschätzen.

Die Diffusion durch Poren setzt sich aus drei Einflüssen zusammen:

1. Konzentrationsgefälle im Außenraum bis zur Pore (berücksichtigt durch β_1)
2. Konzentrationsgefälle im Innern der Pore (berücksichtigt durch D)
3. Konzentrationsgefälle im Innenraum bis zur Pore (berücksichtigt durch β_2)

Im folgenden sollen alle drei Einflüsse berücksichtigt werden. Dabei werden für die Rechnung folgende Annahmen gemacht:

a) Die Flächen konstanten Partialdruckes bzw. konstanter Konzentration seien innerhalb der Poren Ebenen und außerhalb der Poren Kugelhauben.

b) Für die Art der Diffusion gelte das FICK'sche Gesetz.

Die der Rechnung zugrunde liegende Diffusionslinienverteilung hat unter diesen Annahmen das in Abb. 30 gezeigte Aussehen. Die angestrebte Rechnung vernachlässigt also zunächst den Diffusionswiderstand in den beiden Kugelkalotten kk_1 und kk_2, die sich direkt an den Poreninnenraum anschließen.

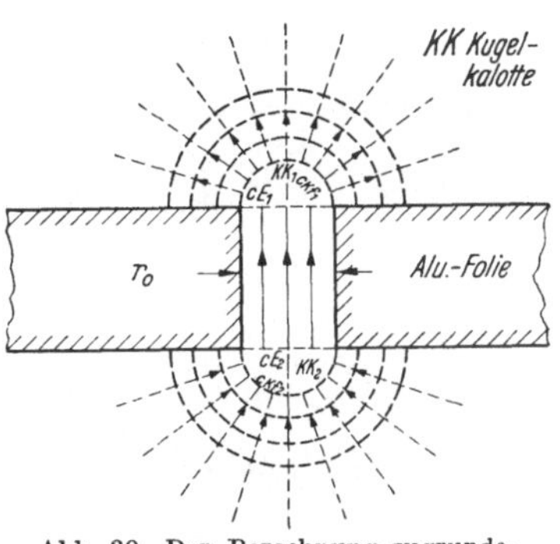

Abb. 30. Der Berechnung zugrundeliegendes Diffusionslinienbild, r_0 Porendurchmesser

Die Konzentration an der Kugeloberfläche der Kalotten k_{f1} und k_{f2} wird in der Rechnung der Konzentration an der Zylinderabschlußebene E_1 und E_2 gleichgesetzt.

$$c_{kf1} = c_{E1}; \quad c_{kf2} = c_{E2} \quad (c = \text{Konzentration})$$

Der dadurch bedingte Fehler ist von der Größenordnung des zu erwartenden Gesamtwiderstandes und wird später berücksichtigt. Die Grundgleichung der Diffusion (1. FICK'sches Gesetz), vgl. Gl. (2).

$$D \cdot \Delta c = \frac{\partial c}{\partial t} \text{ im stationären Fall ist } \frac{\partial c}{\partial t} = 0, \text{ daher } \Delta c = 0$$

ergibt für rechtwinklige Koordinaten mit x, y und z als unabhängige Veränderliche.

$$\Delta c = \frac{\partial^2 c}{\partial x^2} + \frac{\partial^2 c}{\partial y^2} + \frac{\partial^2 c}{\partial z^2} = 0$$

In Polarkoordinaten mit Radius r, Azimutwinkel φ und Deklinationswinkel ϑ als unabhängigen Koordinaten ist

$$\Delta c = \frac{\partial^2 c}{\partial r^2} + \frac{2}{r} \frac{\partial c}{\partial r} + \frac{1}{r^2} \frac{\mathrm{d}^2 c}{\mathrm{d}\vartheta^2} + \frac{1}{r^2} \operatorname{ctg} \vartheta \frac{\partial c}{\partial \vartheta} + \frac{1}{r^2 \sin^2 \vartheta} \frac{\partial^2 c}{\partial \varphi^2}$$

Für den Einfluß 2 wählt man die rechtwinkligen Koordinaten, für die bei geeigneter Lage des Koordinatensystems (Konzentrationsgefälle nur in der x-Achse) c unabhängig von y und z gemacht werden kann.

Daher bleibt:

$$\Delta c = \frac{\partial^2 c}{\partial x^2} = 0$$

Die zweimalige Integration liefert $c = ax + b$. a und b sind die beiden Integrationskonstanten, die sich aus den Randbedingungen ergeben.

Für $x = 0$ sei $c = c_2$ und für $x = d$ sei $c = c_1$, daher

$$c_1 = ad + b; \quad c_2 = b; \quad \text{daraus} \quad a = \frac{c_1 - c_2}{d}$$

$$c = \frac{c_1 - c_2}{d} x + c_2$$

Das 2. Fick'sche Gesetz lautet für eine Koordinate (vgl. Gl. (1):

$$q = - D \frac{\partial c}{\partial x}$$

($q =$ die pro Zeit und Flächeneinheit diffundierende Dampfmenge.) Somit ergibt Q

$$Q_1 = q \cdot F = \pi r_0^2 q = \pi r_0^2 D \frac{c_2 - c_1}{d}$$

Die letzte Gleichung entspricht der von Kaess angegebenen Beziehung, bei der die Luftgeschwindigkeit an beiden Seiten so groß angenommen wurde, daß im Außenraum keine Konzentrationsunterschiede auftreten.

Um den Einfluß 1 bzw. 3 zu berechnen, benützt man Polarkoordinaten.

Wegen der Rotationssymmetrie ist

$$\frac{\partial^2 c}{\partial \vartheta^2} = 0; \quad \frac{\partial c}{\partial \vartheta} = 0 \quad \text{und} \quad \frac{\partial^2 c}{\partial \varphi^2} = 0$$

daher:

$$\Delta c = \frac{\partial^2 c}{\partial r^2} + \frac{2}{r} \frac{\partial c}{\partial r} = 0$$

Die Integration liefert: $c = \dfrac{a'}{r} + b'$, a' und b' sind Integrationskonstanten.

Die Randbedingungen lauten für den Fall 1 (Berücksichtigung des Konzentrationsgefälles im Außenraum) für

$$r = r_0, \ c = c_2, \ \text{für} \ r = r_2, \ c = c_a$$

daraus

$$a' = \frac{c_a - c_2}{\dfrac{1}{r_2} - \dfrac{1}{r_0}} \ ; \quad b' = \frac{c_a - c_2}{\dfrac{1}{r_2} - \dfrac{1}{r_0}} \cdot \frac{1}{r_0}$$

An der Kugelhaube mit dem Radius r_2 herrscht dabei die Konzentration c_a, an der mit dem Radius r_1 die Konzentration c_1, daher:

$$c = \frac{c_a - c_2}{\dfrac{1}{r_2} - \dfrac{1}{r_0}} \cdot \frac{1}{r} + c_2 - \frac{c_a - c_2}{\dfrac{1}{r_2} - \dfrac{1}{r_0}} \cdot \frac{1}{r_0} \quad \text{mit } r_2 > r_0$$

$$q = - D = \frac{\partial c}{\partial r}$$

$$\frac{\partial c}{\partial r} = - \frac{(c_a - c_2)}{\dfrac{1}{r_2} - \dfrac{1}{r_0}} \cdot \frac{1}{r^2}$$

Da die Oberfläche der Halbkugel $2\,\pi\,r^2$ ist, ergibt sich

$$Q_2 = 2\,\pi\,r^2 \cdot q = 2\,\pi \cdot D\,\frac{c_a - c_2}{\dfrac{1}{r_0} - \dfrac{1}{r_2}}$$

Einfluß 3 (Berücksichtigung des Konzentrationsgefälles im Innenraum). Es gilt die gleiche Rechnung. Man verändert dabei lediglich die Indices

$$Q_3 = 2\,\pi \cdot D \cdot \frac{c_1 - c_i}{\dfrac{1}{r_0} - \dfrac{1}{r_1}}$$

Die Anwendung der Kontinuitätsgleichung für den stationären Zustand gibt: $Q_1 = Q_2 = Q_3 = Q$. Im praktischen Fall ist $c_a > c_2 > c_1 > c_i$ und r_1 und $r_2 \gg r_0$. Setzt man r_1 und $r_2 = \infty$, so ergibt sich

$$(c_a - c_1) = (c_a - c_2) + (c_2 - c_1) + (c_1 - c_i) = \frac{Q \cdot d}{r_0{}^2\,\pi\,D} + \frac{Q}{r_0 \cdot 2\,\pi\,D} + \frac{Q}{r_0 \cdot 2\,\pi\,D}$$

$$\frac{c_a - c_i}{Q} = \frac{d}{r_0{}^2\,\pi \cdot D} + \frac{1}{2\,\pi\,r_0 \cdot D} + \frac{1}{2\,\pi\,r_0 \cdot D}$$

$$\boxed{Q = \frac{(c_a - c_i) \cdot D\,\pi \cdot r_0}{1 + \dfrac{d}{r_0}}} \tag{33}$$

Wie angegeben, wurde durch die Annahme a der Diffusionswiderstand in den Kugelkalotten vernachlässigt. Eine grundsätzliche Überlegung zeigt, daß der gesamte wirkliche Widerstand nicht kleiner sein kann als der errechnete und nicht größer als der errechnete plus dem Widerstand in den beiden Kugelkalotten. Der Widerstand in den Kalotten ist dabei unter den Annahmen zu errechnen oder abzuschätzen, daß die Diffusionslinienverteilung innerhalb der Kalotte stetig an die der Rechnung zugrunde gelegte Diffusionslinienverteilung außerhalb der Kalotte anschließt und im übrigen der Potentialgleichung nicht widerspricht.

Der Widerstand in der Kalotte ist abgeschätzt worden, indem man diesen mit dem Widerstand eines Zylinderstumpfes vom Radius r_0 verglich. Es ergibt sich, daß der Kalottenwiderstand nicht größer sein kann als der Widerstand des Stumpfes mit dem Volumen der Kugelhaube. Daraus ergibt sich $h_{\max} = 2/3\,r_0$.

Stellt man sich das Volumen der Kugelhaube in Rohre unterteilt vor, deren Wandungen Diffusionslinien sind, dann müssen diese senkrecht auf der Zylinderabschlußebene bzw. auf der Fläche der Kugelhaube endigen und gleiche Feldlinienzahl pro Flächeneinheit haben. Nimmt man an, daß der mittlere Querschnitt der

Rohre in den Kalotten gleich ist der halben Summe der Flächen der Zylinderabschlußebene und der Kugelhaube, so ergibt sich

> „mittlerer Rohrquerschnitt in der Kugelkalotte = 3/2 des mittleren Quer-
> schnittes im Vergleichszylinderstumpf."

Die mittlere Rohrhöhe in der Kalotte ist dann bei unverändertem Volumen
$h_{mittel} = 4/9\, r_0$. Der so gegebene Widerstand entspricht dem Widerstand eines
Zylinderstumpfes vom Querschnitt $3/2\, r_0^2\, \pi$ und der Höhe $4/9\, r_0$. Der Widerstand
dieses Zylinderstumpfes ist gleich dem Widerstand eines Stumpfes mit dem Quer-
schnitt $r_0^2\, \pi$ und der Höhe $h = 4/9 \times 2/3\, r_0 = 8/27\, r_0 \cong 1/3\, r_0$.
Dieser Wert der Höhe darf als wahrscheinlicher Wert angesehen werden.

Um den größtmöglichen Widerstand für den Fall $v = 0$ auf beiden
Seiten anzugeben, muß d durch $d' = d + 2 \cdot 2/3\, r_0$ ersetzt werden, und
um den kleinsten Widerstand anzugeben, muß $d' = d$ gesetzt werden.
Der wahrscheinliche Widerstand ergibt sich nach obiger Überlegung,
wenn $d' = d + 2 \cdot 1/3\, r_0$ gesetzt wird (Abb. 31).

Somit ist auf Grund dieser Überlegungen der kleinste Widerstand:

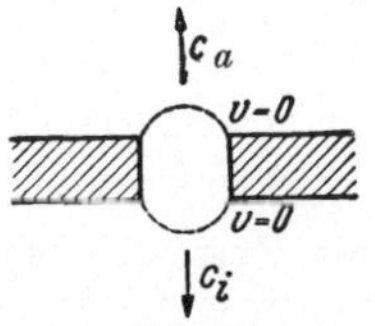

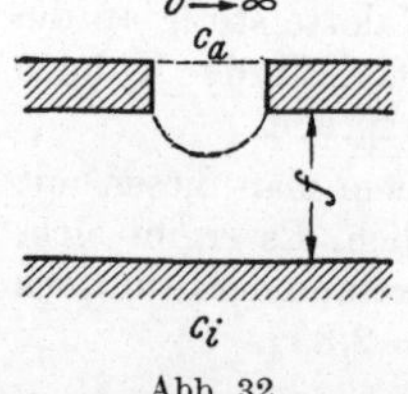

Abb. 31

$$Q = \frac{(c_a - c_i) \cdot \pi \cdot D \cdot r_0}{\dfrac{3}{3} + \dfrac{d}{r_0}} \qquad (34)$$

Der größte Widerstand:

$$Q = \frac{(c_a - c_i) \cdot \pi \cdot D \cdot r_0}{\dfrac{7}{3} + \dfrac{d}{r_0}} \qquad (35)$$

Der wahrscheinliche Widerstand:

$$Q = \frac{(c_a - c_i) \cdot \pi \cdot D \cdot r_0}{\dfrac{5}{3} + \dfrac{d}{r_0}} \qquad (36)$$

Der mittlere Widerstand mit seinen symmetrischen Grenzen:

$$Q = \frac{(c_a - c_i) \cdot \pi \cdot D \cdot r_0}{\dfrac{5}{3} + \dfrac{d}{r_0} \pm \dfrac{2}{3}} \qquad (37)$$

Es ergibt sich, daß der auf Grund dieser Überlegungen gefundene wahrscheinliche Widerstand ungefähr gleich ist dem mittleren Widerstand
der Fehlerabschätzung.

Bei der Bestimmung der Wasserdampfdurchlässigkeit kommen üblicherweise folgende Fälle vor:

Abb. 32

a) Windgeschwindigkeit außen sehr groß $\to \infty$,
innen Trockenmittel, meist mit einem gewissen Abstand von der Aluminiumfolie. Der geringste Abstand
des Trockenmittels von der Pore sei $f > r_0$. Es muß
dann in die Gleichung für den Diffusionswiderstand
durch die Luftschicht Trockenmittel-Folie anstelle
von $r_1 = \infty$ eingesetzt werden: $r_1 = f$, worauf die gleiche
Überlegung angestellt werden kann, die zu Gl. (33) führte. Da eine der
Kugelkalotten vollständig erhalten bleibt, müssen wir deren Widerstand

berücksichtigen, wobei d durch $d + \left(\dfrac{1}{3} \pm \dfrac{1}{3}\right) r_0$ ersetzt wird Abb. 32; damit ergibt sich:

$$\frac{c_a - c_i}{Q} = \frac{d + \left(\dfrac{1}{3} \pm \dfrac{1}{3}\right) r_0}{r_0{}^2 \cdot \pi \cdot D} + \frac{1}{2\,\pi D}\left(\frac{1}{r_0} - \frac{1}{f}\right) = \frac{1}{r_0\,\pi D} \cdot \left(\frac{d}{r_0} - \frac{r_0}{f} + \frac{5}{6} \pm \frac{2}{6}\right)$$

$$\boxed{Q = \frac{(c_a - c_i) \cdot \pi \cdot D \cdot r_0}{\dfrac{d}{r_0} - \dfrac{r_0}{f} + \dfrac{5}{6} \pm \dfrac{2}{6}}} \tag{38}$$

Bei den in Apparaten zur Bestimmung der Wasserdampfdurchlässigkeit oft angewandten Luftgeschwindigkeiten von etwa 2,5 m/s wird die Kugelhaube nicht, wie bei voriger Rechnung angenommen, völlig verschwinden. Der Widerstand ist in diesem Falle etwas größer und Q wird etwas zu groß bestimmt werden. Dabei ist zu berücksichtigen, daß im ungünstigsten Fall bei außen ruhender Luft das konstante Glied nicht mehr als $\dfrac{5}{3} \pm \dfrac{2}{3}$ beträgt. (Abb. 33)

Die vorstehende Gleichung ist anzuwenden für $r_0 < f < 10 r_0$. Wenn bei körnigem hygroskopischem Gut der mittlere Kornradius 10- bis 100mal größer als der Porenradius ist, wird man mit $f = \infty$ rechnen können.

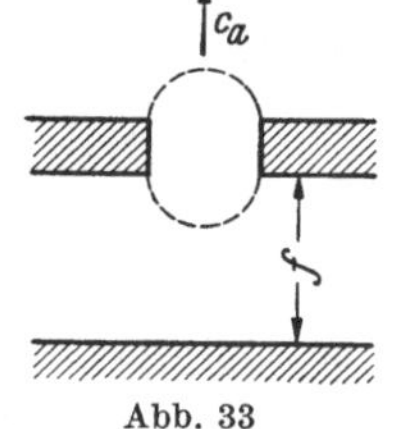

Abb. 33

b) Ist aber $f < r_0$, so wird die Kugelkalotte zerstört und damit dieFehlerabschätzung in unübersichtlicher Weise beeinflußt. Es kann dann nur für den Grenzfall etwas ausgesagt werden, wenn das Trockenmittel direkt an der Pore anliegt und die Konzentration c_1 aufrechterhalten werden kann. Dann wird diese Konzentration direkt an die Porenabschlußebene herangebracht und es verschwindet die Kugelkalotte. Dieser Fall tritt bei kleinkörnigem Gut auf, welches eine sehr steile Sorptions-isotherme aufweist, d. h. daß eine stärkere Wasseraufnahme nur eine geringe Änderung von c_i bewirkt, oder aber, wenn das Gut in bestimmten zeitlichen Abständen geschüttelt wird,

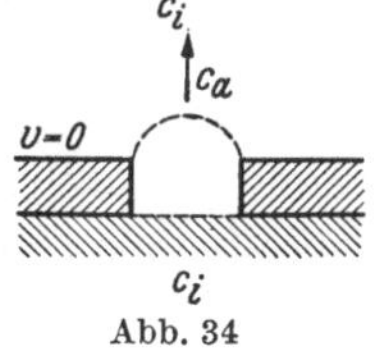

Abb. 34

um laufend Körner mit der niedrigsten Konzentration mit der Folie in Berührung zu bringen. (Abb. 34). Für diesen Fall gilt

$$\boxed{Q = \frac{(c_a - c_i) \cdot \pi D \cdot r_0}{\dfrac{5}{6} + \dfrac{d}{r_0} \pm \dfrac{2}{6}}} \tag{39}$$

Er deckt sich weitgehend mit dem der Praxis zugrundeliegenden Fall, daß sich feinkörniges Trockengut in einem Beutel befindet und ruhende Luft auf der anderen Seite. Gleichzeitig gilt dieser Fall bei einseitig unendlicher Windgeschwindigkeit und bei unendlich großem Abstand: Gut — Folie.

c) Ist aber feinkörniges Gut auf der einen Seite und rasch bewegte Luft auf der anderen Seite, ein Fall, der der üblichen Bestimmung der Wasserdampfdurchlässigkeit von Beuteln zugrundeliegt, so gilt (Abb. 35) die Gleichung

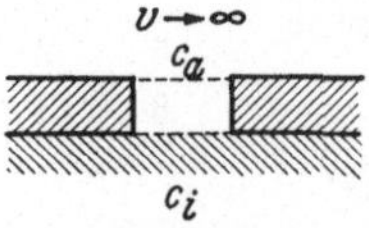

$$Q = \frac{(c_a - c_i) \cdot \pi \cdot D \cdot r_0^2}{d} \tag{40}$$

Abb. 35

Beispiel. Zum Vergleich mit den von G. KAESS seinerzeit experimentell gefundenen Ergebnissen soll der Durchgang durch die Poren einer 10 μ dicken Aluminiumfolie als Funktion des Radius errechnet werden. Das experimentelle Ergebnis war bei einem Gefälle der relativen Feuchtigkeit von 30% und einer Luftgeschwindigkeit von 2,5 m/s gewonnen worden.

Der Permeationskoeffizient für $\Delta\varphi = 65\%$ ist bei 20° C nach Zahlentafel 8:

$$P = 2,9 \cdot 10^5 \frac{\text{g} \cdot (100\,\mu)}{\text{m}^2\,\text{Tag}\,(1,14\;\text{cm Hg})}$$

umgerechnet auf $\Delta\varphi = 30\%$ erhält man:

$$P = 0,134 \cdot 10^3 \frac{\text{mg cm}}{\text{cm}^2\,\text{Tag}\,(0,53\;\text{cm Hg})}$$

Um mit den Meßergebnissen von G. KAESS vergleichen zu können, der eine Luftgeschwindigkeit 2,5 m/s anwandte, sei angenommen, daß mit dem Koeffizienten gerechnet werden darf, der für die Luftgeschwindigkeit 0 gilt.

Die Gl. (36), die den wahrscheinlichen Durchgang angibt, lautet dann:

$$Q = \frac{(c_a - c_i) \cdot \pi \cdot D \cdot r_0}{\dfrac{5}{3} + \dfrac{d}{r_0}} \left(\frac{\text{Mole}}{\text{Tag}}\right)$$

Schreibt man obige Gleichung für den Permeationskoeffizienten, so lautet sie:

$$Q = \frac{\pi \cdot r_0}{\dfrac{5}{3} + \dfrac{d}{r_0}} P \left(\frac{\text{g}}{\text{Tag}}\right)$$

Die mit dieser Gleichung errechnete mittlere bzw. wahrscheinliche Durchlässigkeit ist in Abb. 36 durch die Kurve *I* in mg/Tag als Funktion des Radius angegeben. Die gestrichelten Kurven geben die Fehlerbegrenzung entsprechend der Gl. (37) als den größt- und kleinstmöglichen Durchgang an. Das Ergebnis zeigt, daß die experimentelle Kurve für kleine Porenradien unterhalb und für große Porenradien oberhalb der rechnerisch gefundenen Kurve liegt.

Die Abweichung bei großen Porenradien ist verständlich, da die beim Experiment gegebene Luftgeschwindigkeit 2,5 m/s sich bei großen

Poren stärker bemerkbar macht als bei kleinen. Die Kugelkalotten der großen Poren ragen weiter in die Luftströmung hinein als bei kleinen Poren.

Zudem ergab die Fehlerbetrachtung, daß der abgeschätzte Durchgang kleiner sein mag als der tatsächliche Durchgang.

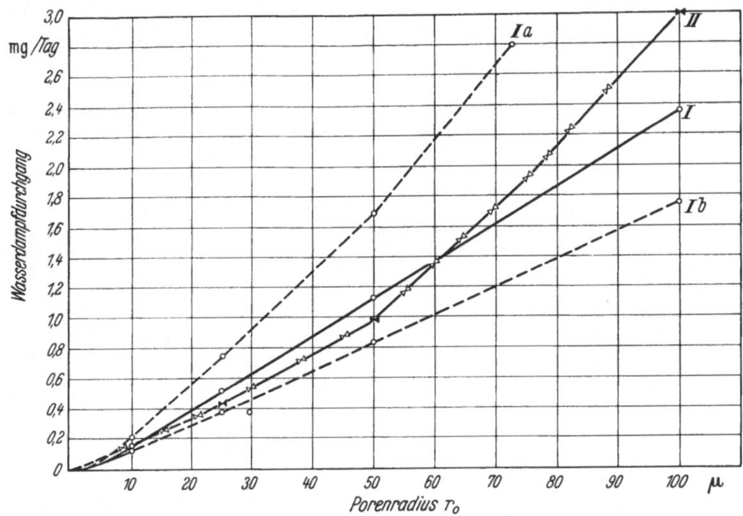

Abb. 36. Porendurchgang in Abhängigkeit vom Porenradius bei 10 μ Folienstärke
I a Obere Grenze des möglichen Fehlers;   *I b* Untere Grenze des möglichen Fehlers;
I Errechneter wahrscheinlicher Durchgang für die Luftgeschwindigkeit Null;
II Experimentell gefundene Abhängigkeit bei einer Luftgeschwindigkeit 2,5 m/s

Bei kleinen Porenradien ist zu bedenken, daß beim Einstechen einer Nadel in die Aluminiumfolie die Folie an dieser Stelle durchgebogen wird, so daß die Pore einen Hals bekommt, der die effektive Porenlänge d' größer als die durch die Schichtstärke gegebene Porenlänge d macht (s. Abb. 37).

Abb. 37. Bild einer Nadelstichpore.

Nach Gl. (36) ist die Durchlässigkeit nur bei kleinen Porenradien, die vergleichbar sind mit der Porenlänge, stark von der Porenlänge abhängig.

Die Durchlässigkeit einer Pore von 1 mm Durchmesser ist nach Gl. (36) 10 mg/Tag, wenn die Foliendicke 10 μ beträgt; ist der Durchmesser aber nur 50 μ, so benötigt man für den gleichen Durchgang 24 Poren. Ein Loch von 1 mm Durchmesser auf 1 dm²-Folienfläche würde ausreichen, um die Wasserdampfdurchlässigkeit einer entsprechend großen Kunststoff-Folie mit 1 g/m²Tag (10 mg/dm²Tag) Durchgang zu verdoppeln. Sehr kleine Poren beeinflussen andererseits die Wasserdampfdichtigkeit nicht.

So würde z. B. eine Folie von 100 Poren je dm² von 1 μ Durchmesser erst eine Durchlässigkeit von 0,1 g/m²Tag ergeben.

4. Beeinflussung des Wasserdampfdurchganges durch Knickung

Der Einfluß der Knickung auf die Durchlässigkeit kann nicht rechnerisch ermittelt werden, da es vom Zufall bzw. von den maschinellen Gegebenheiten (Knickwinkel) abhängt, welche Beanspruchungen durch Zug und Druck auftreten. Selbst bei definiertem Knickvorgang sind stark streuende Werte zu erwarten, da die Beanspruchung der Aluminiumfolie von der Festigkeit und „Verankerung" des Kaschierpapieres

Zahlentafel 10. *Beeinflussung der Wasserdampfdichtigkeit*

Vers. Nr.	Probe	g/m²Tag					
		Alu außen			Alu innen		
		Durchg.	σ	σ_M	Durchg.	σ	σ_M
37	Alu 10 μ	0,75	—	—	0,75	—	—
38	Alu 10 μ leimk. 20 g/m² Seid. Pap.	0,5	—	—	0,46	—	—
39	Alu 10 μ leimk. 40 g/m² Zell. Pap.	0,9	0,32	0,14	0,57	0,21	0,095
40	Alu 10 μ leimk. 60 g/m² Zell. Pap.	0,75	0,55	0,25	1,16	0,43	0,19
41	Alu 10 μ leimk. 80 g/m² Zell. Pap.	0,41	—	—	0,1	—	—
42	Alu 10 μ leimk. 120 g/m² Zell. Pap.	20,8	—	—	0,67	—	—
43	Alu 10 μ wachsk. 40 g/m² Zell. Pap.	0,105	0,05	0,02	0,08 ?	0,05	0,02
44	Alu 10 μ wachsk. 60 g/m² Zell. Pap.	0,65	0,22	0,079	0,15	0,11	0,05
45	Alu 10 μ leimk. 50 g/m² Kraftpap., Papier heißsiegelfähig, Lack (2) . .	4,0	1,05	0,47	0,83	0,5	0,2
46	Wie vorher, aber Alufolie heißsiegelfähig Heißsiegell. (2)	0,3	0,19	0,09	0,16	—	—
47	Wiederholung mit anderem Heißsiegellack (3) Papier lackiert	6,74	1,29	0,58	1,41	0,55	0,25
	Desgl., Aluminiumfolie lackiert (3)	0,082 ?	0,12	0,056	0,35 ?	0,34	0,15
48	Lack, Alu 18 μ Lack, Papier 40 g/m², Leim, Alu 18 μ, Lack (1)	Lack außen 0,03 ?	0,037	0,017	Lack innen 0,06 ?	0,038	0,016
49	Alu 10 μ leimk. 50 g/m² Zellul. Papier, Polyäthyl. 20 g/m²	0,62	0,057	0,018	0,37	0,07	0,02
50	Polyäthylen 20 g/m², Alu 10 μ, leimk. auf 50 g/m² Zellulosepapier	0,38	0,44	0,14	0,14	0,07	0,02

an der Knickstelle und von der Beschaffenheit der Aluminiumfolie an dieser Stelle abhängt. Da die Wasserdampfdurchlässigkeiten außerordentlich gering sind, sind die Meßergebnisse auch unter Zugrundelegung von jeweils zehn Meßwerten statistisch meist ungenügend gesichert. Die in Zahlentafel 10 aufgeführten Versuchsergebnisse wurden an Kreuzknicken gewonnen. Der Knickvorgang war der gleiche, wie bei den Packstoffen ohne Aluminiumfolie in Abschnitt IV/8. Diese unter

durch Knicken (Folienfläche 0,42 dm², Knicklänge 14,8 cm)

mg/cm Tag						
Alu außen			Alu innen			Bemerkungen
Durchg.	σ	σ_M	Durchg.	σ	σ_M	
0,094	—	—	0,094	—	—	—
1,08	—	—	0,98	—	—	—
0,258	0,093	0,046	0,17	0,06	0,028	—
0,18	0,16	0,07	0,30	0,12	0,055	—
0,092	—	—	0	—	—	—
6,27	—	—	0,18	—	—	—
0,0043	0,0145	0,0058	0,013	0,0145	0,0058	Kein Knickeinfluß erkennbar
0,03	0,06	0,03	0,04	0,03	0,014	
1,17	0,23	—	0,23	0,15	—	—
0,087	0,055	—	0,046	—	—	—
1,86	0,35	0,16	0,38	0,15	0,07	—
0,012	—	—	0,1	0,08	0,037	—
~0,002	—	—	~0,009	—	—	—
0,17	0,018	0,006	0,09	0,02	0,006	—
0,007	—	—	0,003	—	—	—

definierten Verhältnissen durchgeführte Knickung hat den Nachteil, daß sie nicht unbedingt als typisch für die in der Verpackungsmaschine gegebenen Verhältnisse bei der Knickung angesehen werden kann. Es darf jedoch vermutet werden, daß die Abhängigkeit des Einflusses der Knickung auf die Durchlässigkeit zumindest qualitativ richtig wiedergegeben wird. Die in Zahlentafel 10 aufgeführten Ergebnisse zeigen, daß bis zu 80 g/m² Papierstärken kein meßbarer Einfluß der Papierstärke zu erwarten ist. Bei größeren Papierstärken wird die Durchlässigkeit beträchtlich höher, wenn die Aluminiumfolie außen liegt. Offenbar reicht das elastische und plastische Dehnungsvermögen der Aluminiumfolie bei solchen Papierstärken nicht mehr aus, um sich ohne Schaden um das kaschierte Papier zu legen. Da das plastische Dehnungsvermögen von der Geschwindigkeit des Dehnungsvorganges abhängt, ist es möglich, daß bei der Knickung auf der Verpackungsmaschine der Einfluß der Papierstärke schon bei dünneren Papierstärken beträchtlich wird, wenn die Aluminiumfolie außen liegt. Im übrigen verhalten sich auch thermoplastische Kunststoffe bei kurzzeitiger Beanspruchung spröder als bei statischer Belastung.

Die mit wachskaschierten Folien durchgeführten Versuche zeigen eine sehr geringe Wasserdampfdurchlässigkeit und außerdem eine geringere Erhöhung als Folge der Knickung als leimkaschierte Folien. Dies deutet wiederum darauf hin, daß der Einfluß auf die Durchlässigkeit durch die bei der Knickung verursachten Poren wegen der zum Teil in das Papier eingedrungenen Wachsschicht geringer ist als bei Leimkaschierung. Ein anderer Grund für die geringere Beeinflussung der Durchlässigkeit bei wachskaschierten Folien könnte der Umstand sein, daß der getrocknete Leim beim Knicken leichter in die Aluminiumfolie einzustechen vermag als das plastische Paraffin.

Beim Knicken von leimkaschierten Folien ergeben sich Mittelwerte von 0,1 bis 0,3 mg/cm Tag, beim Knicken von wachskaschierten Folien aber nur von 0,03 bis 0,04 mg/cm Tag.

Um einen Überblick darüber zu erhalten, wodurch die Erhöhung der Wasserdampfdurchlässigkeit an den Knickstellen verursacht ist, wurde als rohes Maß für die aufgetretene Schädigung die Porenzahl im Durchlicht bestimmt, und zwar jeweils an 20 Proben mit einer gesamten Längs- und Querknicklänge von 20 cm (vgl. nachfolgende Zahlenwerte in Klammern). Von einer statistischen Auswertung wurde abgesehen, weil das Knicken im Laboratorium unter nicht völlig konstanten Feuchtigkeitsbedingungen erfolgte und die hierdurch verursachten Streuungen schwer abschätzbar sind. Eine Genauigkeitsbetrachtung stand vorerst auch nicht im Vordergrund, vielmehr kam es auf die Erkenntnis der Haupteinflüsse an, welche grobe Unterschiede verursachen.

Das Ergebnis der Porenauszählung ist in Zahlentafel 11 zusammengestellt.

Zahlentafel 11. *Anzahl der Poren im Knick und Wasserdampfdurchlässigkeit 65—0% r. F. (aus Zahlentafel 10)*

	Material (Pos. von Zahlentafel 10 in Klammern)	(Papier gedrückt) Aluminiumfolie außen		(Papier gedehnt) Aluminumfolie innen	
		Gesamtporen im Kreuzknick	Wasserdampf durchlässigkeit, mg/cm Tag	Gesamtporen im Kreuzknick	Wasserdampf durchlässigkeit, mg/cm Tag
1 (40)	Aluminiumfolie 9—10 μ leimkaschiert auf Zellusosepapier 60 g/m²	69 l 46 q 23	0,18	112 l 91 q 21	0,30
2 (44)	Aluminiumfolie 9—10 μ wachskaschiert auf Zellulosepapier 60 g/m²	82 l 46 q 36	0,03	16 l 10 q 6	0,04
3	Aluminiumfolie 9—10 μ leimkaschiert auf gebl. Kraftpapier 50 g/m² (Pos. 4 aber ohne Lack)	162 l 86 q 76	—	77 l 26 q 51	—
4 (47a)	Heißklebespeziallack Nr. 3; 9—10 μ Aluminiumfolie leimkasch. auf Kraftpapier 50 g/m²	6 l 4 q 2	0,01	86 l 43 q 43	0,10
5 (47a)	Schutzlack 9—10 μ, Aluminiumfolie leimkaschiert auf Kraftpapier 50 g/m², darauf Heißklebelack Nr. 3	∞	1,86	283 bis ∞	0,38

Nr. 3 = Nr. 4, aber ohne Heißklebelack auf der Aluminiumseite.
∞ bedeutet unzählbar.

Bei Leimkaschierung (112)[1] (10 μ Alufolie + 60 g/m² Zellulosepapier) und bei heißsiegelfähiger Aluminiumfolie (Heißsiegellack + 10 μ Alufolie + Leimkaschierung + 50 g/m² Kraftpapier) (86) ist es ungünstig, Aluminiumfolie zu drücken, wogegen bei der vorerwähnten heißsiegelfähig lackierten Alufolie die Dehnungsempfindlichkeit sehr gering ist (6). Entfernt man den Lack, dann steigt die Dehnungsempfindlichkeit der mit Kraftpapier kaschierten Folie sehr stark an (162) und ergibt höhere

---

[1] Die Zahlenwerte in Klammern beziehen sich auf Zahlentafel 11.

Werte als bei der Leimkaschierung mit Zellulosepapier (69). Die Druck-empfindlichkeit bleibt aber gleich hoch (86 Folie mit —, 77 Folie ohne Lack, 112 Leimkaschierung mit Zellulosepapier). Die höhere Dehnungs-empfindlichkeit der leimkaschierten Folie nach Lackentfernung als bei der mit Zellulosepapier leimkaschierten Folie(162 gegen 69) ist wahrscheinlich auf die größere Sprödigkeit des Kraftpapieres vergleichsweise zum Zellulosepapier zurückzuführen.

Bei der Heißsiegelschicht auf der Papierseite (Schutzlack + Alufolie $10\,\mu$ + Leim + Kraftpapier $50\,\text{g/m}^2$ + Heißsiegellack) und bei Wachska-schierung ($10\,\mu$ Folie, wachskaschiert auf $60\,\text{g/m}^2$ Zellulosepapier) ist es sehr ungünstig, das Papier zu drücken ($\rightarrow \infty$ bzw. 82), während die Dehnungs-empfindlichkeit geringer ist; Papierlackierung mit Leimkaschierung ist bei Dehnung des Papieres wesentlich empfindlicher als Wachskaschierung (> 283 gegen 16). Wachskaschierung ist unem-pfindlicher als Leimkaschierung, wenn die Alu-miniumfolie gedrückt, also das Papier gedehnt wird (16 gegen 112); offensichtlich wird im zweiten Fall das Papier stärker verletzt.

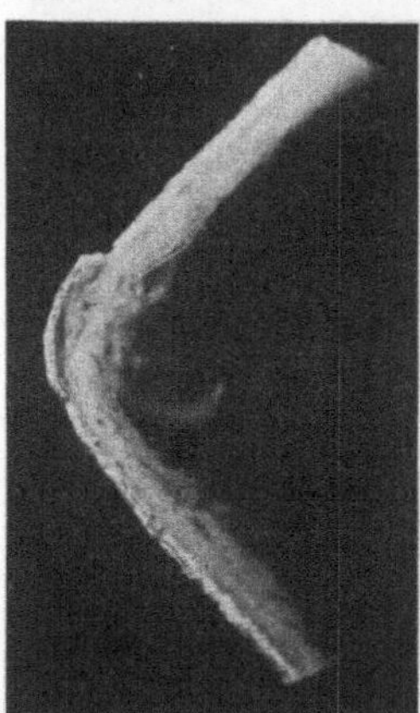

Abb. 38a.   Knickbild gemäß Pos.4 von Zahlentafel 11, Alu-Folie außen, Folie lackiert

Die außerordentlich ungünstigen Werte der Wasserdampfdichtigkeit bei Papierlackierung, wenn die Folie gedehnt wird ($\rightarrow \infty$), müssen zum Teil darauf zurückgeführt werden, daß das Kraft-papier durch diese Lackschicht zu steif wird, während der Heißklebelack auf der Aluminium-folienseite diese vor Dehnungsbrüchen schützt (162 ohne Lack). Die Zu-sammenhänge werden auf Grund der mikroskopischen Schnittbilder 38a bis 38d zu den Positionen 4 und 5 in Zahlentafel 11 deutlicher. Offensichtlich ist es wichtig, daß die Papierschicht „ausweichen" kann und die Aluminiumfolie durch eine dehn-fähige wasserdampfdichte Schutzschicht ver--stärkt wird. Stauchbeanspruchungen hält die Aluminiumfolie relativ schlecht aus, besonders, wenn sie zu starr verankert ist und nicht ausweichen kann; es ergeben sich merkliche Zerstörungen der Folie. Durch die Lackierung des Papiers wird das ohnedies steife Kraft-

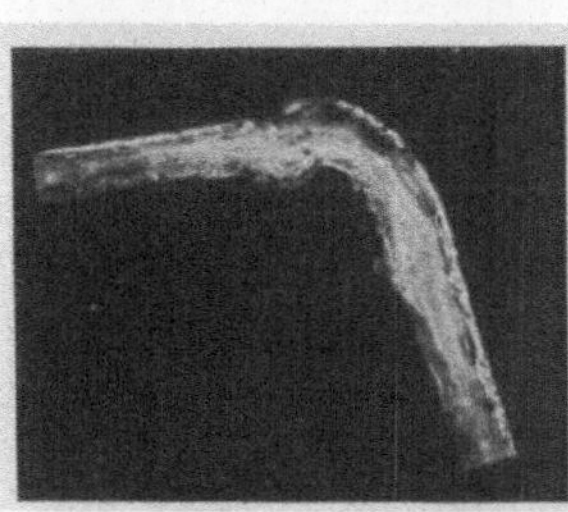

Abb. 38b. Knickbild gemäß Pos. 5 von Zahlentafel 11, Alu-Folie außen, Papier lackiert

papier zu starr, und im Zusammenhang mit der ungeschützten Alu-miniumfolie ergeben sich hierbei recht ungünstige Verhältnisse.

Auch wenn bei den besten Ausführungen die Meßwerte bereits nicht meßbar klein werden, läßt sich erkennen, welche Vorteile die Wahl einer dehnfähigen wasserdampfdichten Beschichtung auf der Aluminiumseite, eines weichen Kaschierpapiers und einer relativ wasserdampfdichten (Paraffin), jedenfalls aber nicht zu starren, die Aluminiumfolie verletzenden Kaschierschicht für die Vermeidung von Knickschäden bedeutet. Es dürfte sich lohnen, diese Erkenntnisse der Weiterentwicklung kaschierter Aluminiumfolien zugrundezulegen.

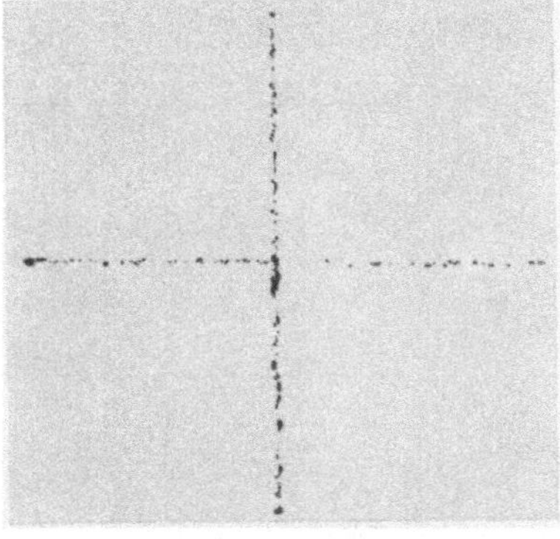

Abb. 38 c. Kontaktabzug der beim Kreuzknick gemäß b) erzielten Poren

Verwendete man zwei Lagen Aluminiumfolie mit einer dünnen Zwischenlage aus Zellulosepapier, so ergaben sich besonders niedrige Wasserdampfdurchlässigkeiten nach dem Knicken ($< 0,01$ mg/cm Tag). Ebenso günstig erwies sich aber eine billigere Triplexfolie mit der Aluminiumfolie innen, leimkaschiert auf Pergaminpapier 20 g/m²auf beiden Seiten. Hierbei wirkt sich günstig aus, daß die Aluminiumfolie in der neutralen Zone liegt.

Ergänzend wurde noch festgestellt, ob sich beim definierten Knicken einer wachskaschierten Aluminiumfolie um die Kanten eines Holzklotzes entsprechende Werte wie beim Kreuzknick ergeben; lag die Folie außen, so ergab sich eine Wasserdampfdurchlässigkeit von 0,23 g/m²Tag ($\sigma = 0,28$, $\sigma_M = 0,08$), lag das Zellulosepapier (60 g/m²) außen von 0,53 g/m² Tag ($\sigma = 0,34$, $\sigma_M = 0,11$). Entsprechende Werte beim Leimkaschieren waren: Alufolie innen 1,4 g/m²Tag ($\sigma = 0,76$, $\sigma_M = 0,29$), Alufolie außen 1,5 g/m² Tag ($\sigma\ 0,85$, $\sigma_M = 0,27$). Vergleicht man diese Ergebnisse mit den Werten in Zahlentafel 10, Pos. 44 und 40, dann ergibt sich, daß beim Eckknick meist ungünstigere Verhältnisse herrschen. Dies hängt damit zusammen, daß häufig an der Ecke, wo sich 5 Falzstellen vereinigen, ein mehr oder minder großes Loch entsteht. In der Praxis können aber auch

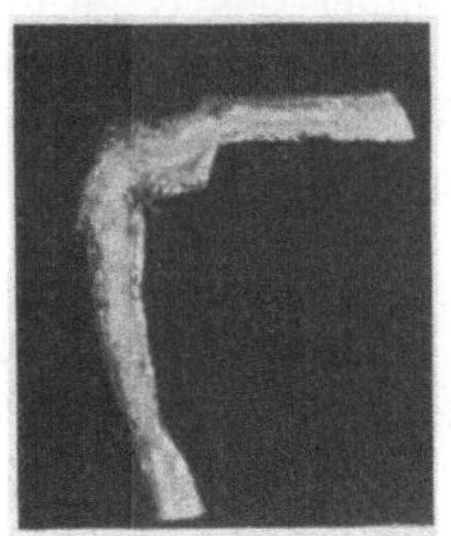

Abb. 38 d. Knickbild gemäß Pos. 5 von Zahlentafel 11, Alu-Folie innen, Papier lackiert

höhere Werte für die Ecken von Gebindeeinschlägen beobachtet werden: so wurden bei der Kombination Alufolie—bitumenkaschiertes Papier 6,2 und bei der Kombination Alufolie—wachskaschier tes Papier 3 g/m²Tag festgestellt.

Entsprechende Versuche mit polyäthylenbeschichteten Aluminiumfolien (Pos. 50) ergaben überhaupt keine Erhöhung der Wasserdampfdurchlässigkeit durch einen Eckknick, wenn die Folienseite beschichtet war, und Durchlässigkeiten im Bereich von 0,41 bis 0,46 g/m²Tag (also etwa entsprechend den mit der Knickrolle erzielten Werten), wenn die Papierseite die Polyäthylenschicht trug.

Im ganzen gesehen besteht aber doch auf Grund dieser Versuche der Eindruck, daß ein Doppelknick eine exaktere Nachbildung der praktischen Verhältnisse vorstellt, als der Kreuzknick, bei welchem vor der zweiten Knickung wieder aufgebogen wird. Tatsächlich sind es auch derartige Stellen, wo bei der maschinellen Beutelherstellung am häufigsten Porenrisse auftreten (Abb. 39).

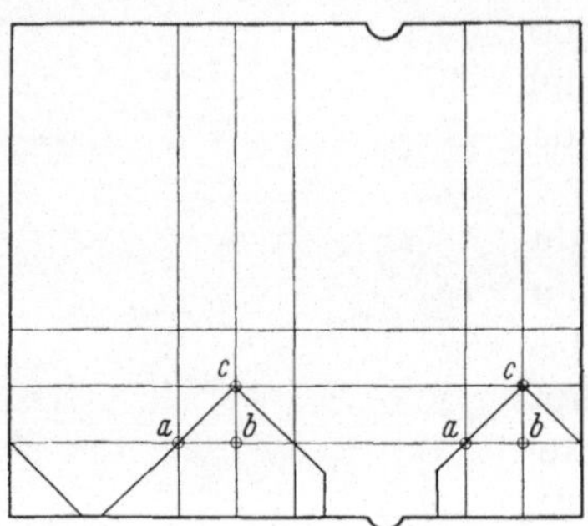

Abb. 39. Besonders gefährdete Knickstellen (a, b, c) in der Seitenfalte und am Boden am maschinell hergestellten Bodenteil

VII. Studium der Einzeleinflüsse bei wetterfestem Zellglas

Da die bisherigen Versuche mit einem Packstoff durchgeführt wurden, der bei porenfreier Herstellung wasserdampfdicht ist, aber wegen seiner relativ geringen Festigkeit zur Kombination mit anderen Werkstoffen zwingt, war als anderer Grenzfall ein Werkstoff genauer zu untersuchen, der praktisch völlig wasserdampfdurchlässig ist und dessen Dampfdichtigkeit durch einen dünnen Lackfilm angestrebt wird.

Wegen seiner großen Bedeutung wurde hierfür wetterfestes, d. h. doppelseitig heißsiegelfähig- und gleichzeitig wasserdampfdicht-lackiertes Zellglas gewählt. Die Probleme sind hierbei völlig andere.

Zunächst erschien es erforderlich, sich einen Überblick darüber zu verschaffen, welche Streuungen bei *einem* Fabrikat zu erwarten sind. Eine statistische Auswertung von Wasserdampf-Durchlässigkeitsmessungen mit zweimal zehn Proben bei einem Material von der gleichen Rolle und den Prüfbedingungen 65/0% relative Feuchtigkeit und 20° C ergab folgendes:

$$\text{Mittelwerte :} \quad \text{I}^1 \quad 0,84 \ \frac{\text{g}}{\text{m}^2 \ \text{Tag}} \ ; \ \sigma = 0,105 \ ; \ \sigma_M = 0,03 \ ;$$

$$\text{II}^2 \quad 0,94 \ \frac{\text{g}}{\text{m}^2 \ \text{Tag}} \ ; \ \sigma = 0,33 \ ; \ \sigma_M = 0,105 \ ;$$

---

[1] Vom gleichen Blatt.

[2] Von verschiedenen Blättern gleicher Fertigung und Lieferung.

1. Einfluß der Heißsiegelung auf die Wasserdampfdurchlässigkeit

In Zahlentafel 12 ist für die Wärmekontaktsiegelung und in Zahlentafel 13, für die Impulssiegelung der Einfluß der Siegelbackenform, Naht-

Zahlentafel 12. *Wärmekontaktsiegelung — Backenbreite 10 mm, AST, Fabrikat I*

Nr.[1]	Siegelbacken-form	Siegel-temp. °C[2]	Siegel-dauer s	Nahtform[3]	Wasserdampfdurchlässigkeit 65/0 g/m²Tag		
					bez. auf Proben-fläche	bez. auf Siegel-fläche	mg/cm Tag bez- auf Nahtlänge
1	—	—	—	——	0,68	—	—
2	glatt	90	½	—·—	0,73	—	—
3	„	„	2	„	0,66	—	—
4	„	„	30	„	0,70	—	—
5	—	—	—	——	0,77	—	—
6	glatt	110	½	—·—	0,69	—	—
7	„	„	2	„	0,66	—	—
8	„	„	30	„	0,78	—	—
9	„	150	2—3	„	0,47	—	—
10	„	„	„	⌐L	0,92	—	0,17
11	„	150	„	═	0,97	2,33	—
9a	„	150	2—3	—·—	0,58	2,4	—
10a	„	„	„	⌐L	0,39	—	0,015
11a	„	„	„	═	0,43	1,63	—
12	„	—	—	——	0,67	—	—
13	glatt	160	2	═	0,84	1,7	—
14	quergeriffelt	„	„	„	1,53	5,66	—
15	längsgeriffelt	„	„	„	1,03	2,71	—
16	gerastert	„	„	„	0,55	0,67	—
17	glatt	„	„	⌐L	0,98	—	0,18
18	quergeriffelt	„	„	„	0,8	—	0,07
19	längsgeriffelt	„	„	„	0,75	—	0,05
20	gerastert	„	„	„	0,81	—	0,08
21	—	—	—	——	0,52	—	—
22	längsgeriffelt	220	½	—·—	1,0	3,0	—
23	„	„	¼	„	0,86	2,3	—
24	„	„	½	═	1,1	3,5	—
25	„	„	¼	„	1,1	3,7	—
26	„	„	½	⌐L	0,96	—	0,29
27	„	„	¼	„	0,58	—	0,04

[1] Die Durchlässigkeit der mit Index *a* versehenen Positionsnummern wurde bei einem Gefälle 65/35% rel. Feuchte bestimmt.

[2] Die Siegeltemperaturen wurden durch Einlegen von Staubpartikelchen von Schmelzkörpern zwischen 2 Lagen Zellglas ermittelt. Die dem Schmelzkörper entsprechende Temperatur war dann erreicht, wenn die kleinsten Teilchen eben geschmolzen waren.

[3] 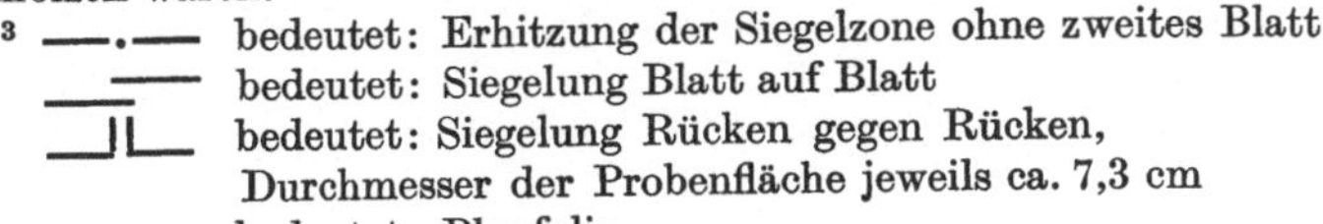
—·— bedeutet: Erhitzung der Siegelzone ohne zweites Blatt
═══ bedeutet: Siegelung Blatt auf Blatt
⌐L bedeutet: Siegelung Rücken gegen Rücken,
Durchmesser der Probenfläche jeweils ca. 7,3 cm
——— bedeutet: Planfolie

Zahlentafel 13. *Impulssiegelung (Impulssiegelband 4 mm breit)*

Nr.[1]	Fabrikat Nr.	Siegel-temp. °C[2]	Siegel-dauer s	Nahtform[3]	Wasserdampfdurch-lässigkeit 65/0 g/m² Tag		mg/cm Tag bez. auf Nahtlänge
					bez. auf Proben-fläche	bez. auf Siegel-fläche	
28	I	200	¼	—·—	10,0	146	—
29	„	155	„	„	7,32	103,2	—
30	„	200	„	⊐	6,77	86,4	—
31	„	155	„	„	5,64	77,3	—
32	„	200	„	⊥	3,42	—	1,7
33	„	155	„	„	2,04	—	0,4
28a	„	200	„	—·—	5,19	79,2	—
30a	„	„	„	⊐	4,85	66,0	—
32a	„	„	„	⊥	3,42	—	1,7
34	„	—	—	⊐	0,63	—	—
35	„	147	½	—·—	16	224	—
36	„	157	„	„	9,9	134	—
37	„	147	„	⊐	9,1	123	—
38	„	157	„	„	6,3	83	—
39	„	147	„	⊥	4,0	—	1,97
40	„	157	„	„	3,9	—	1,92
41	III a (2 Liefe-rungen)	—	—	—	0,6	—	—
42	„	230	¼	⊐	6,36	70,2	—
43	„	„	„	⊥	0,94	—	0,35
44	„	195	„	⊐	6,86	75,9	—
45	„	„	„	⊥	0,55	75,9	0,18
46	Am. Zellgl. zweiseitig mit Saran beschichtet	—	—	⊐	0,76	—	—
47	längsgeriffelt	180	—	—·—	0,79	—	—
48	Am. Zellgl. eins. m. Poly-äthylen beschichtet Fabr. a	—	—	—	1,69	—	—
49	längsgeriffelt	—	—	—·—	1,73	—	—
50	Am. Zellgl. eins. m. Poly-äthylen beschichtet Fabr. b	—	—	—	2,3	—	—
51	längsgeriffelt	—	—	—·—	2,2	—	—
52	„	—	—	⊐	2,1	—	—
53	„	—	—	⊥	2,5	—	—

Zahlentafel 14

Zellglas AST neue Fertigung (I c)	Gefälle %	Bezogen auf Schalenfläche g/m³ Tag	σ	σ_M	Bez. auf Siegelfläche g/m²Tag	Bez. auf Nahtlänge mg/cm Tag
Impulssiegelung						
Planfolie ——	65/0	1,29 (un- günst. Blatt)	0,201	0,104	—	—
185° ¼ s (Max. d. Spaltfestig-keit)[1] —.—		4,34	0,98	0,32	35,15	—
Planfolie ——	65/0	0,85	0,17	0,084	—	—
⊏⊐		4,88	1,8	0,58	47,45	—
Planfolie ——	69/0	0,94	0,18	0,088	—	—
⊐⊏		2,89	0,32	0,10	—	1,13
Wärmekontaktsiegelung						
Planfolie ——	65/0	0,56	0,088	0,05	—	—
145° ¼ s (Max. d. Spaltfestig-keit)[1] .... —.—		0,54	0,141	0,045	0,54	—
Planfolie ——	65/0	0,82	0,157	0,078	—	—
⊏⊐		1,12	0,35	0,11	2,51	—
Planfolie ——	66/0	0,60	0,034	0,017	—	—
⊐⊏		1,07	0,186	0,057	—	0,27
Fabrikat III d Zellglas AST						
Impulssiegelung						
Planfolie ——	65/0	5,0	1,0	0,41	—	—
—.—		22,55	3,9	1,59	2200	—

[1] Die maximale Spaltfestigkeit wurde beim Konaktsiegelgerät bei 145° (ca. ½ sec) bzw. 150° (ca. 3 sec) gefunden. Sie betrug bei einer Streifenbreite von 20 mm 248 g (½ sec) bzw. 268 g (3 sec). Beim Impulssiegeln (ca. ¼ sec) lag der Maximalwert bei 183° bei 20 mm Streifenbreite und betrug 252 g (vgl. Abb. 40). Daß beim Impulssiegeln höhere Temperaturen nötig sind, ist teilweise durch die kürzere Zeit, teilweise durch die einseitige Wärmezufuhr bedingt. Bezüglich der Durchführung von Spaltfestigkeitsmessungen vgl. G. SCHRICKER [27].

Zu Zahlentafel 13:

[1] Die Durchlässigkeit der mit Index a versehenen Positionsnummern wurde bei einem Gefälle 65/35% rel. Feuchte bestimmt.

[2] Die Siegeltemperaturen wurden durch' Einlegen von Staubpartikelchen von Schmelzkörpern zwischen 2 Lagen Zellglas ermittelt. Die dem Schmelzkörper entsprechende Temperatur war dann erreicht, wenn die kleinsten Teilchen eben geschmolzen waren.

[3] —.— bedeutet: Erhitzung der Siegelfläche ohne zweites Blatt
⊏⊐   ,,   Siegelung Blatt auf Blatt
⊐⊏   ,,   Siegelung Rücken gegen Rücken, Durchmesser der Probenfläche jeweils ca. 7,3 cm
——   ,,   Planfolie

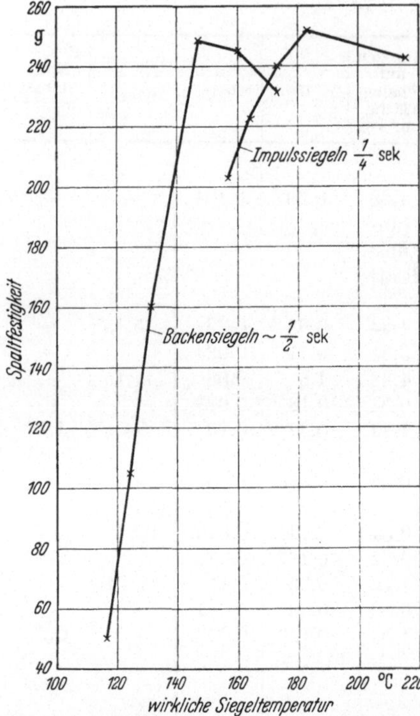

Abb. 40. Zusammenhang zwischen der Spaltfestigkeit nach dem Impulssiegeln und nach dem Kontaktsiegeln mit Zellglas-Wetterfest AST, Streifenbreite 2 cm. (Die Temperatur wurde mit kleinsten Teilen von Schmelzkörpern zwischen zwei Zellglasblättchen gemessen.)

form, Siegeltemperatur u. Siegeldauer auf die Wasserdampfdurchlässigkeit zusammengestellt. In Zahlentafel 14 werden verschiedene Siegelverfahren verglichen.

In Zahlentafel 15 sind Versuche zusammengestellt, die angeben, wie die Wasserdampfdurchlässigkeit bei der Siegelung von Zellglas verschiedenen Weichmachergehaltes bei der Impulssiegelung geändert wird.

In einer weiteren Versuchsreihe wurden Vergleichsversuche zwischen Wärmekontakt- und Impulssiegelverfahren durchgeführt und statistisch ausgewertet.

Um zu erfahren, weswegen sich die Wasserdampfdurchlässigkeit an der Impulssiegelnaht bei Zellglas AST wesentlich erhöht, wurde nach dem Siegeln die Bandseite des Zellglases mit Paraffin abgedeckt. Es ergab sich bei Zellglas AST, neue Sorte (Fabrikat I b), bei 65/0% relativer Feuchtigkeit:

Planfolie . . . . 0,67 g/m²Tag $\sigma_M = 0,18$
Impulssiegelung bei ca. 200°C und ¼ sec
ohne Paraffinabdeckung 6,1   „
mit Paraffinabdeckung 1,52   „

Um die Schwächung der Ränder der Siegelnaht kennenzulernen, wurden nur diese mit Paraffin abgedeckt. Es ergab sich bei Zellglas AST, Fabrikat I, bei 65/0% relativer Feuchtigkeit:

Planfolie . . . . 1,34 g/m²Tag
Impulssiegelung bei ca. 200°C und ¼ sec
mit Paraffinabdeckung 5,5   „

Diese große Überhöhung der Durchlässigkeit gegenüber dem Planwert und der geringe Unterschied gegenüber dem Wert 6,1 g/m²Tag für die Siegelnaht ohne jegliche Abdeckung zeigt, daß die Naht wesentlich mehr durchlassen muß als der Rand der Naht.

Aus beiden Versuchen ergibt sich, daß die Hauptschädigung der Lackschicht durch das Impulssiegeln die vom Heizband berührte Flächen betrifft.

Zahlentafel 15

Zellglas Fabrikat II	Zellglas ohne Weichmacher, 65/0% bezogen auf			Zellglas mit 14,5% Weichmacher, 65/0 % bezogen auf		
	Ges. Fläche	Siegel- Fläche	Naht- länge	Ges. Fläche	Siegel- Fläche	Naht- länge
	g/m²Tag		mg/cmTag	g/m²Tag		mg/cmTag
Planfolie ——	2,9			2,8		
Wärmekontaksiegelung						
167°, 2—3 s —— · ——	3,5	6,6		4,1	10,7	
167°, 2—3 s ⎓	5,3	17,2		2,9	6,5	
167°, 2—3 s ⨆⨅	7,8		2,6	5,5		1,61
Impulssiegelung						
ca. 153° ¼ s —— · —— . . .	25,3	308,6		30,9	434	
ca. 153° ¼ s ⎓ . . .	15,2	180,4		14,2	174,5	
ca. 153° ¼ s ⨆⨅ . . .	10,1		3,9	15,0		7,44
Zellglas Fabrikat III b)				**Zellglas mit 16,8% Weichm.**		
Planfolie ——	4,6			3,3		
Wärmekontaktsiegelung						
193° 2—3 s —— · ——	6,2	14,0		21,0	106,5	
193° 2—3 s ⎓	7,6	22,2		13,4	61,9	
193° 2—3 s ⨆⨅	6,9		1,33	3,2		
Impulssiegelung						
190° ¼ s —— · ——	17,7	156,8		30,3	333,8	
190° ¼ s ⎓	10,3	71,0		17,9	181,7	
190° ¼ s ⨆⨅	9,7		3,0	3,2		3,3

Anmerkung. Der Einfluß der *Überhitzung* der Naht beim Wärmekontaktsiegeln wurde in einem gesonderten Versuch mit Zellglas AST bei 66/0% rel. Feuchtigkeit überprüft. Siegeltemperatur 180°, über dem Optimum der Spaltfestigkeit (145°, ½—3 sec). Planwert 0,4 g/m²Tag. Werte bei einlagigem Erhitzen (—— · ——); Werte in Klammern bezogen auf Siegelfläche: ½ sec 1,24 (5,28); 1 sec 1,75 (8,3); 5 sec 2,0 (9,7) im letzten Fall schon leicht gelblich. Ein zu langes Erhitzen ist also bei hohen Siegeltemperaturen zweifellos schädlich, aber noch nicht von entscheidender Bedeutung. Beim Siegeln Rücken gegen Rücken ergab sich ein ähnlicher Effekt. Planwert 0,63; 1 sec bei 200° (leichte Vergilbung) 0,92 (0,17); 5 sec 1,4 (0,45); 10 sec 3,1 (1,5) (Werte in Klammern sind bezogen auf die Nahtlänge in mg/cmTag).

Viel entscheidender ist aber beim praktischen Einsatz der *Anpreßdruck*. Man kann diesen Einfluß am besten erkennen, wenn man einen mit Blaugel gefüllten Karton mit Zellglas umwickelt und den Heißsiegelverschluß an einer Seite und an den Stirnflächen von Hand mit Hilfe einer Heizplatte (110°C 3 sec) vornimmt. Bei einer Gesamtoberfläche von 3,9 dm² ergab sich bei einer offensichtlich guten Siegelung ein Wert von 2,7 g/m²Tag. In der Mehrzahl der Fälle lagen aber die Werte im Bereich 3,4—6,7 g/m²Tag. Dies hängt damit zusammen, daß sich wegen der Nachgiebigkeit der Packung der Druck ungleichmäßig verteilt und dieser an den eigentlichen Siegelstellen nicht zu einem festen Verschluß ausreicht. Bei anderen Versuchen wird auf die Frage des Anpreßdruckes noch näher eingegangen werden[1].

2. Einfluß des Weichmachergehaltes

Dieser Einfluß auf die Wasserdampfdurchlässigkeit unter Zugrundelegung etwa gleicher Teile Glycerin und Polyglycol wurde gemessen bei 92/65% relativer Feuchtigkeit am Fabrikat IIIc:

Weichmachergehalt %	0	4,7	10	12,7	16,8
g/m²Tag	2,09	1,79	2,27	1,62	1,11
σ	0,73	0,82	0,95	0,82	0,23
σ_M	0,26	0,25	0,43	0,26	0,11

Angesichts der Streuungen darf also nur von einer Tendenz gesprochen werden, daß sich mit zunehmendem Weichmachergehalt die Dampfdichtigkeit erhöht. Weitere Versuchsergebnisse sind in Zahlentafel 15 zusammengestellt, die noch weniger eindeutig sind (vgl. auch Pos. 5). Im ganzen ist dieser Einfluß nicht bedeutend.

3. Einfluß von Gefriertemperaturen

Zellglaspackungen werden häufig bei tiefen Temperaturen gelagert. In einer weiteren Versuchsreihe, deren Ergebnisse in Zahlentafel 16 angegeben sind, wurde dieser Einfluß näher untersucht.

Zahlentafel 16. *Durchgang g/m²Tag bei 65/0%*

Fabrikat-Nr.	vor dem Gefrieren	nach dem Gefrieren	Gefrier-temperatur °C
IIIa Lieferung 1	0,6	5,5	—
IIIa Lieferung 2	1,7	7,3[2]	—
I Lieferung 1	0,8	7,7[2]	— 15
I Lieferung 2	1,1	9,3	— 15

[2] Im Fischpreßwasser eingefroren.

---

[1] Nach orientierenden Versuchen, die während der Drucklegung erschienen (vgl. K. S. KUNZE, Die neue Verpackung, Bd. 8. (1955 H. 11 S. 639) soll im Intervall < 1,5 kg/cm² der Einfluß des Anpreßdruckes auf die Wasserdampfdichtigkeit merklich sein.

4. Einfluß des Sterilisierens

Wetterfestes Zellglas mit 17,7% Weichmacher:

Planwert: 65/90%   0,23 g/m²Tag
        65/97%   0,9   ,,

Als Brot-Innenumhüllung (Außenumhüllung Aluminiumfolie) 4 Stunden bei 90° C Innentemperatur sterilisiert, nach dem Sterilisieren bei 65/90% und 20° C:

Planwert: 7,9 g/m²Tag
Knickstelle: 10,8 g/m²Tag
Siegelstelle: 22,3 g/m²Tag

5. Einfluß der Alterung bei verschiedenen Weichmacherzusätzen

Es bestand die Frage, ob durch eine Vorlagerung einer Zellglasprobe bei verschiedenen relativen Feuchtigkeiten (65% und 90%) die Wasserdampfdurchlässigkeit bei 85/0% erhöht wird. Weder in den Planwerten noch nach einer Wärmekontakt-Blindsiegelung (145° C 1 sec) war ein statistisch gesicherter Einfluß nach einer ein- und dreiwöchigen Vorlagerung festzustellen; die Werte für die gesiegelten Proben lagen im Bereich von 1,2 bis 1,5 g/m²Tag.

Zellglas Fabrikat I wurde eineinhalb Jahre bei 20° C und $\varphi = 55\%$ gelagert, worauf die erzielten Wasserdampfdurchlässigkeiten mit denen drei Wochen nach der Herstellung verglichen wurden:

Weichmachergehalt	14%	17,7%	20,9%
nach 3 Wochen g/m²Tag	Mittel = 2,13	0,81	1,28
	σ = 0,52	0,21	0,26
	σ_M = 0,17	0,07	0,08
nach 1½ Jahren	Mittel = 1,0	0,47	0,47
	σ = 0,11	0,11	0,26
	σ_M = 0,04	0,04	0,08

Unter den gegebenen Bedingungen hatte sich also die Wasserdampfdichtigkeit dieser Zellglassorte verbessert, vermutlich durch Rekristallisation der Paraffinkomponente. Aus der Praxis ist bekannt, daß bei feuchter Lagerung infolge Quellung des Zellglases eine Erhöhung der Wasserdampfdurchlässigkeit auftritt.

Weiterhin wurden mit dem gelagerten Material Siegelversuche durchgeführt (Siegeltemperatur: Wärmekontakt 145°C, Impulssiegelgerät 209° C) und die Wasserdampfdurchlässigkeit bei 65/0% relativer Feuchtigkeit bestimmt.

Es ergab sich bei 14% Weichmacher (Planfolie 0,96 g/m²Tag):

| | Impulssiegelnaht | | Wärmekontakt-siegelnaht bez. auf Prüffläche |
	bez. auf Prüffläche	bez. auf Siegelfläche	
—·— Mittel (g/m²Tag)	2,4	17,6	0,7
σ	1,06	12,3	0,24
σ_M	0,43	—	0,10

Bei 20,9% Weichmacher (Planfolie 0,90 g/m²Tag) ergab sich:

—·— Mittel (g/m²Tag)	1,4	7,3	0,75
σ	0,6	6,9	0,33
σ_M	0,24	—	0,14

Im Vergleich mit früheren Messungen ergibt sich, daß durch die Alterung auch die Beeinflussung der Wasserdampfdichtigkeit durch das Heißsiegeln abgenommen hat.

6. Einfluß der Knickung bei wetterfestem Zellglas
(von verschiedenen Herstellern)

Wasserdampfdurchgang in g/m²Tag bei 65/0% relativer Feuchtigkeit, bezogen auf eine Prüffläche von etwa 0,5 dm²:

| Planwert: | 0,6 | 0,61 | 1,1 | 2,0 | 2,5 | 3,9 |
| Kreuzknick: | 1,0 | 0,8 | 1,45 | 1,9 | 3,0 | 5,8 |

Da das Knicken bei diesen Versuchen in einem Raum stattfand, dessen Klima nicht regelbar war, wurden noch Knickversuche sowohl bei hoher ($\varphi = 97\%$) wie auch bei niedriger relativer Feuchtigkeit (11%) durchgeführt. Bezogen auf das Feuchtigkeitsgefälle 65% gegen 0% ergaben sich (Fabrikat I) dabei folgende Durchlässigkeiten:

Planwert: 1,54 g/m²Tag   Kreuzknick bei hoher Feuchtigkeit:
          2,33 g/m²T; $\sigma = 0,74$; $\sigma_M = 0,23$
          bzw. 0,17 mg/cmT; $\sigma = 0,22$; $\sigma_M = 0,067$

Planwert: 1,07 g/m²Tag   Kreuzknick bei niedriger Feuchtigkeit:
          2,61 g/m²T; $\sigma = 1,0$; $\sigma_M = 0,32$
          bzw. 0,39 mg/cmT; $\sigma = 0,3$; $\sigma_M = 0,096$

Im ersten Fall ist also die mögliche Verschlechterung etwas kleiner als im zweiten.

Da nun aber das Knicken häufig um eine Ecke erfolgt, wurde außerdem das gleiche Zellglas um einen Modellklotz gefaltet und jede der drei Flächen mit der Knickrolle überrollt; dabei entsteht jeweils nur ein nicht allzu scharfer (Krümmungsradius der Kante) 90°-Knick, nicht ein scharfer 180°-Knick wie vorher.

Planwert: 0,3 g/m²Tag   Knickwert 1,16 g/m²T; $\sigma = 0,25$; $\sigma_M = 0,08$
          bzw. in mg/cmT 0,196; $\sigma = 0,057$; $\sigma_M = 0,018$

Durch das Biegen um eine Ecke ergeben sich demnach bei Zellglas AST keine ungünstigeren Werte als beim 180°-Knick.

Betrachtung der Ergebnisse

Es ergibt sich, daß beim *Wärmekontaktsiegeln* der Zeiteinfluß bei gleicher Temperatur auf die Wasserdampfdichtigkeit gering ist (Ausnahme evtl. _⌐|_ $^1/_4$ sec 220° C) und auch in gewissen Grenzen der Temperatureinfluß nicht besonders ins Gewicht fällt, sofern man bei jeder Temperatur solange siegelt, wie eben nötig. Bei überhöhten Temperaturen ist verständlicherweise hierbei das Risiko größer. Die Wasserdampfdurchlässigkeit sinkt zum Maximum der Siegelfestigkeit (ca. 145°) etwas ab und steigt dann wieder etwas an, d. h. optimale Spaltfestigkeit und geringste Wasserdampfdurchlässigkeit decken sich. Auch die Art der Backenprofilierung spielt keine besondere Rolle (am günstigsten Rasterprofil). Hochnaht ist im ganzen etwas günstiger als Flachnaht, weil hierbei der Wärmeeinfluß sich weniger auf den Teil der Folie erstreckt, der dem Wasserdampf-Partialdruckgefälle ausgesetzt ist. Bezogen auf die Siegelfläche ergeben sich bei Zellglas I (AST) im Feuchtigkeitsgefälle 65% gegen 0% im allgemeinen Werte zwischen 2,3 und 3,7 g/m²Tag, und zwar wurden die niedrigen Werte bei den niedrigeren Temperaturen erhalten. Der Einfluß des Herstellungsbetriebes also der Lackrezeptur, war recht erheblich. Beim _⌐|_-Siegeln sind Werte im Bereich 0,17 bis 0,28 mg/cm Naht und Tag zu erwarten. Manchmal waren die Werte etwas höher, manchmal etwas niedriger, wenn man einlagig bzw. zweilagig erhitzte bzw. siegelte.

Beim *Impulssiegeln* ergab sich immer eine bedeutend geringere Wasserdampfdichtigkeit als beim Wärmekontaktsiegeln. Temperaturen unterhalb 185°, die der maximalen Spaltfestigkeit entsprechen, scheinen ungünstigere Werte zu ergeben als solche, die oberhalb liegen. Innerhalb der in Betracht kommenden Grenzen ist der Zeiteinfluß gering. Die Hochnaht ist wesentlich günstiger als die Flachnaht. Bezogen auf die zweilagige Siegelfläche wurden beim Zellglas I (AST) Werte zwischen etwa 50 und 120 g/m²Tag ermittelt. Beim Hochkant-Siegeln bewegen sie sich im Bereich 1,1 bis 2,0 mg/cm Tag (niedrigste Werte jeweils beim Optimum der Spaltfestigkeit, also bei relativ hohen Temperaturen). Ob man einlagig (Blindwert) oder zweilagig erhitzt, ist für die Schädigung nicht mehr von entscheidendem Einfluß, doch liegen die Werte für einlagiges Siegeln im allgemeinen höher.

Mit zunehmendem *Weichmachergehalt* im Zellglas scheint die Wasserdampfdurchlässigkeit der Planfolie etwas abzunehmen. Dies ist zu erwarten, da die wasserdampfsperrende Lackschicht auf biegsamem und geschmeidigem Zellglas besser haftet und deshalb weniger beschädigt wird. Bei Siegelung von weichgemachtem Zellglas ergaben sich jedoch insbesondere bei einem Fabrikat größere Nahtdurchlässigkeiten als bei nichtweichgemachtem Zellglas. Bei Gefriertemperaturen nimmt die Wasserdampfdurchlässigkeit von Zellglas AST nach dem Auftauen sehr stark zu. Dies dürfte der umgekehrte Effekt sein als bei der Weichmacherzugabe. Der Lackfilm und das Zellglas erhärten sich und der Lackfilm bildet bei mechanischen Beanspruchungen Rinnen. Dazu kommt noch, daß der Lackfilm und das Zellglas verschiedene Temperaturausdehnungskoeffizienten haben können und daß deshalb innere Spannungen auftreten. Der Einfluß des Weichmachergehaltes auf die Beeinflussung durch das Gefrieren wurde nicht untersucht.

Wodurch die *ungünstigen Werte beim Impulssiegeln* hervorgerufen werden, war zunächst noch unklar. In Häufigkeitsversuchen, die jeweils beim Maximalwert der Spaltfestigkeit durchgeführt wurden, ergab sich, daß das Wärmekontaktsiegeln die Wasserdampfdurchlässigkeit in der Siegelfläche um höchstens das 2,5fache erhöht, beim Impulssiegeln aber um mehr als das 50fache. Vorsorglich wurde auch noch mit einem anders konstruierten Impulssiegelgerät gearbeitet. Bei einem Ausgangswert von 0,48 g/m²Tag wurden dabei mit einem Anpreßdruck von 18,5 atm Werte von 181,2 g/m²Tag bezogen auf die Siegelfläche erzielt, in einem anderen Fall ohne besonderen Anpreßdruck ergab sich bei einem Planwert von 0,62 g/m²Tag eine Wasserdampfdurchlässigkeit, bezogen auf die Heißsiegelfläche, von 173 g/m²Tag.

Der grundsätzliche Unterschied zwischen dem Kontakt- bzw. Impulssiegeln besteht einmal darin, daß im zweiten Falle nur eine Seite erhitzt wird und daß das Abschrecken sehr viel rascher erfolgt. Um die Einflüsse wenigstens einigermaßen nachzubilden, wurde auf einer kalten Richtplatte von großer Masse das Zellglas aufgelegt und hierauf ein Metallblock von der Länge der Siegelnaht mit einer Temperatur von 200° C. Bei einem Ausgangswert der Wasserdampfdurchlässigkeit von 0,66 g/m²Tag ergab sich nach einer Verweildauer von 3 sec ein Wert von 0,85 g/m²Tag und bei langer Verweildauer (bis zur Erkaltung, etwa 10 min) von 1,06 g/m²Tag, also keine entscheidende Steigerung. Bei zweiseitiger Erwärmung auf 120° waren die entsprechenden Werte 0,4 g/m²Tag, 0,45 g/m²Tag (3 sec) und 0,74 g/m²Tag (15 min).

Um alle Möglichkeiten zu erschöpfen, wurde beim Impulssiegeln schließlich noch die Unterlage variiert. Dabei ergab sich Folgendes (Werte in g/m²Tag):

Zellglas AST I, Blindprobe 0,70 g/m²Tag
—·— Impulsnaht (185°, ¼ sec) α) mit Siliconunterlage 10,9
(bezogen auf die Siegelfläche 118,9)
„ „ β) mit Papier unter Zellglas, dann Silicon 2,94 (Flächenwert 26,6)

Impulsnaht (185°, ¼ sec) γ) mit Holzunterlage 2,36
(Flächenwert 19,9)

,,   ,, δ) mit Papier unter Zellglas, dann Holz 2,4
(Flächenwert 20,9)

AST I, Blindprobe 0,89 g/m²Tag
—.—   Impulsnaht (185°, ¼ sec) α) mit Siliconunterlage 4,1
(Flächenwert 38,0)

,,   ,, β) mit Teflonunterlage 1,72
($\sigma = 0{,}8$; $\sigma_M = 0{,}33$)
(Flächenwert 10,5)

,,   ,, γ) mit Papier unter Zellglas, dann Teflon
1,5 ($\sigma = 0{,}38$; $\sigma_M = 0{,}16$)
(Flächenwert 7,94)

Es läßt sich daraus folgern, daß der Silicongummi bei der kurzzeitigen Erwärmung irgendeinen nachteiligen Einfluß auf die Lackschicht des Zellglases ausübt und die beim Impulssiegeln erzielten ungünstigen Werte durch die unzweckmäßige Geräteausführung bedingt waren. Es liegt zwar die Dampfdurchlässigkeit, bezogen auf den Flächenwert, auch bei Verwendung anderer Werkstoffe beim Impulssiegeln, auch unter Berücksichtigung der statistischen Streuung noch immer um ein Geringes über den Werten beim Wärmekontaktsiegeln, doch ist der Unterschied praktisch nicht mehr von besonderer Bedeutung.

Ein vorsorglich durchgeführter Kontrollversuch mit dem Kontaktgerät, wobei die Heizung der einen Backe ausgeschaltet und die andere Backe mit Silicongummi überzogen wurde, ergab ebenfalls eine Erhöhung der Wasserdampfdurchlässigkeit der Blindsiegelnaht. Die hohen Werte wie beim Impulssiegeln unter Verwendung von Silicongummi wurden aber nicht erzielt.

Im ganzen ergibt sich folgendes: Haupteinflüsse auf die Wasserdampfdichtigkeit von Zellglas: Fabrikat, Vermeidung des Herausdiffundierens des Lackweichmachers (Gefrieren im gequollenen Zustand), Garantie für ausreichende Siegeltemperaturen bzw. -verweilzeiten bei ausreichendem Anpreßdruck, um eine ausreichende Spaltfestigkeit zu erzielen, Vermeidung von Berührung von Silicongummi beim Heißsiegeln.

Anhang. Im Hinblick auf die überraschenden Ergebnisse auf S. 60 wurde Zellglas AST (Fabrikat I) vor Bestimmung der Wasserdampfdurchlässigkeit in gemahlenen Bohnenkaffee bzw. Kakao gelegt, um den Einfluß dieser Berührung auf die Wasserdampfdurchlässigkeit (65/0%) zu studieren.

Nach 9 Tagen in Bohnenkaffee   6,1 g/m²Tag
Nach 9 Tagen in Kakao   4,1 g/m²Tag

Weiterhin wurde der Weichmachergehalt variiert:

14% Weichmacher:	Planfolie vorher	1,45
	1 Woche in Kakao	6,73
	Planfolie vorher	1,29
	1 Monat in Kakao	8,72
20,9% Weichmacher:	Planfolie vorher	0,8
	1 Woche in Kakao	3,73
	Planfolie vorher	0,63
	1 Monat in Kakao	7,2

Selbst bei Verwendung eines weichmacherfreien lackierten Zellglases (Fabrikat II) ergab sich bei einem Ausgangswert von 2,3 g/m²Tag nach zweimonatiger Lagerung in schwach entöltem Kakao eine Wasserdampfdurchlässigkeit von 28,3 g/m²Tag ($\sigma = 15,3$; $\sigma_M = 4,8$); vgl. S. 115.

Untersucht wurde auch noch durch eigene Tauchversuche der Einfluß der Paraffinbeimengung zum Lack. Bei 0% Paraffin betrug die Wasserdampfdurchlässigkeit (65/0%) 70 g/m²Tag, um bereits bei 0,2% Paraffin, bezogen auf die Lösung, auf 4,2, bei 1,5% Paraffin auf 3,0 g/m² Tag zu sinken. Die Dicke der Beschichtung betrug etwa 20 μ. Bei dieser Handlackierung waren aber die Streuungen beträchtlich. Beim Impulssiegeln (173°, $^1/_2$ sec. Flachnaht) stieg die Wasserdampfdurchlässigkeit bezogen auf die Schalenfläche auf 24 bis 84 g/m²Tag bei 0,2% Zusatz bezogen auf die Lösung; bei 0,4% Paraffin auf 11 bis 75 g/m² Tag (190°) und bei 1,5% Paraffinzusatz nur noch auf 8,3 g/m²Tag (190°). Geringe Spuren von Paraffin verbessern demnach die Wasserdampfdichtigkeit beträchtlich; im Hinblick auf die Siegelempfindlichkeit empfiehlt es sich, so hoch mit dem Paraffinzusatz zu gehen, daß eben ein Trübwerden der Folie vermieden werden kann.

VIII. Analyse des Wasserdampfdurchgangs durch fertige Beutel

1. Aus Aluminiumfolie

a) Abschätzung der Porenverteilung und Berechnung des Planwertes bei mit Papier- und mit Polyäthylen kaschierten unbearbeiteten Aluminiumfolien

Auf Grund des Ergebnisses der Betrachtung des Porendurchganges in Abschnitt VI3 ist es möglich, den Planwert von papierkaschierten Aluminiumfolien abzuschätzen, wenn die Porenhäufigkeit bestimmt wird.

Die Auszählung der Poren einer 17 dm² großen Folienfläche und die Messung der Porenflächen[1] ergab für eine mit 60 g/m² Zellulosepapier

---

[1] Da hier nur eine Abschätzung des Einflusses beabsichtigt war, genügt diese Beispiel. Davon unabhängig erschiene es empfehlenswert, die Porenverteilung abhängig von der Foliendicke einer statistischen Auswertung zu unterziehen. Auf Grund amerikanischer Erfahrungen ist lediglich bekannt, daß selbst noch Folien mit 15 μ Dicke immer Poren besitzen, Folien mit 17,5 μ Dicke aber nur noch in 15%, mit 25 μ Dicke in 8% der Fälle. 35 μ Folie scheint völlig dicht zu sein.

kaschierten 10 μ Aluminiumfolie:

    11 Poren mit einem ungefähren Durchmesser von 10 μ
     8 Poren mit einem ungefähren Durchmesser von 40 μ
     3 Poren mit einem ungefähren Durchmesser von 60 μ

Aus Abb. 25 ergibt sich nach Kurve I für den Durchgang durch eine Pore vom Radius:

     5 μ 0,03 mg/Tag
  20 μ 0,40 mg/Tag
  30 μ 0,65 mg/Tag

Daraus errechnet sich der Gesamtdurchgang zu 5,5 mg/Tag.

Bezogen auf einen dm² ist somit

$$q \text{ gerechnet} = \frac{5,5}{17} = 0,32 \text{ mg/dm}^2 \text{ Tag}$$

Der Planwert der papierkaschierten Aluminiumfolien liegt also an der unteren Grenze der Meßgenauigkeit der Schalenmethode, die, wie schon angegeben, 1 g/m²Tag = 10 mg/dm²Tag bei 10% Genauigkeit ist. Die gemessenen Planwerte lagen tatsächlich unterhalb der Meßgenauigkeitsgrenze (s. Abb. 23 u. 24).

Wird dieser kleine Porendurchgang noch dadurch gehemmt, daß eine zweite wasserdampfsperrende Schicht aufkaschiert wird, so muß erwartet werden, daß der Durchgang durch solche Folien noch kleiner wird. Die Durchlässigkeit solcher Folien kann daher mit der Schalenmethode überhaupt nicht mehr gemessen werden.

Die Auszählung der Porenverteilung einer 10 μ Aluminiumfolie, welche mit 20 μ Polyäthylen ohne Papierzwischenschicht kaschiert ist, ergab eine ähnliche Porenverteilung und läßt nach einer einfachen Überschlagsrechnung wegen der wasserdampfdichten Polyäthylenschicht einen Durchgang erwarten, der um drei bis vier Zehnerpotenzen geringer ist als der eben errechnete Planwert einer Papier kaschierten Aluminiumfolie.

Liegt zwischen der Aluminiumfolie und dem Polyäthylen eine Papierschicht, so verteilt diese den durch die Poren diffundierenden Wasserdampf über die gesamte Fläche des Polyäthylens, weswegen bei geringer Porenhäufigkeit keine wesentlich geringere Durchlässigkeit gegenüber der nur mit Papier kaschierten Aluminiumfolie erwartet werden kann. Bei großer Porenhäufigkeit bestimmt dagegen nicht mehr die Aluminiumfolie, sondern die zweite wasserdampfsperrende Schicht den Wasserdampfdurchgang.

b) Abschätzung des Einflusses der Poren bei maschinell hergestellten Bodenbeuteln

Um die Größenordnung des Poreneinflusses auf die Wasserdampfdurchlässigkeit maschinell hergestellter Bodenbeutel rechnerisch zu gewinnen, wurden die Poren des Beutels gemäß Versuch 9, Zahlentafel 6, ausgezählt und die Porenverteilung abhängig vom Porenradius bestimmt nachdem der Wasserdampfdurchgang ermittelt worden war. Das Ergebnis ist in Abb. 41 graphisch aufgetragen. Das Diagramm zeigt drei Maxima, die darauf schließen lassen, daß die Poren in drei verschiedenen Vorgängen zustande kamen. Die Packung hatte insgesamt 1080 Poren.

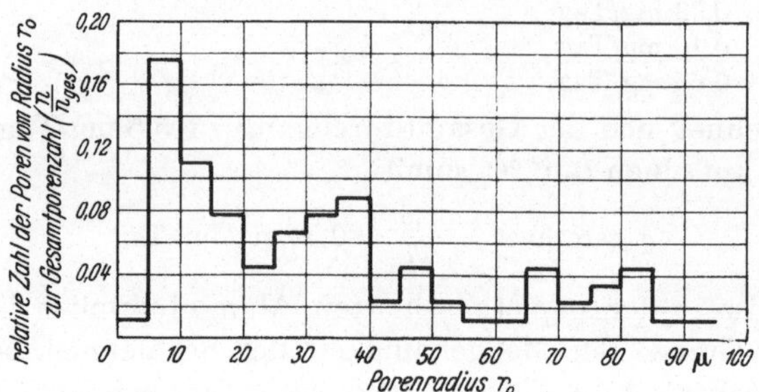

Abb. 41. Porenverteilung bei einer maschinell hergestellten Packung
(Porenradienintervall 5 µ)

Der experimentell ermittelte Wasserdampfdurchgang der Packung betrug, wie aus Zahlentafel 6, Versuch 9, zu entnehmen ist, 52 mg/dm² Tag, bei einer Gesamtfläche von 6,3 dm². Der Gesamtdurchgang ist somit 330 mg/Tag.

Der errechnete Gesamtdurchgang ergab sich, indem der Porendurchgang eines bestimmten Porengrößenbereiches (vgl. Abb. 36) mit der Zahl der Poren in diesem Bereich multipliziert und der Durchgang der verschiedenen Porengrößenbereiche addiert wurde. Die Bereiche waren eingeteilt in Intervalle von 5 µ. Der so errechnete Gesamtdurchgang betrug 600 mg/Tag.

Die Rechnung des Poreneinflusses gab also die Größenordnung des zu erwartenden Gesamtdurchganges durch die Poren richtig wieder. Dies läßt vermuten, daß der Durchgang durch eine maschinell hergestellte Packung aus kaschierter Aluminium-Folie bei 10 µ Foliendicke durch die Poren der Packung gegeben ist, und der Einfluß der Überlappung der Nähte nur geringe Bedeutung hat. Dieses Bild dürfte sich aber bei maschineller Verarbeitung von dampfdicht-beschichteter Aluminiumfolie merklich wandeln, da der Einfluß einer zweiten wasserdampfsperrenden Schicht besonders bei großer Porenhäufigkeit beträchtlich wird. Genauere Versuche über den Einfluß der Eigenschaften des Schichtstoffes fehlen noch, sind aber gemäß Zahlentafel 10 zu vermuten (vgl. auch Beispiel S. 57).

Der zahlenmäßige Unterschied des errechneten und des experimentell gefundenen Durchganges ist gering, wenn man berücksichtigt, daß das angewandte Verfahren zur Berechnung des Porendurchganges trotz der umfangreichen Arbeit relativ grob ist. In der Rechnung mußte der Permeationskoeffizient des Wasserdampfes in Luft eingesetzt werden, obwohl der Wasserdampf auch durch das Papier der Kaschierung dringen mußte. Die Höhe der Poren war nicht allein durch die Aluminiumfolie gegeben, sondern auch durch den Auftrag des wasserdampfdichten Kaschierklebers, dessen Dicke nicht bekannt war und von derselben Größenordnung wie die der Aluminiumfolie sein dürfte. Ein Teil der Poren war nur im Aluminium gegeben, nicht aber im Papier und in der Kleberschicht. Es ist deshalb verständlich, daß der experimentelle Wert unter dem rechnerisch gewonnenen liegt.

Die Auszählung der Poren zeigte, daß die Häufigkeit der Poren an den Knicken z.T. um ein Vielfaches größer war als die in der planen Folie, weswegen an den Kanten und Knicken eine besonders hohe Wasserdampfdurchlässigkeit erwartet werden muß. Der Einfluß der Knickung ist in den schon erwähnten gesonderten Versuchen unter definierten Bedingungen untersucht worden.

c) Berechnung des Wasserdampfdurchganges durch die Überlappungen bei Klotzbodenbeuteln

α) *Maschinell hergestellte Böden.* Der Durchgang durch den Boden in Versuch Nr. 9 Zahlentafel 6 mit der Überlappung 10 μ Aluminium kaschiert auf 20 g/m² schweres Zellulosepapier, Papier auf Papier geklebt, wurde entsprechend den Überlegungen von Abschn. VI 2 errechnet. Der gemessene Durchgang war 83,3 mg/dm²Tag. Die weiteren Angaben sind:

$$
\begin{array}{lr}
\text{Überlappungsbreite} & 5{,}7 \text{ cm} \\
x_{mg} & 2{,}2 \text{ cm} \\
x & 0{,}8 \text{ cm} \\
\text{Winkel} & 90° \\
h_{\text{ges}} & 45\ \mu \\
\text{Fläche} & 0{,}76 \text{ dm}^2
\end{array}
$$

Nach Zahlentafel 8, Versuch Nr. 23 ist der Permeationskoeffizient für $h_{\text{ges}} = 45\ \mu$ Zellulose auf Aluminium geklebt:

$$0{,}15 \cdot 10^5 \left[\frac{\text{g}\,(100\,\mu)}{\text{m}^2\,\text{Tag}\,(1{,}14\,\text{cm kg})} \right] .$$

Da die relative Eindringtiefe bei 22 μ Zellulosepapier, geklebt auf 22 μ Zellulosepapier größer ist als bei 45 μ Zellulosepapier geklebt auf Aluminium, darf angenommen werden, daß der Durchgang in diesem Falle kleiner als $0{,}15 \cdot 10^5 \left[\frac{\text{g}\,(100\,\mu)}{\text{m}^2\text{Tag}\,(1{,}14\,\text{cm kg})} \right]$ ist.

Aus Abb. 23 ergibt sich bei $x_{mg} = 2{,}2$ cm, $x = 0{,}8$ cm und $\alpha = 90°$ für

$$x_m = x_{mg} \cdot 0{,}46 \cong 1{,}0 \text{ cm}$$

Da zwei Überlappungsflügel gegeben sind, ist der gesamte Durchgang durch die Überlappungen des Bodens bezogen auf die Flächeneinheit

$$q = \frac{Q}{F} = 2 \cdot \frac{P_{ges} \cdot l \cdot h_{ges}}{F \cdot x_m} = \frac{2 \cdot 0{,}15 \cdot 10^5 \cdot 0{,}057 \cdot 45 \cdot 10^{-6}}{100 \cdot 0{,}76} =$$

$$= 10^{-3} \frac{g}{dm^2\,Tag} = 1 \frac{mg}{dm^2\,Tag} \tag{41}$$

Der große gemessene Durchgang pro Flächeneinheit im Versuch 9, nämlich 83,3 mg/dm²Tag, kann also durch die Durchlässigkeit der Überlappungen nicht erklärt werden, sondern muß, wie schon vermutet, auf den Durchgang durch Poren und Porenrisse zurückgeführt werden.

β) Von Hand hergestellter Boden. Um zu erfahren, ob der Einfluß der Poren tatsächlich von dieser Größenordnung ist, wie er bei den Klotzböden berechnet wurde, wurden Klotzböden von Hand mit größter Sorgfalt hergestellt und mit Dextrinkleber verklebt.

Drei Proben wurden angesetzt, deren Poren nicht nachträglich verwachst wurden, und drei weitere Proben, deren Kanten, Ecken und Flächen bis auf die Nähte verwachst wurden. Der Durchgang war bei den

unverwachsten Proben	verwachsten Proben
20,0 mg/Tag	11,5 mg/Tag
20,1 ,,	9,3 ,,
11,3 ,,	12,7 ,,
Mittel 17,1 mg/Tag	Mittel 11,1 mg/Tag

Verwendet wurde eine mit 40 g/m² Zellulosepapier kaschierte Aluminium-Folie, Papier auf Papier verklebt. Die Angaben waren:

Bodenfläche	0,7 dm²
Überlappungsbreite	6,0 cm
x	1,3 cm
x_{mg}	2,58 cm
h_{ges}	88 μ
Winkel α	90°

Nach Zahlentafel 6, Versuch Nr. 21 wurde der Permeationskoeffizient ermittelt zu

$$\overline{P}_{ges} = 0{,}41 \cdot 10^5 \frac{g\,(100\,\mu)}{m^2\,Tag\,(1{,}14\,cm\,Hg)}$$

Aus Abb. 23 ergibt sich:

$$x_m = 0{,}53 \cdot x_{mg} = 1{,}37\,cm$$

Der Überlappungsdurchgang ist somit entsprechend Gl. (41): 3,2 mg/Tag. Der gemessene Durchgang war 11,1 mg/Tag.

Man ersieht im übrigen, daß der unter Abschnitt V 4 a α) angegebene Beutel auf einer sehr schonend arbeitenden Maschine — zumindest was den Boden betrifft — hergestellt worden war.

Es darf nicht verwundern, wenn selbst bei den verwachsten Proben der berechnete Durchgang nur größenordnungsmäßig erreicht wurde. Die Gründe dafür sind, daß bei der Herstellung der Klotzbodenbeutel an verschiedenen Stellen der Überlappung die Anzahl der Schichten verschieden ist, weswegen der Anpreßdruck sich nicht gleichmäßig über die Fläche verteilen kann, wie beim einfachen Überlappungsversuch. Vielmehr ergeben sich Faltungen, die nur zum Teil vom Klebstoff ausgefüllt sind.

Auch die Rechnung ist schon deshalb nur größenordnungsmäßig richtig, da mit einem mittleren Permeationskoeffizienten gerechnet wurde, während der tatsächlich gegebene Permeationskoeffizient einer Einzelmessung schon bei den Überlappungsversuchen erheblich vom mittleren Permeationskoeffizienten abwich (vgl. Abb. 17). Die Differenz zwischen dem gerechneten Wert 3,2 mg/Tag und dem Versuchswert 11,1 mg/Tag muß also zum Teil zum Durchgang der noch vorhandenen Poren und zum anderen Teil zur Überlappungsdurchlässigkeit gerechnet werden.

Zusammenfassend kann festgestellt werden, daß der Wasserdampfdurchgang durch die Überlappungen bei *maschinell* hergestellten Klotzböden um eine bis zwei Zehnerpotenzen kleiner sein kann, als der für diese Böden gemessene Durchgang, wenn eine 10 μ Aluminium-Folie kaschiert auf Zellulosepapier nicht über 60 g/m² verwendet wird, während bei sorgfältiger Herstellung von Hand zumindest die Größenordnung der gemessenen und berechneten Durchgänge übereinstimmt.

d) Berechnung der Verschlußdichte eines unverklebten Harmonika- oder Rollverschlusses

Es soll die Verschlußdichte eines Beutelverschlusses berechnet werden, der 1. geklebt bzw. 2. nur gefaltet ist. Der Beutel sei aus auf 50 g/m² Zellulosepapier kaschierter Aluminiumfolie hergestellt.

Im aufgewickelten Zustand unterscheidet sich der Harmonika- und Rollverschluß nicht von der auf S. 56 angegebenen Skizze. Ist der Verschluß viermal über einen Streifen von 1 cm gefaltet — Harmonikaverschluß — bzw. gerollt — Rollverschluß — so ist die Spalttiefe 4 cm. Die Spaltlänge beträgt bei den Beuteln mittlerer Größe etwa 6—12 cm, in die Rechnung seien 8 cm eingesetzt. Die Spalthöhe ist bei 50 g/m²: h $\sim$ 100 μ.

Gl. (30) ergibt für den verklebten Verschluß, wenn man den Permeationskoeffizienten der Klebenaht aus Zahlentafel 8 für Henkelleim A—22 E D, Positions-Nr. 25

$$P_{\text{ges}\,\parallel} = 0{,}52 \times 10^5 \left[\frac{\text{g}\,(100\,\mu)}{\text{m}^2\,\text{Tag}\,(1{,}14\,\text{cm Hg})} \right]$$

einsetzt, ein Gefälle von 65 — 0% relativer Feuchtigkeit zugrunde legt und Q_β vernachlässigt gegen $Q_{\shortparallel}$ (vgl. S. 66).

$$\frac{l}{Q_{\text{ges}}} = \frac{T_i}{P_{\text{ges}\,\shortparallel}\cdot h}\;;\; Q_{\text{ges}} = \frac{P_{\text{ges}\,\shortparallel}\cdot l\cdot h}{T} = \frac{0{,}52\cdot 10^5\cdot 0{,}08\cdot 100\cdot 10^{-6}}{400}\left[\frac{g}{\text{Tag}}\right]$$

$$Q_{\text{ges}} = 1\left[\frac{mg}{\text{Tag}}\right]\quad\text{entsprechend}\;0{,}13\left[\frac{mg}{\text{cm Tag}}\right]$$

Der Durchgang durch den **unverklebten** Verschluß errechnet sich sehr einfach aus Gleichung 30b, wenn wir in guter Näherung den Permeationskoeffizienten der Luft gleich dem des Papieres setzen.

$$P_P \approx P_L = 2\cdot 9\cdot 10^5 \left[\frac{g\cdot(100\,\mu)}{\text{m}^2\,\text{Tag},(1{,}14\,\text{cm Hg})}\right]$$

Dann ist wegen Gleichung 20b auch $P_{\text{ges}\,\shortparallel} = P_P = P_L$

Es sei angenommen, daß die gesamte Schichthöhe $h_{\text{ges}\,\shortparallel} = h_P + h_L$ bei unverklebten Verschlüssen etwa 1 mm ist. Somit ergibt Gl. (30b)

$$\frac{l}{Q_{\text{ges}}} = \frac{T_i}{P_L\cdot h}\;;$$

$$Q_{\text{ges}} = \frac{2{,}9\cdot 10^5\cdot 0{,}08\cdot 1000\cdot 10^{-6}}{400} \approx 58\,\frac{mg}{\text{Tag}}\;,\;\text{entsprechend}\;7{,}2\,\frac{mg}{\text{cm Tag}}$$

Die auf S. 56/57 angeführten, experimentell gefundenen Verschlußdichtigkeiten liegen viel höher als die hier errechneten Werte. Es muß also angenommen werden, daß die hohen gemessenen Durchlässigkeiten durch Poren in der Aluminiumfolie, die beim Rollen bzw. Falten entstehen, verursacht sind.

Dies ergibt sich ohne weiteres bei der Betrachtung einer Packung, welche ein Mittelding zwischen Karton und Beutel vorstellt und durch geeignete Faltung alle Verschlußstellen zu einem einzigen Heißsiegelverschluß zusammengefaßt, der dann allerdings an den meisten Stellen

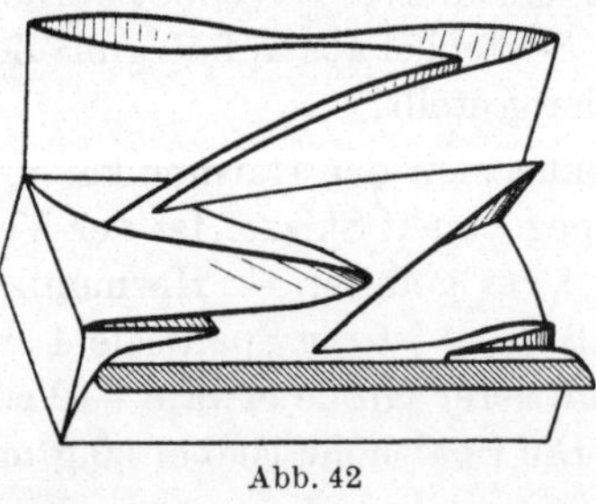
Abb. 42

5 Heißsiegellagen umfaßt. Diese erfordern angesichts der Kartonstärke eine relativ lange Siegelzeit. Unter Zugrundelegung der Materialfolge Karton, Kaschierschicht, Aluminiumfolie, Heißsiegellack ergaben solche Packungen eine Wasserdampfdurchlässigkeit von 38,8 mg/Tag (1,23 g/m²Tag). Unter Zugrundelegung der Durchlässigkeit einer Heißsiegelschicht: Alufolie gegen Alufolie von 0,06 mg/cm Tag müßten sich um eine Zehnerpotenz niedrigere Werte ergeben. Der Restbetrag ist auf Undichtigkeiten an den Heißsiegelecken und auf gelegentliche Porenrisse an den Kartonecken, wo die Aluminiumfolie auf Druck beansprucht wird, zurückzuführen (Abb. 42). Ähnliche Verhältnisse liegen bei der sog. Hermetet-

packung vor, wo der Unterschied zwischen dem Planwert des verwendeten Diofanpapiers (0,3 g/m²) und der fertigen Packung (1,4 bis 1,5 g/m² Tag, handversiegelt, 2,2 dm² Oberfläche) in erster Linie auf die verschiedene Zahl der Heißsiegellagen bei konstantem Anpreßdruck zurückzuführen sein dürfte. Bei maschinellem Verschluß wäre eine weitere Verschlechterung zu erwarten (Abb. 43 und 44).

2. Aus beschichteten Packstoffen

a) **Kartonpackung mit Innenbeutel.** Innenbeutel aus Fibre-Seal-Paper (Duplopapier), äußere Schicht wachs-

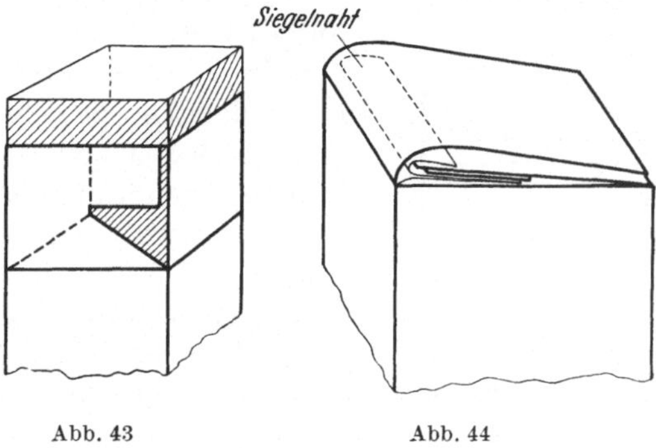

Abb. 43   Abb. 44

undurchlässig, innen wachsdurchlässige Kaschierseide. Beutel oben mit Harmonikafaltung heißversiegelt, Boden geklebt. Es sollte festgestellt werden, wo die Schwachstelle der Packung liegt.

Wasserdampfdurchlässigkeit bei 20°C 65/0%

1. Ganze Packung (3,475 dm²) unbenutzt	2,96 g/m²Tag
1a. Ganze Packung bereits gefüllt gewesen (Puddingpulver)	4,3 ,,
2. Oberer Verschluß (0,495 dm²)	9,21 ,,
3. Bodenverschluß (0,495 dm²)	3,79 ,,
4. Planwert des Packstoffes	0,68 ,,
4a. Planwert bei einer bereits gefüllt gewesenen Packung (Mittelwert bei stark streuenden Meßwerten) . . .	2,9 bis 3,2 g/m²Tag
5. Wert je cm Leimnaht	0,24 mg/cm Naht Tag
6. Wert je cm Knick	0,184 ,,
7. Wert je cm Heißsiegelnaht	0,14 ,,

Zieht man Pos. 2 und Pos. 3 von Pos. 1 ab, so ergibt sich ein Wert von 1,88 g/m²Tag bzw. 48 mg/Tag für den Rumpfteil. Zieht man hiervon das Produkt aus Wasserdampfdurchlässigkeit durch die Knickstelle und Länge der Knickstellen (Pos. 6), sowie das Produkt aus Wasserdampfdurchlässigkeit durch die Leimnaht und Länge der Leimnaht (Pos. 5) ab (9,76 mg/Tag), so ergibt sich ein Planwert von 1,49 g/m²Tag Dieser liegt um ca. 120% höher als unter Pos. 4) angegeben. Der Unterschied muß teils durch die wesentlichen Streuungen der Durchlässigkeiten für den oberen Verschluß (± 1 g/m²Tag; Löcher an den 4 Ecken), teils in der Möglichkeit, daß die Verletzungen bei der maschinellen Fertigung höher sind als mit der Knickrolle, begründet sein. Die „Verstaubung" durch das

Füllgut hatte auf die Wasserdampfdichtigkeit des Heißsiegelverschlusses keinen Einfluß, dagegen wird durch die Zusammensetzung des Füllgutes die Wasserdampfdichtigkeit des Packstoffes selbst beeinflußt (vgl. S. 115).

Auf der Grundlage der auf S. 63 erwähnten amerikanischen Beutelkonstruktionen wurde in Deutschland eine Bauart gemäß Abb. 45

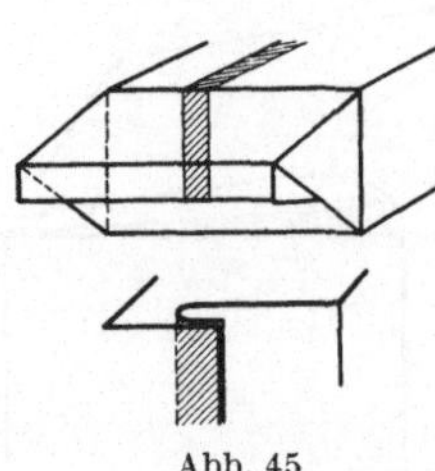
Abb. 45

ausgearbeitet, welche es erlaubt, aus einem einseitig beschichteten heißsiegelfähigen und dampfdichten Schichtstoff einen wasserdampfdichten Beutel herzustellen, der infolge der spezifischen Ausführung der Seitennaht sogar flüssigkeitsdicht wird. Eine Nachprüfung der Wasserdampfdurchlässigkeit ergab für den ganzen Beutel einen Wert von 2,3 g/m²Tag, der sich von dem Planwert von 1,9 g/m²Tag bei Verwendung einer Polyäthylenschicht von 30—35 μ kaum mehr unterscheidet. Größer werden schon die Unterschiede, wenn diofanbeschichtetes Papier verwendet wird (Planwert 0,2 g/m² Tag). Hier betrug die Wasserdampfdichtigkeit des Gesamtbeutels mit versiegeltem und vergossenem Verschluß 2,0 g/m² Tag, mit lediglich versiegeltem Verschluß 2,6 g/m² Tag. Die Erhöhung der Wasserdampfdurchlässigkeit ist ähnlich wie bei Aluminiumfolie auf Porenrisse an Knickkanten (vgl. Abb. 38) zurückzuführen; die Unterschiede gegenüber der Polyäthylenbeschichtung sind darauf zurückzuführen, daß das Spannungs-Dehnungsdiagramm bei diesem günstiger liegt.

b) Nachrechnung von Zellglasbeuteln

α) *Versuche mit Klotzbodenbeuteln:* Beutel mit 2,4 dm² Fläche wurden dadurch hergestellt, daß man sie seitlich 2mal mit dem Spatel versiegelte; die Bodenversiegelung erfolgte mittels Heizplatte durch Gegendrücken eines Holzklotzes von innen mit der Hand. Der Kopfverschluß wurde dadurch erzielt, daß der Beutel in der ganzen Breite zweimal parallel abgesiegelt wurde. Als Wasserdampfdurchlässigkeit des Gesamtbeutels ergaben sich 12,5 g/m²Tag. Da dieses Ergebnis auffallend ungünstig war, wurde den Ursachen nachgegangen. Bei der Bodensiegelung können in verschiedenen Bezirken 5 Lagen Zellglas aufeinanderkommen, deshalb wurden mit einer Nahtbreite von 1 cm harmonikaartig 5 Lagen Zellglas solange mit dem Backengerät versiegelt (den praktischen Verhältnissen entsprechend war nur eine Seite beheizt), bis in der mittleren Lage 150°C erreicht waren. Bei einem Planwert von 0,63 g/m²Tag ergab sich dadurch nach der Schalenmethode ein Wert von 1,1 g/m²Tag bzw. bezogen auf die Heißsiegelfläche von 3,4 g/m²Tag, d. h. daß durch die längere Siegelzeit schon eine gewisse Schädigung der Lackschicht auftritt, die aber nicht ins Gewicht fällt. Also mußten andere Ursachen für den obenerwähnten ungünstigen Wert vorliegen. Untersuchte man nachträglich gesondert die aus den Beuteln entnommenen Böden, so ergab sich ein Mittelwert von 27,8 g/m²Tag, der veränderte Planwert aus den Seitenflächen betrug im Mittel 5,2 g/m²Tag. Daraus ergibt sich, daß das Zellglas durch den Versuch Veränderungen erlitten hat. Es wurden neue Böden wie vorerwähnt hergestellt, welche nicht mit Silicagel gefüllt, sondern unmittelbar mittels Okerin 608 auf die Glasschalen aufgeklebt wurden. (Herstellung der Böden: Innen Holzklotz, außen Heizplatte; Temperatur der Heizplatte 110°C, Zeit 2 sec.) Beim Flächendruck 0,21 kg/cm² ergab sich ein Durchgangswert von 2,0 g/m²Tag, bei 0,42 kg/cm², bezogen auf die gesamte Bodenfläche von 2,28 g/m²Tag, also schon relativ günstige Werte. Da bei einem starren Innen- und Außenstempel sich der Flächendruck vorwiegend auf die Stellen konzentriert, an welchen 5 Lagen Zellglas übereinanderliegen und die Stellen mit 3 Lagen Zellglas weniger sicher erschienen, wurde der innere Holzstempel mit Silicongummi versehen, damit sich der Druck vergleichmäßigt. Die Werte für die auf Glasschalen aufgewachsten Böden waren aber nunmehr mit 6,5 g/m²Tag bzw. 4,8 g/m²Tag merklich ungünstiger. Teilweise mag dies darauf zurückzuführen sein, daß infolge der nunmehr größeren Kontaktfläche der spezifische Druck geringer ist als vorher, vorwiegend dürfte dies aber mit den Wirkungen des Silicongummis zusammenhängen, die bei Durchführung dieser Versuche noch nicht bekannt waren (vgl. S. 103).

β) Versuche mit Flachbeuteln: Bei vierseitiger Versiegelung von Zellglas-AST (Fabrikat I) ergaben sich nach Füllung mit Silicagel im Feuchtigkeitsgefälle 65/0% folgende Werte für den Flachbeutel:

Wärmekontaktsiegelung 180° 2—3 sec	10,0 g/m²Tag
Impulssiegelung 210°	16,8 g/m²Tag

(2. Versuch bei 185° $^1/_4$ sec 19,9 g/m²Tag, 3. Versuch unter den gleichen Bedingungen 10,5 g/m²Tag). Diese Werte sind sehr ungünstig. Eine Nachrechnung ergab, daß die Siegelstellen (Hochnaht) nicht dafür verantwortlich sein können, sondern daß die Planfläche durch die direkte Berührung mit Silicagel Schaden gelitten haben muß, den vorerwähnten Werten also ein systematischer Fehler zugrundeliegt. Um ihn zu erfassen, wurden Versuche mit Planfolie angesetzt, die bei $\varphi = 55\%$ konditioniert war, und zwar wurde einmal die Wasserdampfdurchlässigkeit wie bisher gemessen und ein andermal das Probenglas umgedreht, so daß das Trockenmittel auf dem Zellglas auflag. Im ersten Fall ergaben sich Werte von 0,62 bzw. 0,59 g/m²Tag, im zweiten Fall von 1,46 bzw. 1,43 g/m²Tag. Da denkbar war, daß das Gewicht des Trockenmittels die Paraffinbefestigung des Zellglases gelockert haben könnte, wurde das Zellglas durch ein Metallsieb mit 81 Löchern gehalten. Nunmehr ergab sich eine Wasserdampfdurchlässigkeit von 1,1 g/m²Tag.

Erfolgte das Umdrehen erst 2 Tage nach dem Anlaufen des Versuches, so erhöhte sich bei einem Ausgangswert Fall 1 von 0,51 g/m²Tag der Endwert der Wasserdampfdurchlässigkeit nur auf 0,56 bzw. 0,61 g/ m²Tag. In diesem Fall wird sich der Gleichgewichtszustand etwas langsamer einstellen als in den Fällen 2 und 3. Entnahm man aber die Planfolie aus dem bereits geprüften Beutel (19,9 g/m²Tag), so ergab sich ein viel höherer Wert, nämlich von 10,0 g/m²Tag. Die Heißsiegelnahtstellen zeigten gegenüber diesem Wert keine Verschlechterung. Dies deckt sich damit, daß bei einem Abdichten der Nahtstellen beim vorerwähnten 3. Versuch sich nur eine Senkung auf 9,7 g/m²Tag ergab.

Auf Grund dieser Vorversuche wurde nun ein Häufigkeitsversuch mit impulsversiegelten Flachbeuteln (185°, $^1/_4$ sec), angesetzt, bei welchem das Silicagel nicht mit dem Zellglas unmittelbar in Berührung gebracht wurde, sondern in einem Innenbeutel aus Seidenpapier (19 g/m²) lag, der keinen ins Gewicht fallenden Diffusionswiderstand bietet. Aus 10 Versuchen ergab sich nun ein Mittelwert von 3,26 g/m²Tag bei 65/0%. $\sigma = 0,45$; $\sigma_M = 0,15$. Legt man einen Planwert von 1,1 g/m²Tag (siehe vorher) und eine Wasserdampfdurchlässigkeit für die Impulssiegelungs-Hochnaht von 1,13 mg/cmTag, die ebenfalls statistisch gesichert war, zugrunde, so ergab sich ein $\dfrac{q_{rechn.}}{q_{vers.}} = 0,9$ mit $\sigma = 0,116$ und $\sigma_M = 0,037$. Das Rechnungsergebnis fällt damit in den Fehlerbereich des Versuches und es ist eine hinreichende Übereinstimmung zwischen Berechnung des Beutels und Versuch festzustellen.

Wie wir nachträglich von C. K. OSWIN erfuhren[1], konnten ALEXANDER, KITCHENER und BRISCOE [35] erklären, wieso Insekten durch Stäubemittel getötet werden. Wenn man wasserdurchlässige Membranen mit einer Paraffin- bzw. einer Bienenwachsschicht versah, erhöhte sich naturgemäß die Wasserdampfdichtigkeit beträchtlich. Durch Einstäuben dieser Schicht mit inertem, anorganischem Pulver stieg aber die Wasserdampfdurchlässigkeit merklich an, d. h. daß die Insekten bei Verwendung von Stäubemitteln durch Austrocknung zugrunde gehen. Der Einfluß der Filmdicke auf diesen „Einstäubeeffekt" erwies sich bei Bienen- und bei Paraffinwachs als abweichend. Nur sehr kleine Teilchen $< 14\ \mu$ erwiesen sich als wirksam. Carborundpulver, Activkohle, Silicagel, Quartz, Talkum u. dgl. sind stark wirksam, Glaspulver und Titandioxyd dagegen nicht.

Im Zusammenhang mit den auf S. 103/4 angeführten Versuchen wurde Kakao entölt, um einen möglichen Einfluß der Ölkomponente auf die Paraffinkomponente der Lackschicht auszuschalten, und im Windsichter eine Fraktion 10 μ herausgeholt. In diese Fraktion wurde wetterfestes Zellglas (AST) acht Tage eingebettet und mit dem anhaftenden Belag die Wasserdampfdurchlässigkeit bestimmt. Die Ergebnisse sind in Zah-

---

[1] Vgl. hierzu C. R. OSWIN: Protective Wrapping, London: CAM Publications 1954 S. 169.

lentafel 17 zusammengestellt. Es ergibt sich daraus, daß der Ölgehalt des Kakaopulvers ohne Einfluß auf den Grad der Erhöhung der Wasserdampfdurchlässigkeit ist, und daß schon sehr kurze Berührungszeiten wirksam sind, falls die Partikelchen klein genug sind. Wie in ergänzenden Versuchen nachgewiesen werden konnte, ist die Auswirkung der Austrocknung (Rißbildung in der Lackschicht?) dabei ohne wesentliche Wirkung auf die Wasserdampfdurchlässigkeit. Dagegen

Zahlentafel 17. *Wasserdampfdurchlässigkeit von wetterfestem Zellglas, das mit entöltem Kakaopulver in Berührung kam*

Lagerzeit im entölten Kakaopulver	Vor der Bestimmung der Wasserdampfdurchlässigkeit abgewischt	Durchgang in g/m^2 Tag		
		Korngrößen $< 10\,\mu$	Korngrößen $> 40\,\mu$	Planwerte des Zellglases ohne Berührung mit Kakaopulver
5 Min.	nein	8,59 $\sigma = 1,9$ $\sigma_M = 0,63$	—	0,65 $\sigma = 0,18$ $\sigma_M = 0,06$
18 Tage	nein	6,4 $\sigma = 2,3$ $\sigma_M = 0,72$	—	0,904 $\sigma = 0,33$ $\sigma_M = 0,10$
18 Tage	nein	—	2,1 $\sigma = 0,33$ $\sigma_M = 0,1$	0,904 $\sigma = 0,33$ $\sigma_M = 0,10$
21 Tage	ja	4,8 $\sigma = 0,97$ $\sigma_M = 0,31$	—	0,65 $\sigma = 0,18$ $\sigma_M = 0,06$

ergaben Proben, die mit einem Fell gerieben, dann 5 min. in entöltem Kakao ($< 10\,\mu$) gelegt und abgewischt worden waren, Werte von 50,3 g/m^2 Tag. Setzt man aber die Proben an wie in der vorstehenden Zahlentafel, wählt aber ein Feuchtigkeitsgefälle von 90 auf 65%, dann ergeben sich nur Werte von 3 g/m^2 Tag, was etwa 1 g/m^2 Tag im Feuchtigkeitsgefälle 65 — 0% entspräche. Daraus ergibt sich, daß Aufladungseffekte die Ursache der Erhöhung des Wasserdampfdurchganges sind.

Von diesem Sondereinfluß abgesehen, erwiesen sich die Beschädigungen bzw. Undichtigkeiten an den Heißklebestellen immerhin als so hoch, daß es schwierig war, bei handgefertigten Flachbeuteln (1,7 dm²) Werte von 3,5 g/m^2 Tag (1,2 mg/cm Tag) und bei handgefertigten Klotzbodenbeuteln (1,25 dm², Verschluß vergossen) Werte von ca. 5 g/m^2 Tag zu unterschreiten. Maschinell hergestellte, nach dem Wärmekontaktverfahren heißversiegelte Flachbeutel (Windmöller und Hölscher) ergaben Werte von 3,4 bis 4,1 g/m^2 Tag, je nachdem der Verschluß durch Vergießen mit Paraffin + Oppanol oder durch Heißsiegeln + Einrollen und Drahtklammersicherung erfolgte. Bei maschinell (Simplex-Maschine) hergestellten, nach dem Wärmekontaktverfahren heißversiegelten Seitenfaltenbeuteln (3,1 dm²) ergaben sich 5,9 g/m² Tag (I). Wurde aber der Schlauch leimverklebt und der Boden sowohl leimverklebt wie auch heißgesiegelt, sank die Durchlässigkeit auf 3,2 g/m² Tag (II). Bei Klotzbodenbeuteln (1,5 dm²) ergaben sich auch mit einem anderen Zellglasfabrikat (teils leimverklebt wie auch heißgesiegelt) Werte von 3,1 — 3,3 g/m² Tag.

Die Nachrechnung im Fall I ergab 55,6 g/Tag gegen 187 mg/Tag im Versuch, im Fall II 43,2 mg/Tag gegen 66 mg/Tag im Versuch, wobei der Nachrechnung jeweils Planproben, Knickproben und Nahtproben aus den Beuteln zugrunde gelegt wurden. Der große Differenzbetrag war im I. Fall offensichtlich dadurch verursacht, daß die Bodenabsiegelung nicht genau bis zu den Rändern durchgeführt worden war; auch im zweiten Fall wies die Bodennaht seitlich Undichtigkeiten auf.

Sorgfältige Absiegelung vorausgesetzt — hierauf wird offensichtlich noch zu wenig Augenmerk verwendet — müßten sich Beuteldurchlässigkeiten von ≈ 2 g/m² Tag ermöglichen lassen.

IX. Einfluß der Größe und Form der Packung auf die Wasserdampfdurchlässigkeit

Bisher wurden in diesem Hauptabschnitt B die verschiedenen Anteile des Durchganges durch einen fertigen Beutel behandelt. Dabei ergab sich, daß sich der gesamte Durchgang zusammensetzt aus dem Packstoff-, Poren- und Nahtdurchgang. Diese sind je nach Beutel-, Material- und Verschlußart verschieden. Der Beuteldurchgang ist die Summe dieser Anteile.

Ein Beutel hat Boden-, Seiten- und Kopfverschluß-Nähte. Ist der Durchsatz pro Längeneinheit der Bodennaht q_B, der Seitennaht q_S und der Kopfverschluß-Naht q_K und die Länge der Bodennaht l_B, der Seitennaht l_S und der Kopfverschluß-Naht l_K, so ist der Gesamtdurchgang durch alle Nähte:

$$q_S \cdot l_S + q_B \cdot l_B + q_K \cdot l_K$$

Bei Bodenbeuteln, hergestellt aus papierkaschierter Aluminiumfolie, ist, wie eingangs behandelt wurde, die Durchlässigkeit der Folie gegeben durch die pro Flächeneinheit vorhandenen Poren. Die Zahl der Poren pro Flächeneinheit ist im Boden und Rumpf des Beutels meist verschieden, da der Boden und Rumpf des Beutels bei der Herstellung verschieden stark mechanisch beansprucht werden. Daher muß zwischen Boden- und Rumpfdurchlässigkeit unterschieden werden. Ist q_{FR} bzw. q_{FB} die Durchlässigkeit der Folie am Rumpf bzw. Boden des Beutels und F_R bzw. F_B die Rumpf- bzw. Bodenfläche, so ist der Anteil der Folie am Beuteldurchgang Q_F

$$Q_F = q_F \cdot F = q_{FR} \cdot F_R + q_{FB} \cdot F_B$$

Der gesamte Durchgang durch einen solchen Beutel ist somit:

$$Q = q_{FR} \cdot F_R + q_{FB} \cdot F_B + q_S \cdot l_S + q_B \cdot l_B + q_K \cdot l_K$$

Wie früher ausgeführt wurde, ist für die Qualitätserhaltung des Gutes in der Packung dessen Wassergehalt maßgebend. Wenn sich der eintretende Wasserdampf gleichmäßig verteilt, dient zum Vergleich der Wasserdampfdurchlässigkeit verschiedener Beuteltypen der Gesamtdurchgang „Q" dividiert durch das Volumen „V".

$$\frac{1}{\nu} = \frac{Q}{V} = \frac{q_{FR} \cdot F_R + q_{FB} \cdot F_B + q_S \cdot l_S + q_B \cdot l_B + q_K \cdot l_K}{V} \qquad (42)$$

$$\nu = \text{Gütefaktor}$$

Den Einfluß der Packungsgröße erkennt man am besten an einem Würfel der Kantenlänge „a". Setzt man voraus, daß die *Oberfläche des Würfels gleichmäßig durchlässig* ist, so ergibt sich für den Gütefaktor verschieden großer Packungen, die aus dem gleichen Packstoff hergestellt wurden und die Durchlässigkeit q_F haben:

$$\frac{1}{\nu} = \frac{q_F \cdot F}{V} = q_F \, 6 \, \frac{a^2}{a^3} = \frac{6 \cdot q_F}{a} \qquad\qquad \nu = \frac{a}{6 \, q_F}$$

Die Güte einer solchen Packung ist der Kantenlänge proportional. Am Beispiel einer würfelförmigen Ecopackung (vgl. S. 49, 54) soll der Einfluß der Größe gezeigt werden, *wenn nur die Nähte durchlässig sind*. Die Nahtlänge ist 9 · a und die Durchlässigkeit der Naht pro Nahtlänge q_K. Für $\frac{1}{\nu}$ ergibt sich somit:

$$\frac{1}{\nu} = \frac{q_K \cdot l}{V} = \frac{9a}{a^3} q_K = \frac{9}{a^2} q_K \qquad\qquad \nu = \frac{a^2}{9 \cdot q_K}$$

Dies bedeutet, daß bei ausschließlichem Nahtdurchgang die Güte der Verpackung sehr viel stärker von der Packungsgröße abhängt als bei ausschließlichem Flächendurchgang bzw. daß bei Kleinpackungen eine besonders hohe Nahtdichtigkeit verlangt werden muß. (Wächst durch schlechten Verschluß q_K auf den n-fachen Wert an, so bleibt die Güte der Verpackung trotzdem erhalten, wenn die Kantenlänge gleichzeitig auf das $\sqrt{n}$-fache anwächst.)

Liegen die Verhältnisse komplizierter, weil die verschiedenen Flächen verschieden durchlässig sind und auch die Nähte einen zusätzlichen Durchgang ergeben, so kann noch ausgesagt werden, daß der Gütefaktor ganz allgemein um so besser wird, je größer die Packungseinheit ist.

Die Durchlässigkeiten der Nähte und der Flächen seien vorgegebene Größen. Der Gesamtdurchgang und damit auch der Gütefaktor kann dann noch verändert werden, wenn man die Größe der Flächen und Nähte ändert. Es ist von praktischem Interesse, zu wissen, wie groß die verschiedenen Nahtlängen und Flächenanteile zu wählen sind, damit bei vorgegebenem Füllvolumen „V" der beste Gütefaktor erzielt wird. Die

Antwort auf diese Frage erhält man mit Hilfe der Methode von Lagrange
die eine Lösung für die beiden Bedingungen

$$d\left(\frac{1}{v}\right) = 0; \ dV = 0$$

angibt.

Um diese beiden Bedingungsgleichungen auszuwerten, geben wir das
Volumen „V", die Flächenanteile F_B und F_R sowie alle Nahtlängen als
Funktion der Höhe H, der Breite B und der Länge L des Beutels an.

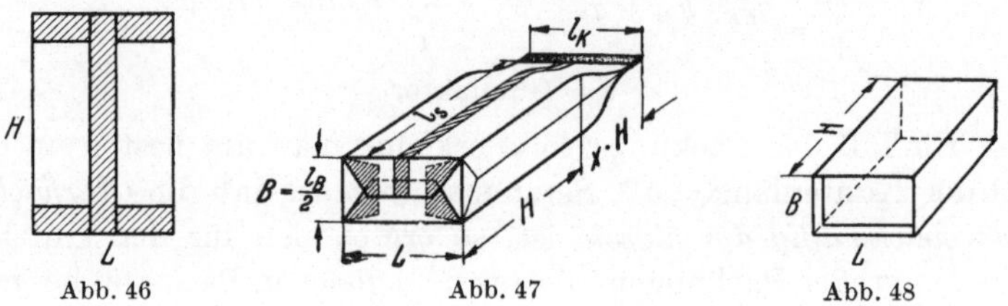

Abb. 46   Abb. 47   Abb. 48

Beispiele: Beim *Flachbeutel* (Abb. 46) ist die Bodenbreite $B = O$. Damit
ist auch die Bodenfläche $F_B = O$. Die Rumpffläche ist $F_R = 2 \cdot H \cdot L$.
Ist eine Seitennaht gegeben, so ist deren Länge $l_S = H$.
Außerdem ist $l_K = l_B = L$. Das Volumen des Beutels darf proportional der Oberfläche des Beutels angenommen werden. $V = \alpha L \cdot H$.

Beim Bodenbeutel (Abb. 47) sind die Verhältnisse etwa folgende:

$$V = L \cdot B \cdot H; F_R = 2 \cdot H \cdot (L + B); F_B = L \cdot B;$$
$$l_S = (1 + x) H + B; l_K = L; l_B = 2 \cdot B$$

Bei Ecopackungen (Abb. 48) ist, falls man nun die Seitennaht wegen
ihrer geringeren Durchlässigkeit vernachlässigt:

$$F_B = 2 \cdot L \cdot B; F_R = 2 \cdot (L + B) H; V = L \cdot B \cdot H; l_S = O; l_B = l_K = 2 \cdot (L + B)$$

Lösung der Aufgabe: Die erste Bedingung „$dV = 0$" lautet ausgeschrieben

$$dV = 0 = \frac{\partial V}{\partial L} dL + \frac{\partial V}{\partial B} dB + \frac{\partial V}{\partial H} \cdot dH \tag{1'}$$

Die zweite Bedingung „$d\left(\frac{1}{v}\right) = 0$" lautet ausgeschrieben

$$d\left(\frac{1}{v}\right) = 0 = q_{FR}\left(\frac{\partial F_R}{\partial L} dL + \frac{\partial F_R}{\partial B} dB + \frac{\partial F_R}{\partial H} dH\right) + \tag{2'}$$

$$q_{FB}\left(\frac{\partial F_B}{\partial L} dL + \quad \cdots\cdots \quad\right) +$$

$$q_S \left(\frac{\partial l_S}{\partial L} dL + \quad \cdots\cdots \quad\right) +$$

$$q_B \left(\frac{\partial l_B}{\partial L} dL + \quad \cdots\cdots \quad\right) +$$

$$q_K \left(\frac{\partial l_K}{\partial L} dL + \quad \cdots\cdots \quad\right)$$

Zu den allgemeinen Bedingungsgleichungen, welche die Lösung der obigen Fragestellung angeben, gelangt man, wenn man Gl. (1′) mit einem beliebigen Faktor „g" multipliziert und zur Gl. (2′) addiert. Ordnet man dabei die Ausdrücke nach ihren unabhängigen Differentialen dL, dB und dH, so ergibt sich:

$$\left(q_{FR} \frac{\partial F_R}{\partial L} + q_{FB} \frac{\partial F_B}{\partial L} + q_S \frac{\partial l_S}{\partial_L} + q_B \frac{\partial l_B}{\partial L} + q_K \frac{\partial l_K}{\partial L} + g \frac{\partial V}{\partial L} \right) dL +$$

$$\left(q_{FR} \frac{\partial F_R}{\partial B} + \cdots \cdots \right) dB +$$

$$\left(q_{FR} \frac{\partial F_R}{\partial H} + \cdots \cdots \right) dH = 0$$

Da die unabhängigen Differentiale dL, dB, dH frei wählbar sind, muß jeder der Klammerausdrücke für sich Null ergeben.

Die drei Bedingungsgleichungen, welche die Lösung der Aufgabe darstellen, lauten deshalb:

$$q_{FR} \frac{\partial F_R}{\partial L} + q_{FB} \frac{\partial F_B}{\partial L} + q_S \frac{\partial l_S}{\partial L} + q_B \frac{\partial l_B}{\partial L} + q_K \frac{\partial l_K}{\partial L} + g \frac{\partial V}{\partial L} = 0; \qquad (43a)$$

$$q_{FR} \frac{\partial F_R}{\partial B} + q_{FB} \frac{\partial F_B}{\partial B} + q_S \frac{\partial l_S}{\partial B} + q_B \frac{\partial l_B}{\partial B} + q_K \frac{\partial l_K}{\partial B} + g \frac{\partial V}{\partial B} = 0; \qquad (43b)$$

$$q_{FR} \frac{\partial F_R}{\partial H} + q_{FB} \frac{\partial F_B}{\partial H} + q_S \frac{\partial l_S}{\partial H} + q_B \frac{\partial l_B}{\partial H} + q_K \frac{\partial l_K}{\partial H} + g \frac{\partial V}{\partial H} = 0 \qquad (43c)$$

Beispiele:
Flachbeutel.

$$V = \alpha\, LH; \quad F_B = 0; \quad F_R = 2\,LH; \quad l_K = L; \quad l_B = L; \quad l_S = H$$

Somit ergeben obige Bedingungsgleichungen 43a, b, c für diesen Fall:

$$q_{FR} \cdot 2H + q_B + q_K + g\,\alpha\,H = 0 \qquad \text{(a)}$$
$$0 = 0 \qquad \text{(b)}$$
$$q_{FR} \cdot 2L + q_S + g\,\alpha\,L = 0 \qquad \text{(c)}$$

Wertet man diese Gleichungen aus, so erhält man für das günstigste Verhältnis $\dfrac{H}{L}$:

$$\frac{H}{L} = \frac{q_B + q_K}{q_S}$$

Setzt man $q_B = q_K$, d. h. den Durchgang je Längeneinheit der „Boden"- und „Kopf"-Naht gleich, so ergibt sich das Ergebnis von H. CORTE und W. SCHOCH [36].

Dieses Ergebnis kann auch in viel einfacherer Weise gewonnen werden, weil in diesem speziellen Fall nur 2 unabhängige Veränderliche „L" und „H" gegeben sind und aus diesem Grunde eine Bedingungsgleichung wegfällt.

Ecopackung (vernachlässigte Seitennaht).

$$F_B = 2\,LB; \quad F_R = 2H(L+B); \quad V = LBH; \quad l_S = 0$$
$$l_B = 2(L+B); \quad l_K = 2(L+B)$$

Die Bedingungsgleichungen 43a, b, c lauten somit:

$$q_{FR}\,2H + q_{FB}\,2B + q_B + q_K + g\,B\cdot H = 0 \qquad \text{(a)}$$

$$q_{FR}\,2H + q_{FB}\,2L + q_B + q_K + g\,L\cdot H = 0 \qquad \text{(b)}$$

$$q_{FR}\,2\,(L + B) + g\,L\cdot B = 0 \qquad\qquad\qquad \text{(c)}$$

Wertet man diese Gleichungen aus, so ergibt sich:

$$q_{FR}\,\frac{B}{L} - q_{FB}\,\frac{B}{H} = \frac{q_B}{H} - \frac{q_K}{H} \quad \text{und} \quad \frac{q_{FR}}{q_{FB}} = \frac{L - B}{H\left(\dfrac{B}{L} - \dfrac{L}{B}\right)}$$

Bei Eco-Packungen darf angenommen werden, daß durch die Naht des Boden- und Kopfverschlusses gleichviel hindurchdiffundiert. Hingegen werden die Flächen des Bodens und Deckels beim Einsetzen stärker mechanisch beansprucht als die Rumpfflächen. Es ist deshalb

$$q_B = q_K \quad \text{und} \quad \frac{q_B}{H} - \frac{q_K}{H} = 0 \quad \text{sowie} \quad q_{FR} < q_{FB}\,.$$

Man erhält für das Verhältnis $\dfrac{q_{FR}}{q_{FB}}$, der Durchgänge durch Rumpf und Boden, aus der ersten der beiden obigen Gleichungen:

$$\frac{q_{FR}}{q_{FB}} = \frac{L}{H}$$

Diese Bedingung ist mit der zweiten Gleichung nur verträglich, wenn $L = B$ ist. Das heißt: Ein Minimum für den Durchgang durch die Ecopackung erhält man, wenn man in die Ecopackung quadratische Grundflächen einsetzt. Wegen $q_{FR} < q_{FB}$ ergibt sich für das Minimum die weitere Forderung:

$$H > L = B$$

<h3 style="text-align:center">Bodenbeutel.</h3>

(Kreuz- und Klotzbodenbeutel). Die eingehenden Untersuchungen in diesem Abschnitt B zeigten, daß vor allem bei Beuteln aus kaschierter Aluminiumfolie im allgemeinen die Seiten- und Bodennähte eine viel geringere Menge Wasserdampf durchlassen, als die Rumpf- und Bodenfläche. Die Verschlußnahtdurchlässigkeit q_k ist hingegen nicht zu vernachlässigen. Deshalb ist in guter Näherung

$$q_B \cong q_S \cong 0\,.$$

Bei Bodenbeuteln war:

$$V = L \cdot B \cdot H\,;\; F_B = L \cdot B;\; F_R = (L + B) \cdot 2H\,;\, \mathrm{l}_K = L.$$

Somit ergeben die obigen Bedingungsgleichungen (43a; b; c):

$$q_{FR} \cdot 2H + q_{FB} \cdot B + q_K + g\,B\cdot H = 0 \qquad \text{(a)}$$

$$q_{FR} \cdot 2H + q_{FB} \cdot L + 0 + g\,LH = 0 \qquad\quad \text{(b)}$$

$$q_{FR} \cdot L\,(L + B) + 0 + 0 + g\,LB = 0 \qquad \text{(c)}$$

Wertet man diese Gleichungen aus, so ergibt sich:

$$\frac{q_K}{q_{FR}} = \frac{2H\,(B - L)}{L} \quad \text{und} \quad \frac{2HB}{L} = \frac{q_{FB} \cdot B + q_K}{q_{FR}}$$

Daraus folgt, daß die Breite des Beutels immer größer als die Länge desselben gemacht werden muß, wenn man günstigste Bedingungen anstrebt. Dies ist verständlich, da dann die Nahtlänge des Verschlusses klein gemacht werden kann.

Die günstigsten Bedingungen für den Sonderfall $B = L$ erhält man nur dann, wenn $q_k = 0$ ist; in diesem Falle (völlig dichter Verschluß) gilt dann die Beziehung

$$\frac{2 \cdot q_{FR}}{q_{FB}} = \frac{L}{H}.$$

Dies bedeutet, daß dann das Verhältnis Höhe zu Länge nicht mehr frei wählbar ist, sondern ähnlich wie bei der Ecopackung durch die Durchlässigkeiten des Bodens und des Rumpfes bestimmt ist.

C. Das verpackte Gut

X. Bestimmung des nichtstationären Feuchtigkeitsfeldes im Gut

Da nicht immer der Fall herrscht, daß sich die Feuchtigkeit gleichmäßig im Gut verteilt, besteht die Frage, wie man zu einer Berechnung des Feuchtigkeitsverlaufes im verpackten Gut für den Fall des instationären Zustandes gelangt, die ohne viel mathematischen Aufwand und Schwierigkeiten durchgeführt werden kann.

Dabei soll der in der Praxis meist gegebene Fall zugrunde gelegt werden, daß sich die Packung in einer wasserdampfangereicherten Atmosphäre befindet und nicht mit Wasser in Berührung kommt.

a) Ableitung der den Vorgang der Feuchtigkeitswanderung beherrschenden Gleichung für den Fall der eindimensionalen Diffusion in einer Ebene.

Wir nehmen an, daß das Gut überall gleiche Zusammensetzung aufweist und zeitlich seine Eigenschaften nicht verändert. Die Ausbreitung des Wasserdampfes im Gut geschehe durch Poren, die das Gut durchsetzen. Das Gut soll den Wasserdampf in erster Näherung nach dem HENRY'schen Gesetz an seinen Porenwänden adsorbieren können. Dann gilt:

$$\varphi = a \cdot \mathfrak{x} \tag{44}$$

$\mathfrak{x}$ = Wassergehalt bezogen auf Trockensubstanz; $\varphi = \dfrac{P_D}{P_{D_S}}$ relative Feuchtigkeit. Dies schließt den Fall der einfachen Diffusion ohne Adsorption ein, wenn:

$$a = \frac{\gamma \cdot R_D \cdot T}{P_{D_S}} \qquad \begin{aligned} &R_D = \text{Gaskonstante von Wasserdampf} \\ &\gamma = \text{spezifisches Gewicht, bezogen auf Trockensubstanz} \end{aligned} \tag{45}$$

Die Poren des Gutes haben im allgemeinen jegliche Größe und Querschnittsform und durchsetzen das Gut krummlinig, wobei sie untereinander verbunden gedacht werden müssen. Dieses komplizierte System, das in Wirklichkeit in einem Gut gegeben, aber im einzelnen nicht bekannt ist, soll durch ein einfacheres Modell ersetzt werden. Es sei nämlich angenommen, daß die Poren zwar jegliche Querschnittsformen und Größen haben können, daß sie aber das Gut nur in einer Richtung geradlinig durchsetzen sollen.

Die Porosität $\varepsilon = \dfrac{1}{\mu_F}$, die das Porenvolumen pro Volumeneinheit des Gutes angibt, ist dann gleich der Summe aller Porenquerschnitte pro Querschnittseinheit des Gutes.

Die pro Flächeneinheit des Gutes unter diesen Annahmen diffundierende Dampfmenge ist nach dem FICKschen Gesetz bei eindimensionaler Diffusion in einer Ebene:

$$q = -\frac{D_L}{\mu_F} \cdot \frac{1}{R_D \cdot T} \frac{dP_D}{dx} = -\frac{D_L}{\mu_F} \cdot \frac{a \cdot P_{DS}}{R_D \cdot T} \frac{d\mathfrak{x}}{dx} \tag{46}$$

$D_L =$ Diffusionskoeffizient des Wasserdampfes in Luft bei der Temperatur T

$R_D =$ Gaskonstante für Wasserdampf $\left(\dfrac{m}{{}^\circ K}\right)$

Die Änderung der Feuchtigkeit an der Stelle x im Intervall dx in der Zeiteinheit ist gleich der Menge, die pro Zeiteinheit an der Stelle x hinzuströmt, weniger der Menge, die an der Stelle $x + dx$ abströmt.

$$\frac{\partial \mathfrak{x}(x;t)}{\partial t} = q - \left(q + \frac{dq}{dx} dx\right) = \frac{D_L}{\mu_F} \cdot \frac{a \cdot P_{DS}}{R_D \cdot T} \frac{\partial^2 \mathfrak{x}}{\partial x^2} \; ; \tag{47}$$

$$b = \frac{D_L \cdot a \cdot P_{DS}}{\mu_F \cdot R_D \cdot T}$$

Diese Differentialgleichung ist derjenigen der nichtstationären, eindimensionalen Wärmeleitung analog. An die Stelle der Temperaturleitzahl tritt der Wert b, an die Stelle der Temperatur die Gutsfeuchtigkeit.

Gleichung 47 kann auf den Partialdruck bezogen auch geschrieben werden:

$$\frac{\partial P_D}{\partial t} = b \frac{\partial^2 P_D}{\partial x^2} \tag{48}$$

Die Integration dieser Differentialgleichung liefert die gesuchte Feuchtigkeitsverteilung.

b) Auswertung der Differentialgleichung

Eindimensionale Feuchtigkeitswanderung: Die exakte numerische Auswertung der Gl. (47) bzw. (48) ist nur in Sonderfällen möglich, wenn die angegebenen Konstanten auch wirklich konstant sind. Selbst dann ist die Rechenarbeit erheblich, weswegen die exakte numerische Auswertung von geringerer praktischer Bedeutung ist. Das geeignetste Verfahren der Auswertung obiger Gleichung dürfte die von E. SCHMIDT angegebene graphische Methode [41] sein, die endliche Intervalle Δx und Δt statt der differentiellen benutzt. Dieses Verfahren wurde von H. PFRIEM für die Wärmeleitung auf den Fall nicht konstanter Wärmeleitzahl und auf den Fall dreidimensionaler Wärmeleitung ausgedehnt. Diese Erweiterungen lassen sich auf den Fall des Feuchtigkeitstransportes übertragen, wobei statt der veränderlichen Wärmeleitzahl die veränderliche Diffusionswiderstandszahl zu setzen ist.

Schreibt man Gl. (47) mit endlichen Werten Δx und Δt, so ergibt sich die Ausgangsgleichung zu den Verfahren von E. SCHMIDT.

$$\Delta_t \mathfrak{x} = b \frac{\Delta t}{(\Delta x)^2} \Delta_x^2 \mathfrak{x} \tag{49}$$

Δ_t und Δ_x sind mit den Indices t und x versehen worden, um anzudeuten, daß es sich um Veränderungen von $\mathfrak{x}$ bei partiellen Veränderungen von x und t handelt. $\Delta_t\mathfrak{x}$ bedeutet also die Feuchtigkeitszunahme im Zeitintervall Δt. Aus obiger Gleichung ergibt sich:

$$\mathfrak{x}(x; t + \Delta t) - \mathfrak{x}(x; t) = b \frac{\Delta t}{(\Delta x)^2} [\mathfrak{x}(x + \Delta x; t) + \mathfrak{x}(x - \Delta x; t) - 2\mathfrak{x}(x; t)] \tag{50}$$

Stimmt man die an sich willkürlichen Schritte Δx und Δt gegenseitig so ab, daß

$$b \frac{\Delta t}{(\Delta x)^2} = \frac{1}{2} \tag{51}$$

wird, so vereinfacht sich Gl. (53) zu

$$\mathfrak{x}(x; t + \Delta t) = \frac{1}{2} \cdot [\mathfrak{x}(x + \Delta x; t) - \mathfrak{x}(x - \Delta x; t)] \tag{52}$$

Damit ergibt sich der Wassergehalt an irgendeiner Stelle x zur Zeit $(t + \Delta t)$ als arithmetischer Mittelwert aus den Wassergehalten zur Zeit t an den Stellen $x \pm \Delta x$. Dieses Verfahren gilt für alle x und kann auf jede beliebige Zeit fortgesetzt werden. Den Feuchtigkeitsverlauf $\mathfrak{x}(x)$ zur Zeit $t = 0$ erhält man aus einer vorgegebenen Randbedingung. Im allgemeinen geht man von einer gleichmäßigen Feuchtigkeitsverteilung $\mathfrak{x}(x) = $ konstant zur Zeit $t = 0$ aus.

Da die Ausgangsgleichung (47) von 2. Ordnung ist, benötigt man eine zweite Randbedingung. In der Tat muß vorgegeben sein, wie groß der Stoffübergang von der Atmosphäre auf das Gut ist.

Um diesen Wasserdampfübergang an der Oberfläche des Gutes zu bestimmen, nehmen wir in guter Näherung an, daß der Stofftransport durch das Verpackungsmaterial wegen der kleinen Dicke der Verpackung relativ zur Dicke des Gutes im instationären Zustand durch die Gleichung des stationären Zustandes angegeben werden darf. Zudem sei angenommen, daß sich der Wasserdampf nicht von einzelnen Poren im Packstoff in das Innere des Gutes ausbreitet, sondern daß die gesamte Gutsoberfläche, wo sie Verpackung berührt, einen einheitlichen Dampfdruck P_{D_0} hat. Berücksichtigt man die Stoffübergangswiderstände von der Außenatmosphäre auf die Verpackung $\frac{1}{\beta_1}$, von der Verpackung auf die Innenatmosphäre $\frac{1}{\beta_2}$, und von der Innenatmosphäre auf das Gut $\frac{1}{\beta_3}$, durch

$$\frac{1}{\beta} = \frac{1}{\beta_1} + \frac{1}{\beta_2} + \frac{1}{\beta_3} \tag{53}$$

so ergibt sich die pro Zeiteinheit auf das Gut übertragene Wasserdampfmenge (kg/m²h)

$$q = \frac{1}{\frac{1}{\beta} + \frac{d}{D}} \cdot \frac{1}{R_D T} (P_{D_A} - P_{D_0}) \tag{54}$$

d = Dicke des Packmaterials
P_{D_0} = Dampfdruck an der Oberfläche des Gutes $x = 0$
P_{D_A} = Dampfdruck der Außenatmosphäre
D = Diffusionskoeffizient des Packmaterials.

Von der Oberfläche des Gutes muß zu jeder Zeit die gleiche Dampfmenge in das Innere des Gutes transportiert werden. Deshalb ist q auch gleich:

$$q = -\frac{D_L}{\mu_F} \cdot \frac{1}{R_D \cdot T} \left(\frac{\mathrm{d}P_{D_0}}{\mathrm{d}x}\right)_{x=0} \tag{55}$$

dabei ist wieder D_L = Diffusionskoeffizient von Wasserdampf in Luft und μ_F = Diffusionswiderstandszahl des Gutes. (D_L bei 20° und 735 Torr 0,0943 m²/h)

Somit ist:

$$\left(\frac{\mathrm{d}P_D}{\mathrm{d}x}\right)_{x=0} = \frac{1}{\dfrac{1}{\beta} + \dfrac{d}{D}} \cdot \frac{\mu_F}{D_L} (P_{D_0} - P_{D_A}) \tag{56}$$

Die zweite Randbedingung lautet deshalb z. B. für $t = 0$ mit

$$\left(\frac{\mathrm{d}P_D}{\mathrm{d}x}\right)_{\substack{x=0 \\ t=0}} = \frac{1}{\dfrac{1}{\beta} + \dfrac{d}{D}} \cdot \frac{\mu_F}{D_L} (P_{D_{0_0}} - P_{D_A}) \tag{57}$$

$P_{D_{0_0}}$ Dampfdruck an der Stelle $x = 0$ zur Zeit $t = 0$.

Trägt man beim Dampfdruck P_{D_A} einen Punkt R in der Entfernung

$$h = \frac{D_L}{\mu_F} \left(\frac{1}{\beta} + \frac{d}{D}\right) [\mathrm{m}]$$

auf, so muß die zum Gleichgewichtsdampfdruck an der Gutsoberfläche (P_{D_0}) gehörige Randtangente durch R gehen [42].

Die Zeichnung des Feuchtigkeitsfeldes kann auf Grund dieser Unterlagen genauso durchgeführt werden wie die graphische Ermittlung des Temperaturfeldes, die von E. SCHMIDT [41] bzw. von H. PFRIEM [43] ausführlich beschrieben worden ist.

Aus Gl. (57) ergibt sich, daß das Verhältnis des Dampfdruckgradienten im Packstoff zu dem in einer anliegenden Gutsschicht gleicher Dicke von ausschlaggebender Bedeutung ist. Ist dieses Verhältnis groß, so ist der Packstoff sehr viel undurchlässiger als das Gut. Ein kleiner Gradient im Packstoff und ein größerer Gradient im Gut ist dann zu erwarten, wenn $P_{\text{Packst}} > P_{\text{Gut}}$ ist $\left(\text{bzw. } D > \dfrac{D_L}{\mu_{F}}\right)$. Vgl. S. 31.

Ein großer Gradient im Packstoff und ein kleiner im Gut ist dann zu erwarten, wenn

$$P_{\text{Packst}} \ll P_{\text{Gut}} \text{ ist } \left(\text{bzw. } D \ll \frac{D_L}{\mu_F}\right)$$

Diese beiden Fälle sind deswegen wichtig, weil im ersten Fall das Gut schon verdorben sein kann, wenn der kritische Gutszustand lediglich an der Oberfläche bzw. in einer dünnen Randschicht überschritten ist. In diesem Fall ist der spezifische Stoffdurchgang $q \left[\dfrac{\mathrm{g}}{\mathrm{m^2\,Tag}}\right]$ für die Bewertung der Verpackung maßgebend. Im zweiten Fall dagegen, wenn sich der Wassergehalt über alle Gutsschichten mehr oder minder gleichmäßig verteilt, ist für die Bewertung der Verpackung der Stoffdurchgang je

Volumeneinheit $\dfrac{Q}{V} = \dfrac{1}{v}$ maßgebend (vgl. hierzu S. 117). In diesem Falle ist dieses relativ komplizierte Verfahren nicht notwendig, da dann einfach nach dem in Abschnitt XI angegebenen Verfahren gerechnet werden kann. (Vgl. S. 147).

c) Dreidimensionale Feuchtigkeitswanderung

Für Verpackungen trifft der Fall des eindimensionalen Feuchtigkeitsfeldes im allgemeinen nicht zu; vorwiegend handelt es sich um Quader, gegebenenfalls auch um Würfel. PFRIEM [44] hat vorgeschlagen, zwei- bzw. dreidimensionale Temperaturfelder auf die Bestimmung von zwei bzw. drei voneinander unabhängige eindimensionale Felder zurückzuführen, welche einzeln auf zeichnerischem Wege ermittelt werden können. Diese Überlegungen können auf den hier behandelten Fall des nichtstationären Feuchtigkeitsfeldes übertragen werden.

Eine allgemeine analytische Lösung für Gl. (50) ist:

$$\frac{\mathfrak{x}(x;y;z;t)}{\mathfrak{x}_0} = \frac{\mathfrak{x}_x(x;\tau)}{\mathfrak{x}_0} \cdot \frac{\mathfrak{x}_y(y;\tau)}{\mathfrak{x}_0} \cdot \frac{\mathfrak{x}_z(z;\tau)}{\mathfrak{x}_0} \tag{58}$$

Ermittelt man also graphisch nach den von E. SCHMIDT eingeführten Verfahren die eindimensionalen Feuchtigkeitsfelder

$$\mathfrak{x}_x(x;\tau); \quad \mathfrak{x}_y(y;\tau) \text{ und } \mathfrak{x}_z(z;\tau),$$

so findet man die bei dreidimensionaler Betrachtung sich einstellende Feuchtigkeitsverteilung an der Stelle $x;y;z$ durch einfache Multiplikation der drei eindimensionalen Felder.

So ergibt sich für den Wassergehalt an den Ecken $\mathfrak{x}_E$, an den Kantenmitten $\mathfrak{x}_{KM}$, in der Mitte des Würfels $\mathfrak{x}_M$ und in der Mitte einer Außenfläche $\mathfrak{x}_{FM}$, wenn $\mathfrak{x}_0$ der Wassergehalt zur Zeit $t = 0$ gleichmäßig im Würfel verteilt war und die Kantenlänge des Würfels a ist

$$\mathfrak{x}_E = \mathfrak{x}_x(0;\tau) \cdot \mathfrak{x}_y(0;\tau)\,\mathfrak{x}_z(0;\tau) \cdot \frac{1}{\mathfrak{x}_0{}^2}$$

wobei
$$\mathfrak{x}_x = \mathfrak{x}_y = \mathfrak{x}_z = \mathfrak{x}(0;\tau)$$

ist, wenn es sich um einen Würfel handelt. Deshalb ist

$$\mathfrak{x}_E = \frac{\mathfrak{x}^3(0;\tau)}{\mathfrak{x}_0{}^2}$$

und analog

$$\mathfrak{x}_M = \frac{\mathfrak{x}^3\left(\dfrac{a}{2};\tau\right)}{\mathfrak{x}_0{}^2}$$

$$\mathfrak{x}_{FM} = \frac{\mathfrak{x}(0;\tau)\,\mathfrak{x}^2\left(\dfrac{a}{2};\tau\right)}{\mathfrak{x}_0{}^2}$$

$$\mathfrak{x}_{KM} = \frac{\mathfrak{x}^2(0;\tau)\,\mathfrak{x}\left(\dfrac{a}{2};\tau\right)}{\mathfrak{x}_0{}^2}$$

In den späteren Beispielen wurde statt der Gutsfeuchtigkeit χ die der Sorptionsisotherme entsprechende Gleichgewichtsfeuchtigkeit φ eingesetzt, und zwar ist ($\overline{\varphi}$ = eindimensionaler Fall)

$$\varphi_M = \varphi_0 \cdot \left(\frac{\overline{\varphi_M}}{\varphi_0}\right)^3 ; \quad \varphi_{FM} = \varphi_0 \left(\frac{\overline{\varphi_{FM}}}{\varphi_0}\right) \cdot \left(\frac{\overline{\varphi_M}}{\varphi_0}\right)^2 .$$

d) Feuchtigkeitswanderung bei veränderlichem μ_F

Man muß mit der Möglichkeit rechnen, daß die Diffusionswiderstandszahl von der Gutsfeuchtigkeit abhängt. Dabei ist zu berücksichtigen, daß sich μ_F nicht nur räumlich von außen nach innen ändern kann, sondern auch mit der Zeit von einem Tangentenzug zum nächsten.

Schauss [45] hat für Holz gefunden, daß μ_F mit sinkender Gutsfeuchtigkeit trotz der Zunahme offener Kapillarräume wegen der gleichzeitigen Verringerung des Kapillarvolumens durch Schwindung stark zunimmt. Pfriem hat in einer vor seinem Tode in Angriff genommenen gemeinsamen Arbeit vorgeschlagen, veränderliche Temperaturleitzahlen dadurch zu berücksichtigen, daß nach Einführung einer „angepaßten Temperatur" bei der Zeichnung von Tangentenvielecken die Teilschichtdicke $\Delta x = \sqrt{2\, a\, \Delta t}$ entsprechend verändert wird.

Die Differentialgleichung

$$\frac{\partial t}{\partial \tau} = \frac{a(t)}{\lambda} \left[\frac{\partial \left(F \cdot \lambda \cdot \dfrac{\partial t}{\partial x} \right)}{F\, \partial x} + W(x;\tau) \right]$$

mit t = Temperatur, τ = Zeit, x = Weg, λ = Wärmeleitzahl und F = örtlich veränderliche Querschnittsfläche, a = Temperaturleitzahl wird durch die Transformation

$$\left(\frac{\lambda}{\lambda*}\right) dt = d\,\Theta$$

von Pfriem in die Form

$$\frac{\partial \Theta}{\partial \tau} = a \left[\frac{\partial^2 \Theta}{\partial x^2} + \frac{\partial (ln F)}{\partial x} \frac{\partial \Theta}{\partial x} + \frac{1}{\lambda*} W(x,\tau) \right]$$

übergeführt. Dabei ist $\lambda*$ (kcal/m h °C) eine zunächst willkürliche unveränderliche Wärmeleitzahl. Die Größe Θ (°C) stellt eine auf $\lambda*$ bezogene Temperatur dar, die bei vorgegebener Temperaturabhängigkeit der wahren Wärmeleitfähigkeit $\lambda = \lambda(t)$ des Stoffes seine wahre Temperatur ersetzt.

Dementsprechend wäre bei dem hier vorliegenden Problem zu setzen:

$$\left(\frac{D_L}{\mu_F} \Big/ \frac{D_L}{\mu_F*}\right) d\chi = \left(\frac{\mu_F*}{\mu_F}\right) d\chi = d\,\Theta \quad \text{und} \quad \Delta x = \sqrt{2\frac{D_L}{\mu_F}\, \Delta t}$$

Die verschiedenen Schichtdicken Δx sollen durch 2 Indices gekennzeichnet werden, n und r, wobei der erste Index n die Nummer des Tangentenzuges bedeutet, also die zeitliche Aufeinanderfolge angibt, während der 2. Index r die räumliche Aufeinanderfolge der Schichten von außen nach innen angibt. Für den ersten Tangentenzug sind die Schichtdicken $\Delta x_{1,1}$, $\Delta x_{1,2}$, $\Delta x_{1,3}$ so zu bemessen, daß $\left(\dfrac{\Delta x_{1,r}}{\Delta x_{1,1}}\right)^2$ umgekehrt proportional zu dem entsprechenden μ_F längs des betreffenden Tangentenzuges wird. Ist die Änderung von μ_F von außen nach innen nicht genau bekannt, so sind die Schichtdicken nach Schätzung zu wählen. Da bei den ersten Linienzügen die Feuchtigkeitsunterschiede gering sind, haben die Schätzungsabweichungen nur eine untergeordnete Bedeutung. Für die weitere Durchzeichnung soll nach Pfriem die Teilschichtdicke $\Delta x_{n,o}$ unmittelbar an der Oberfläche konstant gehalten werden. Die zugehörigen Teilschichtdicken $\Delta x_{n,1}$, $\Delta x_{n,2}$, $\Delta x_{n,3}$ lassen sich für jeden neuen Linienzug berechnen, wenn μ_F als Funktion von $\mathfrak{x}$ bzw. φ bekannt ist

$$\frac{\Delta x_{n,1}}{\Delta x_{n,0}} = \sqrt{\frac{b_{n,1}}{b_{n,0}}} \; ; \; \frac{\Delta x_{n,2}}{\Delta x_{n,0}} = \sqrt{\frac{b_{n,2}}{b_{n,0}}} \; .$$

Dabei ist die Zeichnung jedes folgenden Tangentenvieleckes auf Grund der vorhandenen Teilung des jeweils vorausgehenden ohne weiteres möglich. Man entnimmt dem neuen Vieleck die entsprechende Feuchtigkeit zunächst angenähert durch Extrapolation der jeweiligen Mittelpunkte aller vorausgehenden Schichten und kann so nach den vorstehenden Proportionen die neuen zugehörigen Schichtdicken berechnen. Im allgemeinen werden die Mittelpunkte der einzelnen Schichten so schön auf einer Kurve liegen, daß über mehrere Tangentenzüge extrapoliert werden kann, weshalb erst nach einigen Tangentenzügen wieder eine neue Kontrollrechnung zu ihrer Bestimmung erforderlich ist. Nimmt die Diffusionswiderstandszahl mit steigendem Feuchtigkeitsgehalt zu, so wird hierdurch das Feuchtigkeitsfeld steiler. Der Richtpunkt ist veränderlich.

Das Verfahren gilt nur bei geringer Feuchtigkeitsabhängigkeit der Stoffeigenschaften.

Beispiel[1]:

Als Beispiel wurde die Feuchtigkeitsverteilung in einem Einsatzbeutel mit 30 cm Kantenlänge gewählt, der mit Milchpulver gefüllt wurde. Als Verpackungsmaterial wurde einmal Duplopapier mit einer Wasserdampfdurchlässigkeit von 20—24 g/m²Tag genommen[2] und einmal Aluminiumfolie kaschiert zwischen 2 Lagen Zellulosepapier A 13 mit einer Wasserdampfdurchlässigkeit von 0,5 g/m²Tag bestimmt bei 20°C und bei einem Feuchtigkeitsgefälle 96% gegen 65% am Packstoff.

Der mit Milchpulver gefüllte und verschlossene Beutel wurde in einem Raum mit 30°C und einer relativen Feuchtigkeit von 95% aufgestellt.

Duplopapier: b errechnet sich gem. Gl. (47) zu $3{,}07 \cdot \dfrac{a}{\mu_F} \cdot 10^{-3}$, also für $a = 8{,}2 \cdot 10^{-3} \; \dfrac{\text{m}^3}{\text{kg}}$ und für $\mu_F = 4{,}3$ $b = 6{,}3 \cdot 10^{-6} \; \dfrac{\text{m}^2}{\text{h}}$.

$$\Delta t = \frac{(\Delta x)^2}{2b}$$

Wird Δt festgehalten und wächst μ_F, so muß $(\Delta x)^2$ proportional zu μ_F abnehmen. Wird h klein (μ_F groß) (vgl. S. 124), dann wird der Einfall steiler, wodurch ein bestimmter Ordinatenabschnitt in weniger Schritten erreicht wird, obwohl Δt größer wird.

Dabei ergeben sich bei einem Anfangswassergehalt von 3,6% ($\varphi_o = 24\%$) beim Erreichen eines Wassergehaltes im Kern von 6,0%

---

[1] Die Durchrechnung erfolgte durch Frau Dr. v. BARANOW.

[2] Die Messungen wurden mit Qualitäten der ersten Nachkriegsjahre durchgeführt.

[3] Bei der Durchzeichnung lagen die Werte von GÖRLING gemäß Zahlentafel 18 noch nicht vor.

($\varphi_M = 40\%$) auf der Außenfläche des Gutes ein Wassergehalt von 11,6% ($\varphi_{FM} = 67\%$) nach einer Zeit von 33 Tagen für die vorgenannte Wasserdampfdurchlässigkeit; wenn man die Würfelgestalt der Packung (Abb. 49)

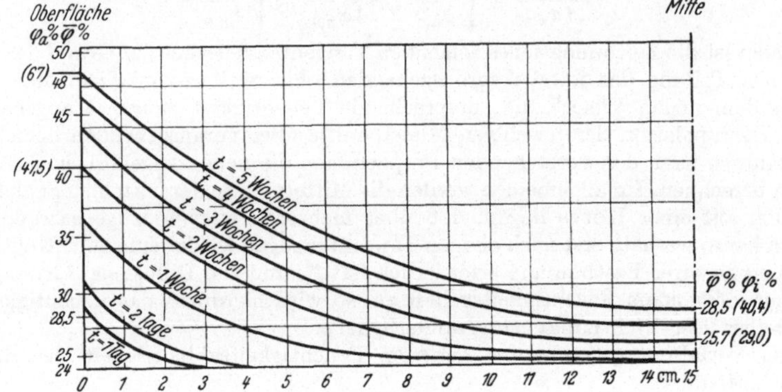

Abb. 49. Feuchtigkeitsverlauf in Milchpulver, verpackt in Duplopapier.

berücksichtigt. Die eindimensionale Hilfszeichnung ergäbe nach Ablauf der gleichen Zeit an der Außenfläche ein $\overline{\varphi}_{FM} = 48\%$ ($\overline{\mathfrak{x}}_{FM} = 8\%$) und in der Mitte ein solches von $\overline{\varphi}_M = 28,5\%$ ($\overline{\mathfrak{x}}_M = 4\%$).

$$\overline{\varphi}_{FM} = \varphi_0 \cdot 2 = 24 \cdot 2 = 48\%$$

$$\overline{\varphi}_M = \varphi_0 \cdot \frac{0,285}{0,24} = 24 \cdot 1,19 = 28,5\%$$

$$\varphi_M = 24 \cdot 1,19^3 = 40,4\% \ (\mathfrak{x}_M = 6\%)$$

$$\varphi_{FM} = 24 \cdot 2 \cdot 1,19^2 = 67\% \ (\mathfrak{x}_{FM} = 11,6\%)$$

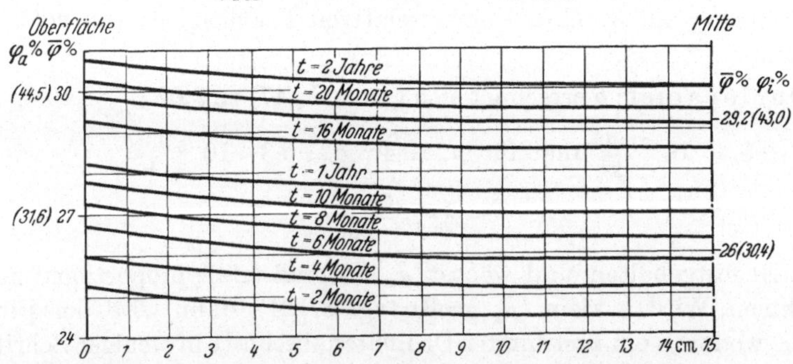

Abb. 50. Feuchtigkeitsverlauf in Milchpulver, verpackt in Alu-Folie.

Besonders gefährdet sind die Eckpunkte des Würfels, wo nach fünf Wochen die Gleichgewichtsfeuchtigkeit φ_E bereits auf 80% angestiegen war.

Für Aluminiumfolie ergibt sich beim gleichen Anfangswassergehalt beim Erreichen eines Wassergehaltes im Kern von 6,5% ($\varphi_M = 43,0$) ein Wassergehalt auf der Außenhaut von 6,6% ($\varphi_{FM} = 44,4$; $\mathfrak{x}_a = 7\%$) nach einer Zeit von 465 Tagen, wenn man die Würfelgestalt berücksichtigt (Abb. 50). Die eindimensionale Hilfszeichnung ergäbe nach Ablauf derselben Zeit ein $\overline{\varphi}_{FM} = 29{,}85$ und ein $\overline{\varphi}_{M} = 29{,}1$

$$\overline{\varphi}_M = 1{,}215 \cdot 24 = 29{,}1\%; \qquad \varphi_M = 1{,}215^3 \cdot 24 = 43{,}3\%$$

$$\overline{\varphi}_{FM} = 29{,}85\%$$

$$\varphi_{FM} = 29{,}85 \cdot 1{,}215^2 = 44{,}4\%$$

Das Verfahren enthält folgende Ungenauigkeiten:

1. a wird in Gleichung 46 als konstant angenommen, zeigt aber auch in engen Feuchtigkeitsintervallen Abweichungen von der Geraden; man könnte den dadurch bedingten Fehler dadurch eindämmen, daß man den Wert von b für verschiedene Intervalle bestimmt;

2. die Zeichengenauigkeit ist nicht allzuhoch;

3. die Sorptionsisotherme für Milchpulver weist im Gebiet $\varphi = 40\%$ bis 50% starke Streuungen auf. (Vgl. S. 22.)

Darauf und auf die Schätzung von μ_F ist es zurückzuführen, daß die tatsächlich gemessenen Werte zwar größenordnungsmäßig, aber nicht genau übereinstimmen. (Vgl. Zahlentafel 18[1].)

Zahlentafel 18

	Spez. Gewicht g/cm³	Schüttgewicht kg/m³	Mittlerer Wassergehalt % der T. S.	μ_F
Getrocknetes Weißkraut	1,51	137	20,3	1,73
Getrocknete Erbsen ($d_m = 7{,}1$ mm)	1,43	975	12,2	4,92
,,	,,	883	14,23	4,36
Puderzucker	1,61	500	0,17	2,22
Sprüh-Magermilchpulver	1,45	750	8,2	3,34
Vollmilchpulver	1,31	565	4,76	2,53
,,	,,	560	6,05	2,76
,,	,,	590	8,1	3,01
,, (Klumpenbildung)	,,	578	11,1	3,61
Kartoffelstärke	1,64	776	13,1	3,16
,,	,,	826	16,65	2,10
,,	,,	784	28,8	1,54
Gemahl. Malzkaffee (grob) . . .	1,56	551	11,7	1,97
,, (grob) . . .	,,	403	12,4	1,6
,, (fein) . . .	,,	587	7,97	3,94
,, (fein) . . .	,,	506	12,9	3,41
Weizenmehl	1,63	517	11,7	3,69
,,	,,	448	13,3	3,76
Volleipulver	1,18	354	4,73	4,00
,,	,,	528	7,2	5,14
,,	,,	293	8,3	2,67
,,	,,	300	13,2	2,42
Schokolade-Soßenpulver	1,48	723	8,55	6,86
Erbswurst-Preßling	1,39	984	5,6	15,2

[1] Diffusionswiderstandszahlen für verschiedene Lebensmittel wurden von P. GÖRLING bestimmt (Persönliche Mitteilung). Genauere Ausarbeitung erscheint demnächst in der Zeitschrift Chemie-Ingenieur-Technik.

Die Betrachtungen bei Feuchtigkeitsaufnahme unterscheiden sich von denen bei Feuchtigkeitsabgabe grundsätzlich nicht.

Wie schon einleitend in den Annahmen angegeben wurde, gelten die angestellten Betrachtungen über die Feuchtigkeitsverteilung im Gut nur, wenn der Wasserdampf den Packstoff gleichmäßig durchsetzt und nicht bevorzugt in einzelnen Poren des Packstoffes. Die Betrachtung gilt also besonders bei Verpackungen mit Kunststoffen oder kunststoffbeschichteten Papieren. Papier- und kunststoffkaschierte Aluminiumfolien werden hingegen nicht immer eine Feuchtigkeitsverteilung zeigen, wie sie durch die obige Rechnung wiedergegeben wird.

XI. Bestimmung der Haltbarkeit verpackter Trockengüter bei überall gleicher Feuchtigkeit im Gut

1. Wenig zeitabhängige Vorgänge

Erfolgt die Qualitätsbeeinflussung durch Klumpung, durch Austrocknen oder durch Mikroorganismen, dann ist die Veränderung bei Überschreitung der hierfür kritischen relativen Feuchtigkeit sehr rasch zu erwarten, wenn das Gut in dünner Schicht ohne Sperrschicht der umgebenden Atmosphäre ausgesetzt ist. Die Geschwindigkeit der Klumpungs- bzw. Austrocknungsvorgänge hängt bei gegebenem Partialdruckgefälle im wesentlichen nur noch von der Höhe der Stoffübergangszahl, bei Mikroorganismen zusätzlich von der Länge der sogenannten Latenzperiode ab. Diese Zeitintervalle können im allgemeinen gegenüber der Länge der beabsichtigten Lagerzeit vernachlässigt werden. Es ergeben sich damit Haltbarkeitszeitdiagramme gemäß Abb. 51, d. h. unter einem bestimmten Wassergehalt ereignet sich im Hinblick auf die erwarteten Veränderungen überhaupt nichts bzw. ist die Lagerfähigkeit durch völlig andersartige Vorgänge bedingt,

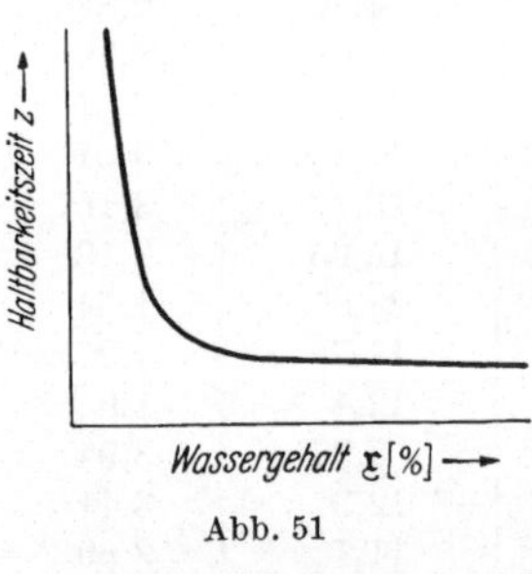

Abb. 51

wie Fettoxydation oder Alterung von Kolloiden, die mit der begrenzenden Hauptveränderung bei hohen Feuchtigkeiten nichts mehr zu tun haben.

Ist dementsprechend die Qualitätsveränderung nur durch die Überschreitung *eines* Wassergehaltes bzw. eines Dampfdruckes bestimmt, so darf man im allgemeinen die „Haltbarkeitszeit" des in einer den Wasserdampfzutritt hemmenden Verpackung befindlichen Gutes unter vergleichbaren Bedingungen der Partialdruckdifferenz gegen die Umgebung umgekehrt proportional setzen, wenn sich diese Partialdruckdifferenz während dieser Zeit nicht ändert.

Es gilt dann für konstante Temperatur die Beziehung:

$$t_L = \frac{\Delta G_Z}{q \cdot F} \cdot \left(\frac{\Delta P_{D\text{Prüf}}}{\Delta P_D}\right) \tag{59}$$

$\Delta G_Z =$ zulässige Gewichtsänderung des Gutes in g

$q \quad =$ Wasserdampfdurchlässigkeit der Packung unter der Prüfbedingung

$\quad\quad P_{D\text{Prüf}}$ in $\dfrac{\text{g}}{\text{m}^2\,\text{Tag}}$ (bei Unabhängigkeit vom Dampfdruckgefälle)

$F \quad =$ Oberfläche der Verpackung in m²

$\Delta P_D =$ wirkliches Partialdruckgefälle bei der Lagerung des Gutes

$\quad\quad$ in $\dfrac{\text{kg}}{\text{m}^2}$, $P_{D_A} =$ Partialdruck, welcher der Außenfeuchtigkeit entspricht.

Zur Berechnung der zeitveränderlichen Gewichtsaufnahme für den Fall, daß sich die Partialdruckdifferenz während der Lagerzeit ändert, kann man von folgender Überlegung ausgehen:

Im Zeitelement dt diffundiert durch die Oberfläche F einer Packung die Feuchtigkeitsmenge

$$dG = q \cdot F \cdot dt \cdot \frac{\Delta P_D}{\Delta P_{D\text{Prüf}}}$$

Der Feuchtigkeitsgehalt des Gutes sei anfangs $\mathfrak{x}_1 \cdot Tr$, nach Aufnahme von dG ist er

$$\left[\mathfrak{x}_1 + \frac{d\mathfrak{x}}{dt}\,dt\right] \cdot Tr$$

Es gilt somit die Differentialgleichung

$$dG = q \cdot F\,\frac{\Delta P_D}{\Delta P_{D\text{Prüf}}}\,dt = d\mathfrak{x}\,Tr\,,$$

wobei $\Delta P_D = P_{D_A} - f(\mathfrak{x})$ (vergl. Abb. 52)

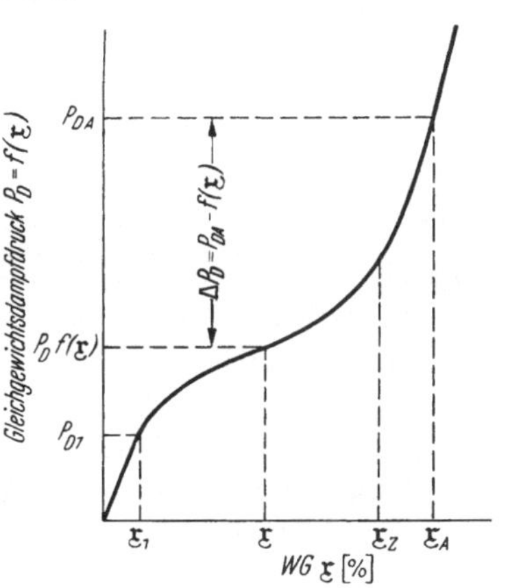

Abb. 52

$\quad Tr =$ Trockengewicht des verpackten Gutes in g

$\quad \mathfrak{x} \quad =$ Wassergehalt bezogen auf Trockensubstanz[1] in $\dfrac{\text{g WG}}{\text{g } Tr}$.

Somit ergibt sich für die Haltbarkeitszeit t_L, wenn $\mathfrak{x}_{\text{zul}} =$ zulässiger Endwassergehalt ist und wenn die Feuchtigkeitsaufnahme der Packung im Vergleich zu der des Gutes vernachlässigt werden kann:

$$t_L = \frac{Tr}{F}\,\frac{\Delta P_{D\text{Prüf}}}{q} \int\limits_{\mathfrak{x}_1}^{\mathfrak{x}_{\text{zul}}} \frac{d\mathfrak{x}}{P_{D_A} - f(\mathfrak{x})} \tag{60}$$

---

[1] $\mathfrak{x}$ ergibt sich aus dem Wassergehalt bezogen auf Gesamtgewicht $\mathfrak{x} = \dfrac{x}{1-x}$.

Der numerische Wert dieses Integrals läßt sich dadurch bestimmen, daß man die Sorptionsisotherme des Gutes $P_D = f\,(\mathfrak{x})$ aufzeichnet, für kleine Intervalle $\varDelta\mathfrak{x}$, $P_{D_A} - f\,(\mathfrak{x})$ bestimmt und für diese Intervalle jeweils t_1, t_2, t_3 . . . bis zur Erreichung von $\mathfrak{x}_{\text{zul}}$ summiert, woraus sich die zulässige Lagerzeit t_{zul} ergibt. (Bei gegebener Temperatur kann P_D auch durch φ ersetzt werden.)

Für die praktische Auswertung ist also Gl. (60) durch folgenden Ausdruck zu ersetzen

$$t_L = \frac{Tr}{F}\,\frac{\varDelta P_{D\text{Prüf}}}{q}\sum_{r=1}^{r=n}\frac{\varDelta\,\mathfrak{x}_r}{P_{D_A}-f(\mathfrak{x}_{\text{mittel}})}$$

Dabei sind $r = 1$ bis n die Anzahl der Schritte, die bis zum zulässigen Wassergehalt benötigt werden.

Ist die Wasserdampfdurchlässigkeit durch den Packstoff dem Partialdruckgefälle nicht proportional, so muß $\dfrac{\varDelta P_{D\text{Prüf}}}{q}$ ebenfalls nach dem Differenzenverfahren aufgeteilt werden. An Stelle der obigen Gleichung erhält man:

$$t_L = \frac{Tr}{F}\cdot\varDelta P_{D\text{Prüf}}\cdot\sum_{r=1}^{r=n}\frac{1}{q_r}\cdot\frac{\varDelta\,\mathfrak{x}_r}{(P_{D_A}-f\,(\mathfrak{x}_{\text{mittel}}))}$$

$q = f\,(\varphi)$; q_r entspricht der mittleren Durchlässigkeit im betreffenden Intervall r.

Beispiel

Kartoffelstärke mit $\mathfrak{x}_1 = 18{,}43\%$ W.G./Trockengew. ($\varphi_1 = 47\%$)
Anfangsgewicht 101,81 g
Trockengewicht 85,9 g; $q = 19$ g/m²Tag bei $\varDelta\varphi = 30\%$ (weichgemachte PVC-Folie); $F = 0{,}415\cdot10^{-2}$ m²
Außenfeuchtigkeit $\varphi_A = 77\%$, Gleichgewichtsfeuchtigkeit der Kartoffelstärke hierbei $\mathfrak{x}_A = 24{,}2\%$.

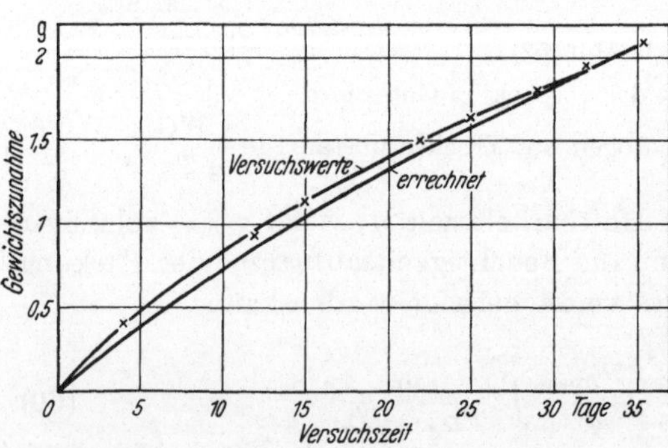

Abb. 53. Gewichtszunahme von Kartoffelstärke in einer Glasschale, die mit weichmacherhaltiger PVC-Folie verschlossen und bei einer relativen Feuchtigkeit von 77% bei + 20° C gelagert wurde

Die Ausrechnung ergibt die Kurve in Abbildung 53, die sich unter Berücksichtigung der Ungenauigkeiten bei der Zeichnung der Sorptionsisotherme mit den Meßwerten recht gut deckt. In Zahlentafel 19 ist die abschnittsweise Berechnung der Gewichtszunahme angegeben.

Der gemessene Wassergehalt $\mathfrak{x}$ nach 32 Tagen betrug 21,2% (statt dem errechneten Wert und dem der Gewichtszunahme entsprechenden Wert von 20,7%) und schwankte in den 4 verschiedenen Schichten des Behälters mit einer Tiefe von 31,9 mm um ca. 0,1%. Die meßtechnisch nicht mehr genügend genau erfaßbaren örtlichen Unterschiede werden dadurch verständlich, daß der Permeationskoeffizient des Packstoffes

Zahlentafel 19

		t (gesamt)	$\mathfrak{x}$ (%)
$G_1 = 101,81$ g	$t_1 = 0$ Tage	0 Tage	18,43 (Anf.)
$G_2 = 102,21$,,	$t_2 = 5,4$,,	5,4 ,,	19 (am Ende des Zeitintervalls)
$G_3 = 103,07$,,	$t_3 = 13,3$,,	18,7 ,,	20 ,,
$G_4 = 103,93$,,	$t_4 = 16,7$,,	35,4 ,,	21 ,,
$G_5 = 104,79$,,	$t_5 = 22,15$,,	57,55 ,	22 ,,
$G_6 = 105,64$,,	$t_6 = 32,72$,,	90,27 ,,	23 ,,
$G_7 = 106,51$,,	$t_7 = 68,5$,,	148,77 ,,	24 ,,

sehr viel kleiner war als der des Füllgutes gleicher Schichtdicke. Im weiteren Verlauf liegen die errechneten Werte für die Gewichtszunahme bzw. für den Wassergehalt etwas zu hoch; der gemessene Feuchtigkeitsgradient, der ja mit zunehmendem Wassergehalt im Inneren flacher werden muß, überschritt niemals 0,15%. Die erwähnte Abweichung ist darauf zurückzuführen, daß sich Meßungenauigkeiten in der Wasserbestimmung und Ungenauigkeiten in der Aufzeichnung der Sorptionsisotherme bei der Summierung der Hyperbeläste bei Annäherung $\mathfrak{x} \rightarrow \mathfrak{x}_A$ sehr stark auswirken. Ist aber $\mathfrak{x}$ nicht sehr verschieden von $\mathfrak{x}_1 \ll \mathfrak{x}_A$,

dann ist die Funktion $\int\limits_{\mathfrak{x}_1}^{\mathfrak{x}} \dfrac{d\mathfrak{x}}{P_{D_A} - f(\mathfrak{x})}$ noch so unempfindlich, daß man

auch das arithmetische Mittel einsetzen darf, ohne einen wesentlichen Fehler zu begehen. Läßt man im Innern nur eine sehr geringe Feuchtigkeitszunahme eines trockenen Gutes zu, dann ist schließlich $\Delta P_D \approx P_{D_A}$; dieser Fall liegt der Bestimmung der Wasserdampfdurchlässigkeit von Packstoffen mit Hilfe von Silicagel zugrunde (vgl. Abschn. IV 4). Dabei ist ΔG prop. der Zeit t. (Würde man aber zur Vereinfachung in dem vorhergehenden Beispiel $P_{D_A} - f(\mathfrak{x})$ über das *gesamte* Intervall $\mathfrak{x}_7 - \mathfrak{x}_0$ planimetrieren, so ergäbe sich an Stelle des Wertes in Zahlentafel 19 ein Wert $t_7 = 115$ Tage. Wegen der geringen Kurvenneigung in diesem Intervall ist dieser Wert nur wenig von dem verschieden, wenn man zur weiteren Vereinfachung das arithmetische Mittel

$$P_{D_A} - \frac{P_{D_7} + P_{D_0}}{2}$$

zugrunde legen würde.

Außer von der zulässigen Gewichtszunahme des Gutes hängt gemäß Gl. (59) bzw. (60) die Haltbarkeitszeit ausschlaggebend von der Wasserdampfdurchlässigkeit der Packung ab, deren Berechnung und Beeinflussung frühere Abschnitte gewidmet waren. Gewisse Freiheiten hat man noch bezüglich der Auswahl von $\mathfrak{x}_1$, denn in manchen Fällen wird es vielleicht möglich sein, das Gut stärker zu trocknen, in anderen Fällen zumindest verhindern zu können, daß das Gut nach dem Trocknen, bis es zur Packstation kommt, Feuchtigkeit anzieht. Dabei muß allerdings in Betracht gezogen werden, daß mit einer Absenkung des Anfangswassergehaltes nicht nur die zulässige Wasseraufnahme, sondern auch das mittlere Wasserdampfpartialdruckgefälle zunimmt. Liegt der Anfangswassergehalt wenig über einem relativ flachen Intervall der Sorptionsisotherme ($\mathfrak{x}_1$), so steigt bei einer geringen Senkung des Wassergehaltes ($\mathfrak{x}_1$) das Partialdruckgefälle sehr stark, während im steilen Ast der Sorptionsisotherme ($\mathfrak{x}_1'$) das Umgekehrte der Fall ist. Wenn man also den Anfangswassergehalt zu senken in der Lage ist, wird man dies bevorzugt dann versuchen, wenn er gegen Ende des steilen Anfangsastes der Sorptionsisotherme liegt, weil hier bei einer geringen Steigerung des Partialdruckgefälles die zulässige Wasseraufnahme beträchtlich vergrößert werden kann (Abb. 54). Andererseits kann ein stärker hygroskopisches Gut mit steilerer Sorptionsisotherme eine längere Haltbarkeitszeit aufweisen als ein schwächer hygroskopisches, weil im ersten Fall bei annähernd gleichen $\Delta\varphi$ das zulässige $\Delta\mathfrak{x}_{\text{zul}}$ größer wird. (Abb. 55). Ist aber $\Delta\mathfrak{x}_{\text{zul}}$ in beiden Fällen gleich, dann ist beim schwächer hygroskopischen Gut II auch das mittlere Partialdruckgefälle kleiner. Die günstigsten Verhältnisse liegen vor, wenn die Anfangsfeuchtigkeit im unteren steilen Ast der Sorptionsisotherme und der kritische Feuchtigkeitsgehalt im oberen steilen Ast möglichst nahe an der Außenfeuchtigkeit φ_A liegt. In diesem Falle wird zu prüfen sein, ob man überhaupt eine

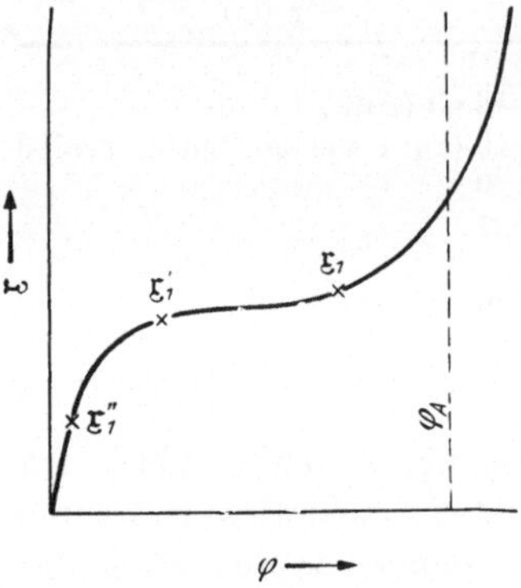

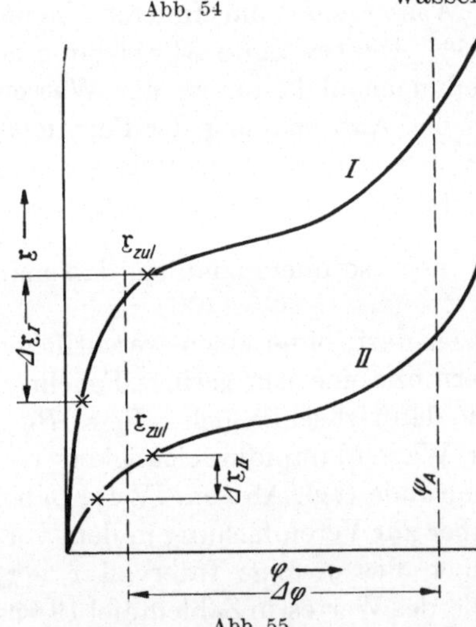

Abb. 54

Abb. 55

feuchtigkeitsdichte Verpackung benötigt, da jede zu weitgehende Trocknung unmittelbare und mittelbare (teurere Verpackung) Geldeinbußen mit sich bringt.

Die Steigerung der Außenfeuchtigkeit wirkt sich andererseits — bei konstantem $\Delta\, \chi_{zul}$ — um so einschneidender auf die Haltbarkeitszeit aus, bei je höheren relativen Feuchtigkeiten Anfangs- und kritischer Wassergehalt des Gutes liegen. In weiten Bereichen nicht hygroskopische Körper (O bis B in Abb. 56), wie z. B. Saccharose, deren Sorptionsisotherme erst bei Annäherung an die Löslichkeitsgrenze steil ansteigt, sind auch bei weitgehend dampfdichter Verpackung bei hohen Feuchtigkeiten sehr schlecht haltbar, weil hier der Ausgangswassergehalt und der zulässige Wassergehalt praktisch zusammenfallen, d. h. die zulässige Gewichtsänderung äußerst gering ist.

Besonders große Unsicherheitsfaktoren umschließt die Abschätzung der während der Umlaufzeit herrschenden mittleren Umgebungsfeuchtigkeit. Man ist hier in erster Linie auf die Klimaangaben der Wetterwarten angewiesen.

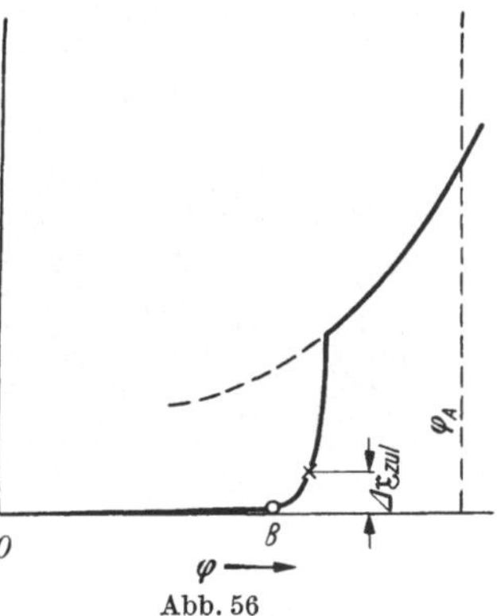

Abb. 56

In Zahlentafel 20 ist das Monatsmittel der relativen Feuchtigkeit an drei Orten im Flachland und in höheren Lagen des Bundesgebietes angegeben.

Zahlentafel 20. *Monatsmittel der relativen Feuchtigkeit an 3 Orten im Flachland und in höheren Lagen Deutschlands*

	J	F	M	A	M	J	J	A	S	O	N	D	Jahr
Hamburg . . .	89	86	81	72	68	70	73	77	79	84	88	90	80
Frankfurt/M . .	85	80	74	67	66	66	69	72	77	82	84	86	76
München . . .	83	79	72	68	66	68	67	70	76	81	84	85	75
Klausthal (Harz)	90	88	86	80	75	77	80	82	84	88	90	93	84
Schopfloch (Alb)	88	85	81	76	76	78	76	78	82	86	87	88	82
Partenkirchen .	82	78	74	74	75	79	79	81	82	82	83	84	79

Es ergibt sich daraus, daß in Deutschland im Durchschnitt die relative Feuchtigkeit der Umgebung $\varphi > 75\%$ ist. Die genauere Verteilung über das frühere Reichsgebiet ist in Abb. 57 wiedergegeben.

Wählt man aus den voraussichtlichen Absatzgebieten den ungünstigsten Wert und außerdem die ungünstigste Jahreszeit, so sind die Risiken relativ gering, und zwar um so geringer, je weiter χ_{zul} bzw. φ_{zul} des Gutes von φ_A entfernt ist. Allerdings ist zu bedenken, daß das Binnenklima in Wohnungen während der kälteren Jahreszeit in beheizten

Räumen wesentlich trockener und in unbeheizten Lagerräumen im Frühjahr, wenn in Räume mit noch kalten Mauern warme Außenluft einströmt, auch feuchter als das Außenklima sein kann. In Küchenschränken kann in der kalten Jahreszeit, wenn bei geschlossenen Fenstern gekocht wird, die relative Feuchtigkeit stundenweise auf 85% bis 90% ansteigen und dann wieder stark abfallen.

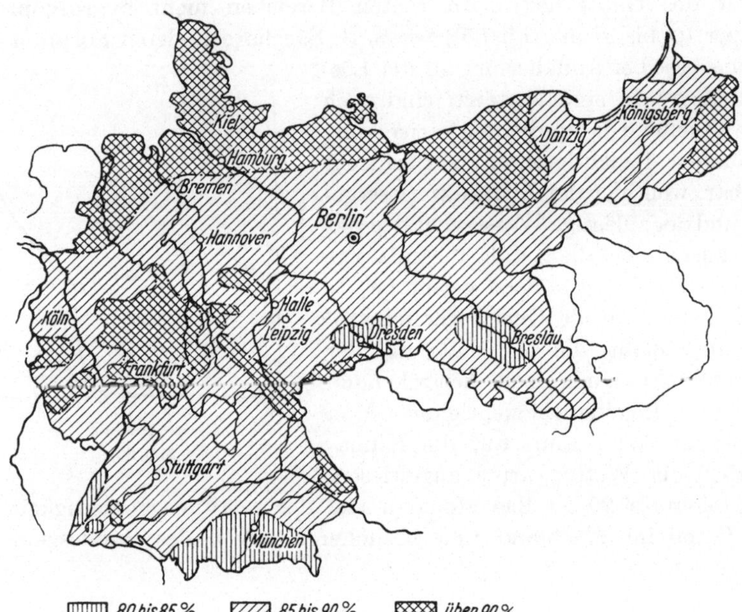

Abb. 57. Mittlere relative Feuchtigkeit im früheren Gebiet Deutschlands im Dezember.

Solange keine Statistiken über die üblichen Binnenklimata in den verschiedenen Jahreszeiten vorliegen, muß von dem umgekehrten Weg des sogenannten „field research" stärker Gebrauch gemacht werden, der darin besteht, festzustellen, welche Wasserzunahmen die eigenen Erzeugnisse in den gewählten Verpackungen in verschiedenen Gebieten in der üblichen Umlaufzeit annehmen und daraus abzuschätzen, ob die gewählte Verpackung zu gut und aufwendig oder zu schlecht war. Man wird dabei überrascht sein, welche Wassergehalte und unerkannte Qualitätsverschiebungen hierbei auftreten und vor allem auch, welche Umlaufzeiten infolge schlechter Verkaufsorganisation möglich sind.

Es ist deshalb bedauerlich, daß die deutsche Lebensmittelindustrie von diesem Weg, welcher ja nur darin besteht, vom Einzelhandel in verschiedenen Gebieten und zu verschiedenen Jahreszeiten Proben zu entnehmen und in diesen nach sofortiger hermetischer Verpackung Wasserbestimmungen durchzuführen, viel zu wenig Gebrauch macht. Solange diese Methode nicht allgemeiner Eingang gefunden hat, sollte man die Werte der Klimakarten und die Umlaufzeit, der man eine überwiegende Häufigkeit zuordnen kann, der Berechnung der Verpackung zugrundelegen. (Gewisse Hinweise kann auf die in verschiedenen Gebieten herrschenden Feuchtigkeiten auch das Feuchtwerden von Salz und von Kristallraffinade-Zucker geben, da die dabei herrschende Gleichgewichtsfeuchtigkeit ziemlich genau bekannt ist.) Die Nachprüfung und statistische Auswertung in der vorerwähnten Weise ist aber als Kontrollmaßnahme — schon weil sie die Temperaturschwankungen beim Aus- und Umladen umfaßt — unerläßlich. Hierauf sind dann die weiteren Dispositionen aufzubauen, nicht wie es der augenblicklichen Gepflogenheit entspricht, bestenfalls auf Grund eingegangener Reklamationen.

Bei der Berechnung der Haltbarkeitszeit mußte die Durchlässigkeit des verwendeten Beutels „q" bekannt sein. Diese kann, wie in Abschnitt B angegeben wurde, am einfachsten mit Hilfe von Silicagel als Füllgut bestimmt werden.

F. A. PAINE [37] entwickelte eine Methode zur Angabe der Dichtigkeit verschiedener Beutel, bei der er die Gewichtszunahme irgendeines verpackten Gutes beobachtete. Zur Auswertung verwendet er den gleichen Rechnungsgang, wie er in diesem Abschnitt gezeigt wurde. Zum Unterschied ist bei Paine die Gewichtsänderung als Funktion der Zeit gegeben, und es wird daraus eine mittlere Durchlässigkeit errechnet. Bei uns ist, wie schon betont, die Durchlässigkeit gegeben und es wird die Gewichtszunahme bis zum Grenzwassergehalt des verpackten Gutes berechnet, die Aussage ist also weitergehend. Außerdem unterscheidet sich seine Rechnung von der hier entwickelten durch 2 einschränkende Annahmen. Er forderte, daß die Durchlässigkeit des Beutels keine Funktion der relativen Feuchtigkeit ist, und daß die Sorptionsisotherme eine Gerade ist.

Aus Gl. (60) erhält man sein Ergebnis

$$\ln\,(\mathfrak{x} - \mathfrak{x}_\infty) = \pm\,Kt + \ln\,(\mathfrak{x}_0 - \mathfrak{x}_\infty) \qquad (60)$$

(Gleichung einer Reaktion 1. Ordnung)

wenn man in Gl. (60) $P_{D_A} - f\,(\mathfrak{x}) = \pm\,K\,(\mathfrak{x} - \mathfrak{x}_\infty)$ setzt und integriert. Dabei ist $\mathfrak{x}_\infty$ der Wassergehalt, der dem Dampfdruck P_{D_A} der Außenatmosphäre entspricht. Das Gut würde diesen Wassergehalt erst nach unendlich langer Zeit annehmen. $\mathfrak{x}$ ist der Wassergehalt des Gutes zur Zeit t.

Gl. (60) stellt im einfach-logarithmischen Diagramm eine Gerade dar, deren Neigung durch den Faktor $\left(\dfrac{Tr}{F}\,\dfrac{P_{D\mathrm{prüf}}}{q}\right)$ gegeben wäre.

PAINE hat aber nicht die Neigung der Geraden als vergleichendes Maß für die Beurteilung der Dichtigkeit eines Beutels benutzt, sondern in Analogie zu der Behandlungsweise der Gleichung von Reaktionen 1. Ordnung einen Punkt auf dieser Geraden. Dieser Punkt wird so gewählt, daß er die Zeit angibt, die nötig ist, bis das Gut die Hälfte seines Gleichgewichtswassergehaltes erreicht hat. Diese Zeit ist die Halbwertszeit t Halbw., die als Vergleichsmaß für verschieden dichte Packungen von PAINE angegeben wird.

PAINE untersuchte Zigarettenpackungen, bestehend aus folgenden Einheiten: (1) Innenpackung: 20 Zigaretten in Aluminiumfolie + Kaschierseide + Karton in wetterfestes Zellglas eingesiegelt. (2) Erste Umpackung: 10 solche Packungen in Karton, eingesiegelt in wetterfestes Zellglas. (3) Äußerer Umkarton: Vollpappe, enthaltend 50 Einheiten wie vorher beschrieben. Es ergab sich

		$t_{Halbw.}$[1]
a)	Einzelpackung (1) komplett	30
b)	wie vorher, aber ohne Zellglasumhüllung	9
c)	Umpackung (2) mit Einzelpackungen (1) kompl.	140
d)	wie vorher, aber erste Umpackung (2) ohne Zellglasumhüllung, (1) komplett	63
e)	wie c), aber umgekehrt wie bei (d) die Zellglasumhüllung (1) entfernt, (2) komplett	48
f)	gesamte Umpackung (3) mit 50 Einheiten c) . . .	Ecken 170 (Innen 315)
g)	gesamte Umpackung (3) mit 50 Einheiten d) . . .	Ecken 90 (Innen 190)

Es ergibt sich daraus anschaulich die Bedeutung des wasserdampfdichten Einzeleinwicklers und der Lagerung wasserdampfempfindlicher Güter im Verband. (Auch an den Ecken (g) ist hierbei die Haltbarkeit viel höher als die der Einzelpackungen (1)).

Dabei ist die „Halbwertszeit" eine reine Vergleichszahl und wird im allgemeinen nicht mit der Zeit identisch sein, welche zur Erreichung der Qualitätsgrenze verstreicht. Da die Halbwertszeit somit ein willkürliches Vergleichsmaß vorstellt, dürfte es für eine Vergleichsprüfung in vielen Fällen auch ausreichend sein, lediglich die Gewichtsänderung im Vergleich zum Leerkarton nach einer gewissen Anlaufzeit festzustellen und mit Hilfe der vorerwähnten Extrapolationsgleichungen auf das voraussichtlich kritische Feuchtigkeitsintervall zu extrapolieren. Man kann in diese Aussage die zeitabhängigen Qualitätsveränderungen besser einbeziehen, wenn die Zeit zur Verfügung steht, um festzustellen, bei welcher Wasseraufnahme bzw. -abgabe in der am wenigsten wasserdampfdichten Packung eben der kritische Wert an irgendeiner bevorzugten Stelle überschritten wird, und dann die wasserdampfdichteren Vergleichsproben unter den gleichen Klimabedingungen so lange lagert, bis sich annähernd die gleiche Gewichtszu- bzw. -abnahme einstellt. Wegen der Abhängig-

---

[1] $\varphi_\infty = 44\%$, $\varphi_0 = 65\%$ ($\mathfrak{x}_\infty = 8{,}9\%$, $\mathfrak{x}_0 = 13{,}3\%$), $t = 38°C$.

keit des Gradienten der Randtangente von der Wasserdampfdichtigkeit und wegen der Zeitabhängigkeit mancher Veränderungen muß man in diesem Zeitintervall öfter Packungen öffnen, um die „äquivalente Haltbarkeitszeit" mit der erforderlichen Genauigkeit erfassen zu können.

2. Stark zeitabhängige Vorgänge

Der zweite in Betracht zu ziehende Grenzfall ist, daß sich bei der Lagerung der Wassergehalt ändert, die die Qualität abwertende Wirkung aber stark von der Zeit abhängt. Die Abhängigkeit von der Temperatur kann dabei besonders groß werden, wenn das Q_{10} der chemischen Veränderungen hoch ist wie üblicherweise bei den Bräunungsreaktionen und bei Denaturierungsprozessen oder wenn Kristallisations- bzw. Löslichkeitsvorgänge hineinspielen und die Abhängigkeit der Viskosität bzw. der Löslichkeit von der Temperatur hoch ist. Man wird hier im allgemeinen bei konstanter Temperatur eine Abhängigkeit im Charakter von Abb. 58 finden, wenn-

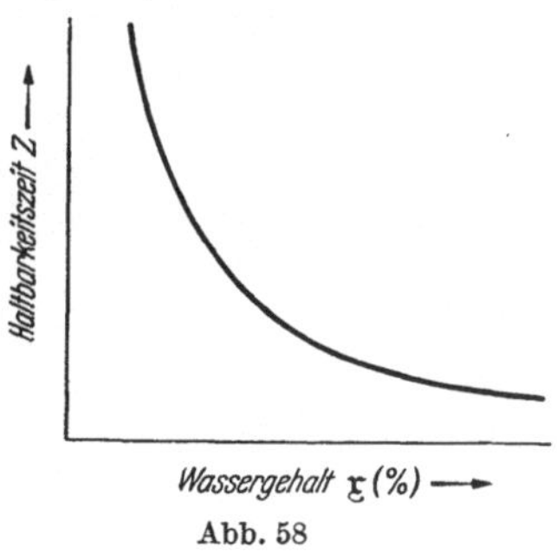

Abb. 58

gleich es auch Veränderungen der Art gibt, die bei einem bestimmten Wassergehalt ein Maximum zeigen (z. B. bestimmte Bräunungsreaktionen).

Oxydative Ranzigkeit kann bei niedrigen Wassergehalten rascher eintreten als bei hohen. Z. B. erfolgte das Ranzigwerden bei Biskuits im Intervall 0,75—2,7 % W. G. wesentlich schneller als im Intervall 5,1 bis 7,4 % W. G. [37a]

Berechnung der Haltbarkeitszeit:

Der Verderbniswert zur Haltbarkeitszeit Z (z. B. ein bestimmter Vitamin-C-Abfall oder eine bestimmte Farbveränderung) sei K. Geben wir alle Zwischenwerte vom Zustand „frisch" bis zum Zustand „verdorben" als Bruchteile vom Verderbniswert K an, so können wir diese Zwischenzustände mit $\dfrac{n}{K}$ beschreiben.

$$\frac{n}{K} = f(t; \vartheta; \xi) \quad \text{bzw.} \quad \frac{n}{K} = \overline{f}(t; \vartheta; p_D)$$

Die Funktion f soll für eine bestimmte Temperatur ϑ bei konstantem ξ proportional der Lagerzeit t angenommen werden (entsprechend einer Reaktion 0. Ordnung). Der Proportionalitätsfaktor ist dann noch Funktion von ξ, d. h.

$$\frac{n}{K} = \alpha(\xi) \cdot t$$

Daraus ergibt sich

$$\frac{1}{K}\int\limits_0^K dn = \alpha\,(\mathfrak{x})\int\limits_0^Z dt = \alpha\,(\mathfrak{x})\,Z\,(\mathfrak{x}) = 1$$

wenn Z die Haltbarkeitszeit bei $\mathfrak{x} =$ konst ist (Abb. 59). Die vorletzte Gleichung kann also auch geschrieben werden

$$\frac{n}{K} = \frac{1}{Z\,(\mathfrak{x})}\cdot t$$

Andererseits nimmt in einer Packung der Inhalt nur asymptotisch den Wassergehalt an, welcher der Gleichgewichtsfeuchtigkeit der Umgebung

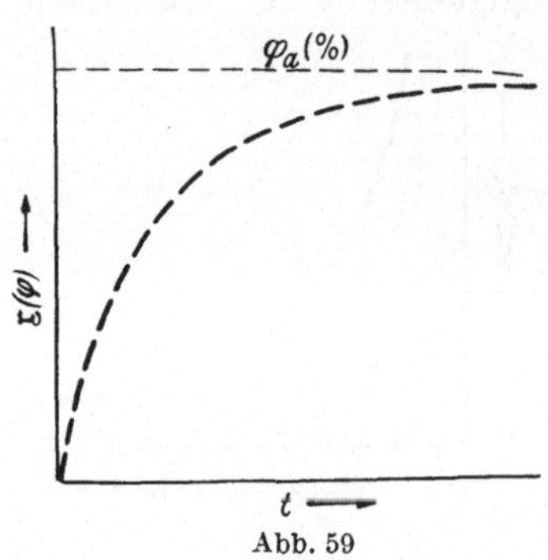

Abb. 59

entspricht. Der mittlere Wassergehalt abhängig von der Zeit wird bei einem Gut, dessen Diffusionswiderstand gegenüber dem der Verpackung vernachlässigbar klein ist, einen Verlauf gemäß Abb. 59 bei konstanter Außenfeuchtigkeit annehmen. Ist der Diffusionswiderstand des Gutes nicht klein gegenüber dem der Verpackung, so geht bei der Zeitabhängigkeit der Feuchtigkeit noch die Schichtdicke als Parameter ein (siehe Abschnitt X).

Kann $Z\,(\mathfrak{x})$ gemäß Abb. 58 und $\mathfrak{x}\,(t)$ gemäß Abb. 59 analytisch angegeben werden, so errechnet sich die Zeit t_L, d. h. die Zeit, bis das Gut beim Lagern in der Packung bei *veränderlichem* Wassergehalt die Verkaufsgrenze erreicht, aus:

$$\frac{n}{K} = \frac{1}{Z\,(\mathfrak{x})}\cdot t;$$

wenn $\mathfrak{x}$ während der Lagerung nicht konstant, sondern mit der Zeit veränderlich ist:

$$\frac{1}{K}\int\limits_0^K dn = \int\limits_0^{t_L} \frac{1}{Z\,(\mathfrak{x}(t))}\,dt = 1$$

Beispiel: Es sei $Z\,(\mathfrak{x}) = \dfrac{\beta_1}{\mathfrak{x}}$ bzw. $\dfrac{1}{Z}\,(\mathfrak{x}) = \dfrac{\mathfrak{x}}{\beta_1}$ und $\mathfrak{x}\,(t) = \beta_2\cdot t$ gegeben; wenn die Feuchtigkeitsänderung des Gutes klein und die Feuchtigkeit der Außenatmosphäre $\gg$ als die Feuchtigkeit im Innern der Packung ist, dann ergibt sich

$$1 = \int\limits_0^{t_L} \frac{\mathfrak{x}\,(t)}{\beta_1}\,dt = \int\limits_0^{t_L} \frac{\beta_2}{\beta_1}\cdot t\cdot dt = \frac{\beta_2}{\beta_1}\cdot\frac{t_L^2}{Z}$$

$$t_L = \sqrt{\frac{2\cdot\beta_1}{\beta_2}}$$

(Zu dem Ansatz ist allerdings zu bemerken, daß es viele Qualitätsveränderungen von Lebensmitteln gibt, welche anfangs langsam, dann schneller verlaufen wie manche Geschmacksveränderungen, während Vitaminveränderungen häufig anfangs rasch verlaufen, dann aber asymptotisch einem Endwert zustreben. Merkwürdigerweise gibt es hierüber kaum planmäßige Untersuchungen).

Sind Z ($\mathfrak{x}$) und $\mathfrak{x}$ (t) nicht durch Gleichungen angebbar, so entnimmt man aus der Haltbarkeitskurve des Gutes Abb. 58 die Zeiten Z bei bestimmten Wassergehalten und aus dem Lagerversuch (Abb. 59) die zur Erzielung *dieser* Wassergehalte erforderlichen Lagerzeiten t — eine Vorausberechnung gem. Gl. 60 ist genauso wie im Fall 1 möglich.

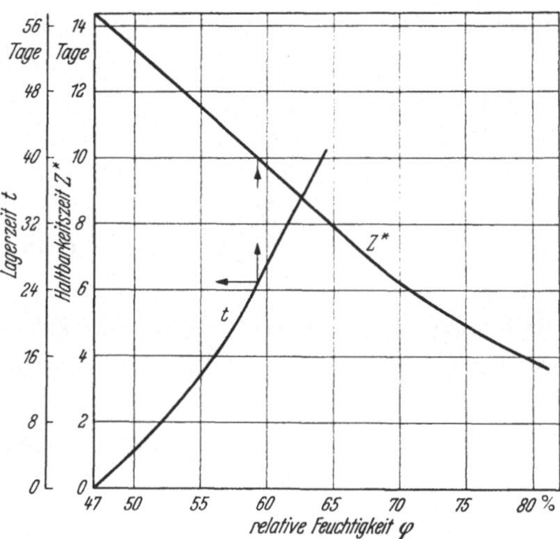

Abb. 60. $Z^* = f_1(\varphi)$: Haltbarkeit eines Gutes abhängig von der Gleichgewichtsfeuchtigkeit; $t = f_2(\varphi)$: Zusammenhang zwischen Lagerzeit und Gleichgewichtsfeuchtigkeit beim Lagern einer Packung bei $\varphi = 77\%$ (errechnet gemäß Abb. 53) (Gleichgewichtsfeuchtigkeit am Anfang $\varphi \approx 47\%$)

(Vorsorglich wird man feststellen, ob sich im Gut ein merklicher Gradient einstellt) — und zeichnet $\dfrac{1}{Z(\mathfrak{x})} = f(t)$. Man erhält dann durch Planimetrieren

die Flächen unter der Kurve $\displaystyle\int_0^{t_1,\,t_2,\,t_3} \dfrac{dt}{Z(\mathfrak{x})}$

für die Zeiten t_1, t_2, t_3 . . .

Die Zeit t_L, bei welcher das Gut in der Packung die Verkaufsgrenze erreicht, ist gegeben durch

$$\int_0^{t_L} \frac{dt}{Z(\mathfrak{x}(t))} = 1. \qquad (61)$$

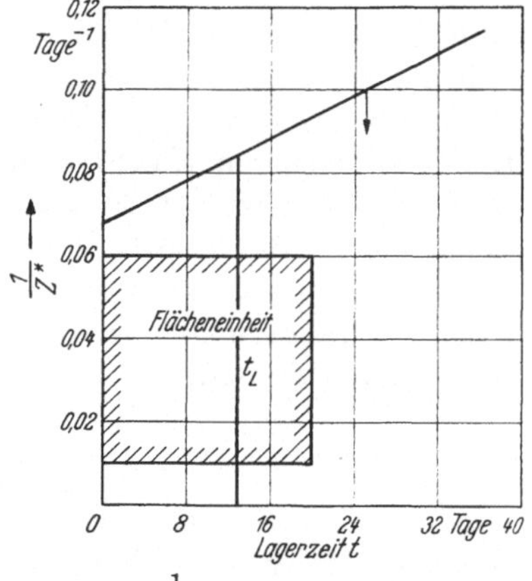

Abb. 61. $\dfrac{1}{Z^*} = f_3(t)$ (Letalitätskurve)

Dieses Verfahren entspricht dem zur Bestimmung des Sterilisierwertes von Konserven [38]. In Abb. 60 ist für einen bestimmten Fall Z^* (φ) und t (φ) aufgetragen. (Bei $\mathfrak{x} =$ konst ist auch $\varphi =$ konst.) Z ($\mathfrak{x}$) wird ersetzt durch Z^* (φ). Man bestimmt für verschiedene Werte auf der Kurve t (φ) durch Loten, Z^* auf der Kurve Z^* (φ), bestimmt für diese Werte $\frac{1}{Z^*}$ und gemäß Abb. 61 $\frac{1}{Z^*}$ (t). Man kann das Hinaufloten dadurch ersetzen, daß man neben die Zahlenwerte $\frac{1}{Z^*}$ in Abb. 61 ein für allemal die dazugehörigen Gleichgewichtsfeuchtigkeiten einträgt und in dieses Diagramm zu diesen Gleichgewichtsfeuchtigkeiten die für die betreffenden Verpackungen gültigen t-Werte einträgt. Durch Planimetrieren der darunterliegenden Fläche ergibt sich

$$\int\limits_0^{t_L} \frac{dt}{Z^*} = 1 \text{ für } t_L = 13{,}15 \text{ Tage.}$$

Rechnerisch ergibt sich durch Einsatz der Zahlenwerte für das Anfangsintervall der Kurven $Z^x(\varphi)$ bzw. φ (t) $\left(\frac{1}{Z^*} = \frac{\varphi}{670} \; ; \; \varphi = 47{,}0 + 0{,}533 \, t\right)$ $(Z^*, t$ in Tagen, φ in %$)$

$$1 = \int\limits_0^{t_L} \frac{47{,}0 + 0{,}533 \, t}{670}$$

und aus der sich ergebenden quadratischen Gleichung $t_L = 13{,}2$ Tage.

Ähnlich wie bei der Bestimmung des Sterilisierwertes von Konservendosen ließe sich auf diese Weise die äquivalente Zeit bezogen auf einen Standard-Wassergehalt bestimmen, womit man eine relative Bezugsgröße erhielte [38].

Anhang: Die im vorerwähnten Beispiel verwendete Beziehung Z $(\mathfrak{x})$ $= \frac{\beta_1}{\mathfrak{x}}$ bzw. $\log Z$ $(\mathfrak{x}) =$ konst $- \log \mathfrak{x}$ ist bei Trockenkartoffeln (vgl. Abb. 62) im Rahmen der Versuchsgenauigkeit als erfüllt anzusehen [39]. Leider gibt es nur sehr wenig zuverlässige Versuchsergebnisse über den Einfluß der relativen Feuchtigkeit auf die verschiedenen jeweils in Betracht kommenden Haltbarkeitsmerkmale. Bei Trockengemüse ist eine Senkung des Wassergehaltes um 2% mit einer Verlängerung der Bräunungszeit um das 1,25 bis 4,6-fache verbunden, wobei die hohen Werte für niedrige Wassergehalte gelten [40]. Der Einfluß der Temperatur auf die Veränderungen bei konstanter relativer Feuchtigkeit kann ebenfalls stark variieren.

$$Q_{10} = \left(\frac{y_{t_2}}{y_{t_1}}\right)^{\frac{10}{T_2 - T_1}} \approx e^{\frac{10 \cdot A}{T_2}}$$

liegt zwar bei chemischen Reaktionen im allgemeinen im Intervall 2—3; bei mikrobiologischen Veränderungen kann Q_{10} aber im Bereich der minimalen Wachstumstemperaturen sehr viel höher werden, im Wachstumsoptimum wird es 1. Für die Bräunung von Trockenaprikosen wurde gefunden $Q_{10} = 3{,}9$; bei den Farbveränderungen von Trockengemüse (Kartoffeln, Karotten, Kohl) liegt es im Bereich von 6—8. (In Abb. 62

bei $\varphi = 81\% : 6$, bei $\varkappa = 48\% : 9$; die Literaturwerte schwanken zwischen 3 und 6,5 bei 40 bis 100°).

Nicht der Berechnung zugänglich sind Trockengüter, welche bei der Lagerung Umwandlungen durch Kristallisation unterworfen sind. Z.B. wird bei feucht gelagerten Hartkaramellen aus der Schmelze Saccharose auskristallisieren, wodurch der Dampfdruck über der Mutterlauge höher wird als derjenige über der Schmelze vor der Keimbildung war. Deshalb setzt eine Rückverdunstung ein, die durch eine wasserdampfdichte Barriere abgebremst wird. Übersättigung und Rückverdunstung bestimmen die Keimbildungs- und Kristallisationsgeschwindigkeit.

Schlußwort

Im Rahmen dieser Arbeit wurde ein Weg für die Berechnung der Verpackung feuchtigkeitsempfindlicher Güter angegeben. Die Grundlage bildet deren Sorptionsverhalten und die ungefähre Kenntnis des Außenklimas. Für eine Reihe von Gütern wurden die Sorptionsisothermen durchgemessen und der zulässige Grenzwert des Wassergehaltes bzw. der Gleichgewichtsfeuchtigkeit bestimmt. Erst durch Charakterisierung dieses Gutspunktes ist es möglich, abzuschätzen, wie feuchtigkeitsempfindlich ein Gut ist. Da aber seine Zeit- und Temperaturabhängigkeit teilweise nur ungenügend bekannt ist, wären hier weitere Ermittlungen erforderlich. Die Zeit, die nötig ist, bis der Grenzwassergehalt im Gut erreicht ist, hängt ausschlaggebend von der Wasserdampfdichtigkeit der Gesamtverpackung ab. Sie ist viel wichtiger als die übrigen Faktoren und im allgemeinen frei wählbar.

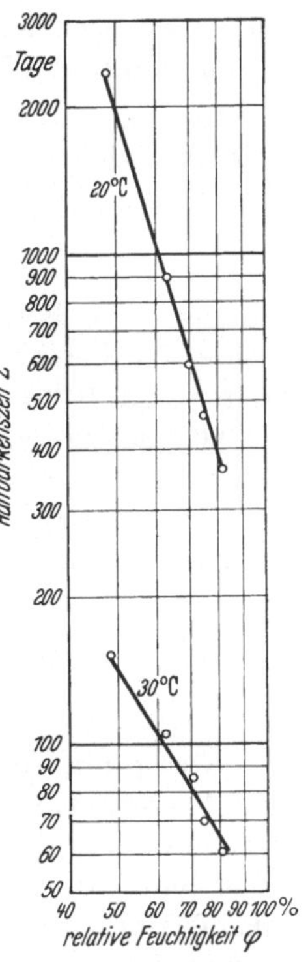

Abb. 62. Haltbarkeitszeit von Trockenkartoffeln in bezug auf die Farbveränderung, abhängig von der Gleichgewichtsfeuchtigkeit bei 20° und 30° C.

Bisher kannte man für die Beurteilung der zu erwartenden Dichtigkeit eines Beutels nur einen Richtwert, nämlich den Planwert des unverarbeiteten Packstoffes. Dieser Wert allein reicht für die Beurteilung eines fertigen Beutels in vielen Fällen nicht aus. Vielmehr kommt es zusätzlich darauf an, welche Beutelart hergestellt werden soll und welche Maschinen dazu verwendet werden. Folgende Einflüsse spielen im einzelnen die Hauptrolle: Von der Auswahl des Packstoffes hängt der Planwert ab. Von der Wahl der Beutelart und von der Maschine hängt häufig der zu erwartende Poren- wie auch der Nahtdurchgang ab.

Das Ergebnis der vorliegenden Arbeit zeigt, daß der Wasserdampfdurchgang von unbearbeiteter, papierkaschierter 10 μ Aluminiumfolie an der unteren Grenze des Meßbereiches der benutzten Schalenmethode liegt. Da der Durchgang durch fertige Boden- und Flachbeutel, die aus diesem Material hergestellt sind, eine bis mehrere Zehnerpotenzen größer ist, ist es nicht notwendig, auf größere Porenfreiheit der unbearbeiteten Aluminiumfolie Wert zu legen.

In groben Zügen kann man bezüglich der Wasserdampfdichtigkeit z. Z. etwa folgende Gruppierung vornehmen.

Geringste Wasserdampfdurchlässigkeiten

Flachbeutel, insbesondere aus der Kombination Papier + Aluminiumfolie + Polyäthylen mit $< 0,02$ g/m²Tag, sogenannte Suppenbeutel im Bereich (0,1) bis 0,4 g/m²Tag mit praktischen Nahtdichtigkeiten von (0,004) bis 0,18 mg/cm Tag. Letztere ist weiter senkbar (auf $< 0,03$ mg/cm Tag), wenn die beschichtete Aluminiumseite auf die beschichtete Aluminiumseite zu liegen kommt, oder wenn sehr dünne Kaschierpapiere verklebt werden. Verwendet man papierkaschierte Aluminiumfolie, welche beiderseitig entsprechend beschichtet ist, so lassen sich in Maschinen, die über den Klotz formen, Bodenbeutel mit einer Wasserdampfdichtigkeit von 0,2 g/m²Tag herstellen.

Niedrige Wasserdampfdurchlässigkeiten

Knapp über 1 g/m²Tag liegen Schlauchbeutel und Rundbodenbeutel aus Polyäthylen 50 μ, etwas höher, im Intervall um 2 g/m²Tag Seitenfaltenbeutel aus polyäthylenbeschichtetem Papier mit Stehvermögen und über denKlotz geformte Kombinationen Pliofilm + Papier. Hier herrschen also Thermoplasten vor, die zwar in der Fläche eine gewisse Durchlässigkeit zeigen, aber praktisch nicht knickempfindlich sind. Etwas durchlässige Werkstoffe, die gleichzeitig offene, ungeschützte Schnittkanten ergeben, lassen im allgemeinen etwas höhere Wasserdampfdurchlässigkeiten, im Bereich von 3 g/m²Tag, nicht vermeiden. Dieser Wert gilt für geklebte Flachbeutel aus Duplopapier und für Flachbeutel, Seitenfaltenbeutel und Bodenbeutel aus wetterfestem Zellglas. Die Nahtdichtigkeiten liegen bei wetterfestem Zellglas im Intervall 0,17 bis 0,27 mg/cm Tag. Die Ecopackung liegt mit ca. 1,5 g/m²Tag etwas günstiger, weil die Aluminiumfolien-Kaschierung selbst undurchlässig ist und sich der Schnittkanten- bzw. Nahteinfluß mit steigendem Füllvolumen stark vermindert.

Höhere Wasserdampfdurchlässigkeiten

In diese Kategorie fallen alle Schichtstoffe mit höheren Flächendurchgängen, z. B. Flachbeutel aus PVC-Hartfolie 40 μ mit 4—5 g/m²Tag, außerdem Bodenbeutel aus Kombinationen: Aluminiumfolie + Papier, leimkaschiert und verklebt, die auf Schnelläufern hergestellt worden sind (ca. 15 g/m²Tag). Knickkanten von leimkaschierten Aluminiumfolien können beträchtliche Porendurchgänge ergeben, deren Ursache und Verhinderung eingehend untersucht wurde.

Zu diesen Ergebnissen ist im einzelnen folgendes zu sagen:

Der Wasserdampfdurchgang durch maschinell hergestellte *Flachbeutel* aus papierkaschierter Aluminiumfolie ist bestimmt durch die bei der Herstellung der Beutel zusätzlich entstehenden Poren *und* durch den Durchgang der Nahtüberlappungen (Schnittkanten). Bei diesen Beuteltypen ist die Porenhäufigkeit wegen des einfachen Herstellungsverfahrens so gering, daß der Porendurchgang in die Größenordnung des zu erwartenden Nahtdurchgangs kommt. Im Hinblick auf eine Verbesserung des Nahtdurchgangs zeigte das Ergebnis dieser Arbeit, daß der Nahtdurchgang am meisten von der Eindringtiefe des Klebers in das Papier abhängt und um so kleiner ist, je dünner das Papier gewählt wird. Der Einfluß der Kleberart ist demgegenüber gering. Bei Papierstärken unter 40 g/m²Flächengewicht ist der Nahteinfluß bei Flachbeuteln des üblichen Verhältnisses Nahtlänge zu Folienfläche bereits gering gegenüber dem der Poren. Hierbei bringt eine Kunststoffbeschichtung — insbesondere auf der Aluminiumfolienseite — einen doppelten Vorteil: Schutz der Aluminiumfolie und verringerten Nahtdurchgang. — Die orientierenden Versuche mit Beuteln aus verschweißbaren Kunststofffolien zeigten, daß der Planwert der Folie den Durchgang durch solche Beutel bestimmt und daß der Nahteinfluß demgegenüber vernachlässigt werden kann.

Der Wasserdampfdurchgang durch maschinell hergestellte *Bodenbeutel* unter Verwendung von Aluminiumfolie wird ausschlaggebend bestimmt durch die Dichtigkeit des (oberen) Verschlusses und durch die Verletzungen des Werkstoffes in der Maschine, erst in zweiter Linie durch die konstruktive Durchführung des Bodenverschlusses und durch den Nahtdurchgang. Lediglich durch zweimaliges Umkniffen des Verschlusses sind nur recht mäßige Dichtigkeiten erreichbar. Nur durch Heißsiegeln bzw. Verschweißen erscheint eine merkliche Dampfdiffusion durch den Verschluß vermeidbar. Bei der maschinellen Verarbeitung heißsiegelfähiger Packstoffe wird — besonders an Stellen, an welchen mehrere Lagen übereinanderkommen — gelegentlich die einwandfreie Durchführung der Dichtung nicht ausreichend beherrscht, und zwar sowohl thermisch wie in bezug auf eine gleichmäßige Verteilung des Siegeldruckes. Die statistische Erfassung der Streuung der Verschlußdichtigkeiten ist eine wichtige Aufgabe für das Betriebslaboratorium. In der Praxis ist die Ausführung des Heißsiegel- bzw. des Schweißverschlusses viel öfter mangelhaft als man gemeinhin annimmt.

Der Durchgang des Wasserdampfes durch Bodenbeutel unter Verwendung von Aluminiumfolie hergestellt, kann verringert werden, indem die Porenhäufigkeit oder der Poreneinfluß auf die Wasserdampfdurchlässigkeit durch zusätzlich wasserdampfsperrende Schichten verringert wird. Die Porenhäufigkeit kann bei gegebener Foliendicke verringert werden

a) durch Verbesserung der Verarbeitungsmaschine, u. a. auch durch Anpassung des Durchsatzes an die zulässige dynamische Beanspruchung des Werkstoffes;

b) durch Versuche mit dem Ziel, klarzustellen, bei welcher der vielen Kombinationsmöglichkeiten der Aluminiumfolie die Porenbildung bei Verwendung einer vorgegebenen Beutelmaschine am geringsten wird.

Der letzte Gesichtspunkt ist von ausschlaggebender Bedeutung, wenn man sehr dichte Bodenbeutel herstellen will. Durch die Zwischenkaschierung von Aluminiumfolie zwischen Pergamin wie auch durch geschmeidige weitgehend wasserdampfdichte Außenbeschichtungen der papierkaschierten Aluminiumfolie gelingt es, sowohl die Verletzlichkeit der Aluminiumfolie merklich zu verringern wie auch niedrige Nahtdurchgänge zu erzielen. Die Elastizität der Heißklebeschicht bzw. der Kaschierschicht ist dabei von besonderer Bedeutung. — Dies gilt auch für Bodenbeutel aus kunststoffbeschichteten Papieren; bei Verwendung dehnfähiger Thermoplasten rückt hierbei wieder der Flächendurchgang und die auf die Verbindungsstellen verwendete Sorgfalt in den Vordergrund. Diese erfordern ganz allgemein eine viel strengere laufende Überwachung.

Bei *wetterfestem Zellglas* wurden die Einzelfaktoren, welche für die Qualität fertiger Beutel ausschlaggebend sind, ebenfalls gründlich untersucht: Wichtiger als man bisher meinte, ist, daß die Heißsiegelung im Bereich des Optimums von Temperatur, Zeit und eventuell Druck erfolgt, wobei die Siegelflächen nicht mit Silicongummi in Berührung kommen dürfen. Die Wasserdampfdichtigkeit verschiedener Fabrikate streuten stärker als erwartet wurde. Bei Verpackung staubartiger besonders feuchtigkeitsempfindlicher Güter ist Vorsicht geboten, weil sich dabei eine sprunghafte Steigerung der Wasserdampfdurchlässigkeit ergeben kann.

Gewisse Grundlagen für die Vorausberechnung des Wasserdampfdurchganges eines Beutels bietet die Ermittlung der Wasserdampfdurchlässigkeit der unter definierten Bedingungen hergestellten Naht- und Knickstellen. Hierdurch ergibt sich aber nur die Wasserdampfdurchlässigkeit unter idealisierten Bedingungen, da sowohl die mechanische Beanspruchung des Packstoffes wie auch der Verklebungsdruck bzw. die Temperaturverteilung an den Nahtstellen von Maschinentype zu Maschinentype schwankt und vom Durchsatz abhängt. Man kann aber mit diesem definierten Wert den tatsächlich erzielten Wert der Wasserdampfdurchlässigkeit vergleichen. Dadurch ergibt sich eine *Qualitätskennzahl*, welche im Verlauf der Produktion nachgeprüft werden kann und Hinweise für die günstigste Maschineneinstellung ergibt. In entsprechender Weise kann man nach der Auslieferung des verpackten Erzeugnisses nochmals die Wasserdampfdurchlässigkeit bestimmen und hierdurch deren Empfindlichkeit gegen den Füllvorgang und die Transportbeanspruchungen nachprüfen.

Im Hinblick auf die Haltbarkeit des zu verpackenden Gutes wäre es falsch, hierfür ausschließlich den Absolutwert des Wasserdampfdurchganges der Packung zugrunde zu legen. Für die Beeinflussung des Füllgutes wird vielmehr auch das Volumen des Gutes, das von einer Verpackung eingeschlossen wird, von Bedeutung sein. In bezug auf den Gütefaktor $\frac{V}{Q}$ kann der Bodenbeutel mit dem Flachbeutel konkurrieren, wenn die Durchlässigkeit der Bodenbeutel Q bzw. q auch meist wesentlich größer ist als die der Flachbeutel (vgl. hierzu S. 117). Bei der Festlegung der Packungsgröße, die ja häufig nicht frei wählbar ist, wäre es abwegig, die Packungsform ganz außer Betracht zu lassen. Deshalb wurde überlegt, unter welchen Bedingungen die Summe der Anteile: Packstoff-, Poren- und Nahtdurchgang bei gleichem Füllvolumen jeweils ein Minimum wird. Je kleiner eine Packung ist, desto stärker fällt für deren Gesamtdichtigkeit die Verschlußdichtigkeit ins Gewicht, (u. a. auch bei Verwendung nicht homogener Werkstoffe, die Schnittkante) um so einfacher und übersehbarer muß der Verschluß sein (Deshalb können die üblichen Bonbon-Einzeleinwickler nicht dampfdicht sein).

Auf Grund der Kenntnis der Gutseigenschaften und der Wasserdampfdurchlässigkeit der Gesamtpackung wurden Berechnungsverfahren für deren Haltbarkeitszeit abhängig vom Außenklima angegeben. Dabei muß berücksichtigt werden, daß sich der Wassergehalt im Gut zeitlich ändert und für den Fall, daß $P_{\mathrm{Packst}} > P_{\mathrm{Gut}}$ ist, auch an verschiedenen Stellen unterschiedliche Werte annimmt. In diesem Falle kann das Gut schon dann einen starken Qualitätsabfall zeigen, wenn der kritische Gutszustand lediglich in einer dünnen Randschicht überschritten ist. Dann ist der spezifische Stoffdurchgang Q bzw. q für die Bewertung der Verpackung maßgebend. Dieser ,,schichtweise Verderb'' ist nur zu erwarten, wenn $P_{\mathrm{Packst}} > 10^2$ (bis 10^3) (vgl. Zahlent. 1) ist, d. h. bei Verwendung sehr wenig dampfdichter Packstoffe, es sei denn, daß μ_{F} sehr viel größer wäre als in Zahlent. 18 angegeben, also bei sehr wenig porösem Füllgut. Bei $P_{\mathrm{Packst}} < 10^2$ bezogen auf die fertige Verpackung und insbesondere im Intervall der eigentlichen dampfdichten Packungen ist in pulverigem Gut kein merklicher Gradient zu erwarten (s. S. 132/133).

10*

Dann ist das Verhältnis des Stoffdurchganges zur Volumeneinheit (v) für die Bewertung einer Verpackung maßgebend.

Die Berechnung der Haltbarkeitszeit ist dann einfach, wenn die Qualitätsveränderung als Folge der Änderung des Wassergehaltes nur wenig zeitabhängig ist [Gl. (60)]. Auf die Berechnung der Haltbarkeit bei stark zeitabhängigen Veränderungen konnte sinngemäß das Verfahren von BIGELOW zur Berechnung des Sterilisierwertes von Dosen übertragen werden.

Wenn auch durch diese Arbeit das Gewicht der Einflußgrößen in groben Zügen klargestellt ist, und vor allem zukünftig davor bewahren wird, generell bessere Wasserdampfdichtigkeiten von Beuteln ausschließlich durch teuere Packstoffe zu erreichen, so verbleibt doch noch als weitere Aufgabe, die sich in den Hauptmaschinentypen abspielenden Vorgänge einer genauen Analyse zu unterziehen, um daraus konstruktive Abhilfemaßnahmen ableiten zu können. Diese Fragestellung ist bisher von vielen Maschinenherstellern nicht genügend berücksichtigt worden; einige statistische Ansatzpunkte sind in einer gemeinsamen Arbeit mit CORTE [46] niedergelegt, eine weitere Arbeit ist im Institut im Gang.

Mit der Erfassung der Gutseigenschaften der besseren Beherrschung der Wasserdampfdurchlässigkeit der Gesamtpackung und der Erkenntnis der Zusammenhänge zwischen der Wasserdampfdichtigkeit der Packung einerseits und dem örtlichen und zeitlichen Verlauf der Gutsfeuchte andererseits ist das Problem der wasserdampfdichten Verpackung „durchleuchtet" worden. Wenn man auch nicht in allen Fällen die Berechnung der Haltbarkeit eines Gutes nach den angegebenen Beziehungen vornehmen wird, so weiß man nun doch, auf was man im Einzelfall zu achten hat, d. h. worauf es besonders ankommt, und was man vermeiden muß. Bevor man auf diesem Gebiet wesentlich weiterkommt, wären mehr Daten über Binnenklimate in Städten, Häusern und über Klimabedingungen auf den Hauptexportrouten notwendig, weil deren mangelhafte Kenntnis zur Einführung von Sicherheitsfaktoren zwingt, die ihrer Natur nach Unsicherheitsfaktoren sind. Auch die Beantwortung der Frage der „üblichen Umlaufzeit" bei den verschiedenen Gütern bedürfte einer stärkeren Loslösung vom Gefühlsmäßigen. Von der Gutsseite her ist die Haltbarkeitszeit abhängig vom Wassergehalt bei variierten Temperaturen noch viel zu wenig planmäßig bearbeitet worden. Steigende Qualitätsansprüche verbunden mit der Notwendigkeit zu rationalisieren, zwingen aber jeden Unternehmer in zunehmendem Maße, nicht nur gegebenenfalls von Fall zu Fall einlaufende Reklamationen zum Anlaß für Weiterentwicklungen zu nehmen, sondern sich selbst laufend über die Qualität seiner Erzeugnisse nach der üblichen Umlaufzeit unter Zuhilfenahme der modernsten Analysenmethoden zu unterrichten und sich an Gemeinschaftsforschungen zu beteiligen, die ebenso im Interesse jedes einzelnen wie der Gesamtheit liegen.

Schrifttum

[1] EMMETT, P. H., ST. BRUNNAUER u. E. TELLER: J. Amer. chem. Soc. Bd. 60 (1938) S. 309.

[2] Vgl. H. H. MACEY: Trans. Brit. cer. Soc. Bd. 41 (1942) S. 73.

[3] v. SCHELHORN, M.: ZUL Bd. 91 (1950) S. 117—124; S. 338—342.

[4] SCHACHINGER, L., u. R. HEISS: Arch. Mikrobiol. Bd. 16 (1951) S. 347.

[5] GÖRNHARDT, L.: Fette, Seifen, Anstrichmittel. Die Ernährungsindustrie Bd. 57 (1955) S. 270 u. 429.

[6] HEISS, R.: Kältetechnik Bd. 3 (1951) S. 248.

[7] FOSTER, A. G.: Trans. Faradey Soc. Bd. 28 (1932) S. 645. — Vgl. auch P. C. CARMAN: J. physic. Chem. Bd. 57 (1953) S. 56.

[8] RAO, K. S.: J. physic. Chem. Bd. 45 (1941) S. 506.

[9] KRAEMER, E. O. in H. S. TAYLORES: A Treatise on Physical Chemistry. New York: 1931. Chapter XX, p. 1661.

[10] McBAIN, J. W.: J. Amer. chem. Soc. Bd. 57 (1935) S. 699.

[11] ZSIGMONDY, R.: Z. anorg. allg. Chem. Bd. 71 (1911) S. 356.

[12] SHEPPARD, S. E., u. P. T. NEWSOME: Ind. Engng. Chem. Bd. 26 (1934) S. 285. — J. physic. Chem. Bd. 33 (1929) S. 1817; Bd. 37 (1933) S. 389; Bd. 39 (1935) S. 143.

[13] CAMPBELL, W. B.: Ind. Engng. Chem. Bd. 26 (1934) S. 218.

[14] BARKAS, W. W.: Forest Products Research Spezial Rep. Nr. 6. London: 1945.

[15] CASSIE, A. B. C.: Trans. Faradey Soc. Bd. 41 (1945) S. 450.

[16] MATZ, G.: Die Kristallisation in der Verfahrenstechnik. Berlin/Göttingen/Heidelberg: Springer 1954.

[17] O'BRIEN, F. E. M.: „The Control of Humidity by Saturated Salt Solutions". J. Scie. Instruments Bd. 25 (1948) S. 73—76. — D'ANS, J., u. E. LAX: Taschenbuch für Chemiker und Physiker, 2. Aufl. S. 888. Berlin/Göttingen/Heidelberg: Springer 1948. — Chemiker-Taschenbuch, S. 61. Berlin: Springer 1939.

[18] Vgl. G. KAESS: DLR Bd. 45 (1949) S. 29.

[19] LEGAULT, R. R., B. MAKOWER u. W. F. TALBURT: „Apparatus for Measurment of Vapor Pressure". Z. analyt. Chem. Bd. 20 (1948) S. 428—430.

[20] HEISS, R.: Die Stärke Bd. 7 (1955) S. 209.

[21] HEISS, R.: Die Stärke Bd. 7 (1955) S. 147.

[22] HEISS, R., u. A. PURR: Dtsch. Lebensmittel-Rdsch. Bd. 50, H. 8 (1954) S. 186 u. 223.

[23] HEISS, R.: Die Stärke Bd. 7 (1955) S. 45.

[24] VOLLMER, W.: Chemie-Ing. Bd. 26, H. 2 (1954) S. 90—94.

[25] Vgl. Tentative Standards, Tappi 464 m—44. Paper Trade J. Bd. 119 (1944) S. 29.

[26] Vgl. G. SCHRICKER: Verpackungsrundschau H. 6, 1955, S. 33.

[27] SCHRICKER, G.: Kunststoffe Bd. 42, H. 8, 1952, S. 229—231.

[28] HAGEN, G.: Verpackungsrundschau H. 9, 1954, S. 412.

[29] BARRAR, R. M.: Diffusion in and through Solids, S. 436. Cambridge: Iniversity Press 1941.

[30] DOTY, P. M., W. H. AIKEN u. H. MARK: Ind. Engng. Chem. Bd. 36 (1946) S. 788.

[31] Vgl. D. W. BRUBAKER and K. KAMMERMEYER: Ind. Engng. Chem. Bd. 46 (1954) S. 733.

[32] OTHMER, D. T., and G. J. FROHLICH: Ind. Engng. Chem. Bd. 47 (1955) S. 1034.

[33] CHAPMAN, J. R., and F. J. SCHAY: „Comparison of Foil Packages". Modern Packaging Bd. 28 (1955) S. 220.

[34] BRUCKMAYER, F.: Arch. Wärmewirtsch. Bd. 20 (1939) S. 23—25; Allgem. Wärmetechn. Bd. 4 (1953) S. 79—85.

[35] ALEXANDER, P., J. A. KITSCHENER and H. V. A. BRISCOL: „The effect of waxes and inorganic powders on the transpiration of water through celluloid membranes". Trans. Faradey Soc. Bd. 40, H. 10 (1944).

[36] CORTE, H., u. W. SCHOCH: Zucker- und Süßwarenwirtschaft Bd. 8, H. 12 (1955).

[37] PAINE, F. A.: „Measurement of the moisture penetration of packages". PATRA Packaging Techn. Paper Nr. 3.

[37a] Chemistry and Ind. Dez. 10, Nr. 50, (1955) S. 1623.

[38] RIEDEL, L.: Zur Theorie der Hitzesterilisierung von Dosenkonserven. Karlsruhe: C. F. Müller 1947.

[39] CULPEPPER, C. W., J. S. CALDWELL and R. C. WRIGHT: The Canner 29.3; 5.4; 12.4; 19.4. (1947).

[40] LEGAULT, R. R., C. E. HENDEL, W. F. TALBURT and M. F. POOL: Food Technologie Bd. 5 (1951) S. 417.

[41] SCHMIDT, E.: „Über die Anwendung der Differenzenrechnung auf technische Anheiz- und Abkühlungsprobleme". Festschrift zum 70. Geburtstag AUGUST FÖPPL's. Berlin: 1924.

[42] HEISS, R.: „Die Verpackung feuchtigkeitsempfindlicher Lebensmittel". ZUL Bd. 89, H. 2 (1949) S. 173.

[43] PFRIEM, H.: „Ergänzungen zum Differenzenverfahren für nicht stationäre Temperaturfelder". Z. VDI Bd. 88 (1942) S. 703.

[44] PFRIEM, H.: „Bestimmung zeitveränderlicher Temperaturfelder in zwei einfachen Körpern". Wärme- und Kältetechnik 1943, H. 3 S. 33.

[45] SCHAUSS, H.: „Physikalische Vorgänge der Feuchtigkeitsbewegung und ihre Auswirkungen bei den verschiedenen Verfahren der Holztrocknung". Holz 1940, S. 305.

[46] CORTE, H.: Verpackungsrundschau 1955, Heft 8, S. 58.

W. Büxenstein GmbH., Berlin